はじめに

　我が国においては、科学技術創造立国の理念の下、産業競争力の強化を図るべく「知的創造サイクル」の活性化を基本としたプロパテント政策が推進されております。

　「知的創造サイクル」を活性化させるためには、技術開発や技術移転において特許情報を有効に活用することが必要であることから、平成９年度より特許庁の特許流通促進事業において「技術分野別特許マップ」が作成されてまいりました。

　平成１３年度からは、独立行政法人工業所有権総合情報館が特許流通促進事業を実施することとなり、特許情報をより一層戦略的かつ効果的にご活用いただくという観点から、「企業が新規事業創出時の技術導入・技術移転を図る上で指標となりえる国内特許の動向を分析」した「特許流通支援チャート」を作成することとなりました。

　具体的には、技術テーマ毎に、特許公報やインターネット等による公開情報をもとに以下のような分析を加えたものとなっております。
　・体系化された技術説明
　・主要出願人の出願動向
　・出願人数と出願件数の関係からみた出願活動状況
　・関連製品情報
　・課題と解決手段の対応関係
　・発明者情報に基づく研究開発拠点や研究者数情報　　など

　この「特許流通支援チャート」は、特に、異業種分野へ進出・事業展開を考えておられる中小・ベンチャー企業の皆様にとって、当該分野の技術シーズやその保有企業を探す際の有効な指標となるだけでなく、その後の研究開発の方向性を決めたり特許化を図る上でも参考となるものと考えております。

　最後に、「特許流通支援チャート」の作成にあたり、たくさんの企業をはじめ大学や公的研究機関の方々にご協力をいただき大変有り難うございました。

　今後とも、内容のより一層の充実に努めてまいりたいと考えておりますので、何とぞご指導、ご鞭撻のほど、宜しくお願いいたします。

独立行政法人工業所有権総合情報館

理事長　藤原　譲

| アクティブマトリクス液晶駆動 | エグゼクティブサマリー |

CRTを凌駕したアクティブマトリクス型液晶表示装置

■ 大型・高精細化が可能なアクティブマトリクス型液晶表示装置

　液晶表示装置は、ＣＲＴ等の従来のディスプレイに比べ、薄型、軽量、そして低消費電力という特徴を備えている。

　中でも、アクティブマトリクス型液晶表示装置は、パッシブマトリクス型に比べ、各表示画素が薄膜トランジスタ（TFT）等のスイッチ素子により個別に制御されるため、クロストーク等が生じにくく、高精細化、大容量化に適している。

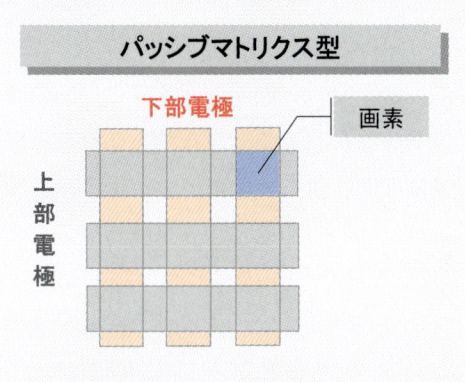

パッシブマトリクス型	アクティブマトリクス型
下部電極／画素／上部電極	信号線／スイッチ素子：TFT／走査線／画素
マトリクス電極の交点部に電圧を印加 → 隣接画素に電荷が漏れ、表示品位が低下	個別のスイッチ素子でON/OFF制御 → 隣接画素への電荷漏れなく、高品位表示を実現

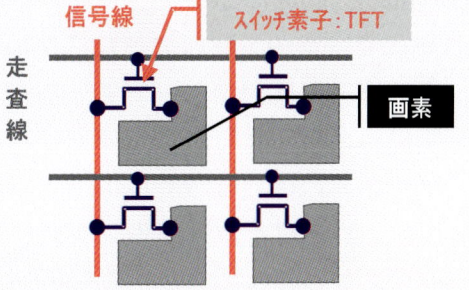

■ ノートPCと共に本格的な普及へ

　アクティブマトリクス型液晶表示装置は、1990年代に入り量産技術の確立、ノートＰＣの普及と共に急激に市場に浸透してきた。最近では、携帯電話等に用いられる小型から、パーソナル・コンピュータ等に用いられる中型、さらにはＴＶ表示用の大型まで、幅広く用いられるようになってきた。

　そして、最近では各画素内にメモリを内蔵する等、単なる表示ディスプレイから、他の機能を取り込んだディスプレイへと発展しつつある。

■ 主要特許は大手電気メーカーが保有

　アクティブマトリクス型液晶表示装置は、その製造に大型のクリーンルームや種々の真空装置等を必要とするため、莫大な研究・開発費、設備投資が必要となる。このため、主要特許は半導体と同様に大手電気メーカーが保有しており、今後もこの傾向は維持されるものと考えられる。

アクティブマトリクス液晶駆動　　エグゼクティブサマリー

CRTを凌駕したアクティブマトリクス型液晶表示装置

■ 製造拠点は台湾・韓国に

　アクティブマトリクス型液晶表示装置は、特許の保有状況と同様に大手電気メーカーが製造の大部分を担っているが、その製造拠点は、製品価格の下落に伴い日本から韓国へ、さらには台湾へシフトしつつある。
　最近では、日本メーカーは、量産効率が悪いものの付加価値の高い製品に特化し、韓国・台湾メーカーとの差別化を図っている。

■ 今後の開発動向

　1990年代ではノートPCの普及に伴い表示領域が10インチ程度のアクティブマトリクス型液晶表示装置が主流であったが、現在では30インチ超のTV表示用の液晶表示装置が市場に出回るようになってきた。
　今後の開発の流れは、モバイル用途向けに超高精細かつ低消費電力が達成されるディスプレイと、さらなる大画面化を実現したディスプレイとの二極化が益々進むものと考えられる。そして、超高精細かつ低消費電力を達成する新たな技術の開発、また大画面化を進める中で必要となる高速動画表示技術の開発と共に市場で競合するPDP等の自発光ディスプレイとの差別化をいかにして図っていくかなどが注目される。
　また、部品点数の削減と高精細化の実現に向けて、多結晶シリコン薄膜トランジスタ等を用い駆動回路を液晶パネル上に内蔵したものが製品化され、今後、さらに駆動回路に留まらず種々の機能が内蔵される可能性が高い。従って、いかにして単結晶に比べて特性のばらつきが大きく、また移動度の低い半導体を使用しつつ均質かつ良好な表示画像を実現するか、また狭額縁内に収納するかが大きな課題となってくる。

■ 今後の展望

　アクティブマトリクス型液晶表示装置の開発は、液晶材料等の有機材料から光学部品にわたる広範な技術が関係し、また研究開発、および量産設備に莫大な投資が必要であるため、企業1社のみでは極めて投資効率の悪いビジネスになりつつある。
　このような難局を乗り切るためには、産官学一体の基礎研究が益々重要となり、一層の注力が必要になるものと思われる。また、企業の水平、あるいは垂直統合等の種々のアライアンスも活発化していくものと考えられる。

アクティブマトリクス液晶駆動の特許分布

アクティブマトリクス液晶駆動技術は、入力信号処理、階調表示、極性反転、マトリクス走査、画素駆動、回路設計、その他周辺回路、および液晶構成要素に大別される。

1991年から2001年7月までに公開された特許出願は2,200件程あり、回路設計に関する出願が約570件、液晶構成要素に関する出願が約500件、画素駆動に関する出願が約400件含まれている。

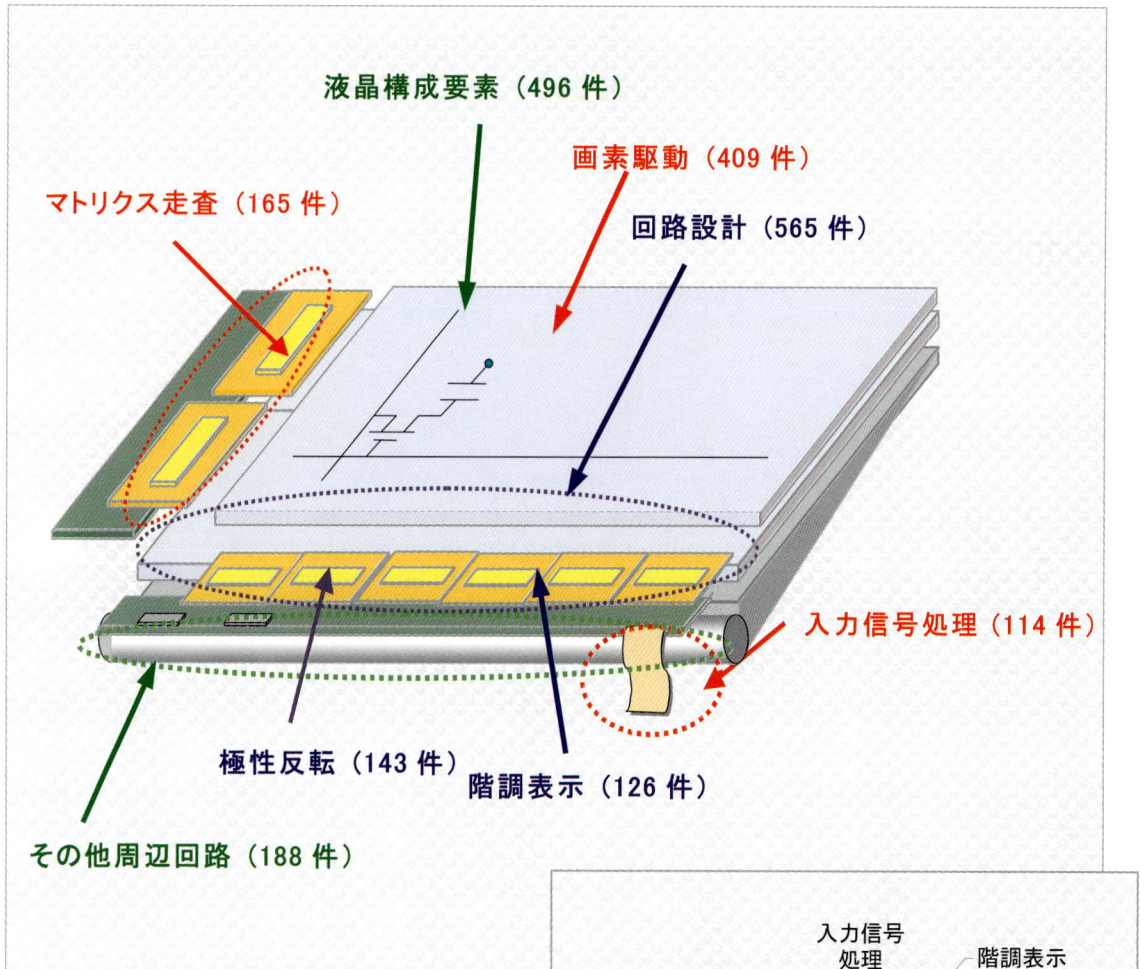

液晶構成要素（496件）
画素駆動（409件）
回路設計（565件）
マトリクス走査（165件）
入力信号処理（114件）
極性反転（143件）
階調表示（126件）
その他周辺回路（188件）

1991年から2001年7月公開の出願

アクティブマトリクス液晶駆動　技術の動向

淘汰される出願人数と出願件数

　アクティブマトリクス型液晶表示装置は、1980年代に入り本格的な開発が開始されたが、特に90年代に入り量産設備が徐々に整う中、急激に出願人および出願件数が増加した。
　しかしながら、市場での競争激化を受け、徐々に事業撤退する企業も出始め、1990年代後半から出願人および出願件数は淘汰されつつある。

図1.3.1-1 アクティブマトリクス液晶駆動技術の出願人-出願件数の推移

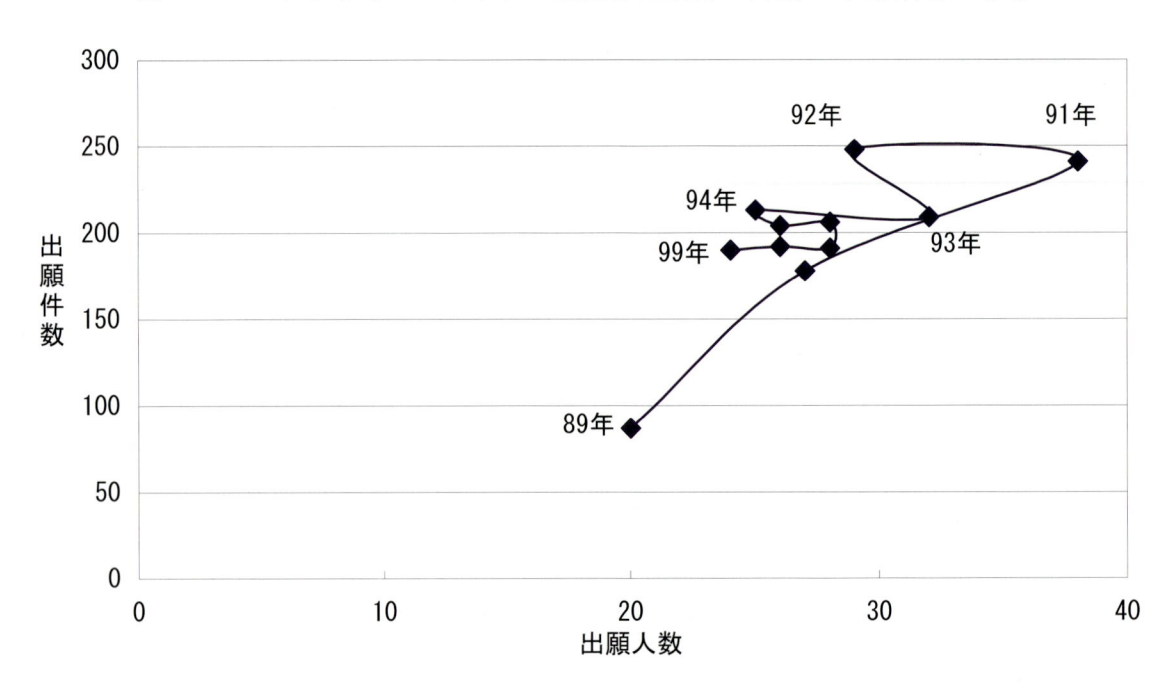

| アクティブマトリクス液晶駆動 | 課題・解決手段対応の出願人 |

フリッカや輝度等の表示特性の改善と一層の低消費電力化が課題

　アクティブマトリクス型液晶表示装置の技術開発は、フリッカや輝度等の表示特性の改善と共に、より一層の低消費電力化を課題とするものが多い。
　特に低消費電力化を課題とする回路設計に係る特許出願が多く、その内訳は駆動回路の全体の構成に関するもの、その動作に関するものに引き続いて、シフトレジスタの構成、セレクタ・スイッチ等の構成の出願が見受けられる。

	表示特性改善							色調の改善				動作特性改善				低消費電力化	低コスト化			信頼性向上	特殊仕様
技術要素	視認性改善	フリッカ防止	焼き付き防止	クロストーク防止	コントラスト改善	輝度改善	視野角改善	高精細化	大容量表示	階調表示	カラー表示	色度域の改善	色再現性の改善	高速化	雑音特性向上	ひずみ改善	動作の安定化	動作の多様化	低消費電力化	高集積化	コンパクト化	歩留り向上	省資源、低価格化	信頼性向上	特殊仕様
入力信号処理	8	4	5	1	6	4		2		2		2		1	2	4	3	12	10		11	3	7		1
階調表示		3	2	1	1	2	2	1		51	2	1						6	1		6		2	1	
極性反転	4	20	11	10	6	6		2	1	3				1		3		2	17		4	2	1		
マトリクス走査	9	8		1		9		7	3	2		2	1	1	4	1	2	31	5		14	2	8	1	8
画素駆動	24	25	31	29	22	30	13	1	1	11		3		13	2	12	4	7	37		17	9	1	2	2
回路設計	39	29	6	26	18	28	2	10	4	17		3	1	12	11	8	32	12	62	4	43	7	12	16	6
その他周辺回路	4	11	11	8	5	10	6		1	6		2	1	3	3	3	20	5	14		6	1	4	9	7
液晶構成要素	15	17	9	21	26	56	18	7		19		1	1	10	7	9	9	4	3	5	28	32	10	26	12

1991年から2001年7月公開の出願

駆動回路の構成	11件
回路動作	6件
シフトレジスタ	5件
セレクタ、スイッチ	4件
サンプルホールド回路	4件
D/A変換回路	3件
共通電極駆動回路	3件
バッファ回路	3件
その他	23件

| アクティブマトリクス液晶駆動 | 技術開発の拠点の分布 |

技術開発の拠点は関東と関西に集中

出願数上位の出願人の技術開発拠点は、関東と関西に集中している。また、発明者の住所・居所で見た場合、やはり東京・神奈川・千葉といった関東のグループと、大阪を中心とした関西のグループに区分される。

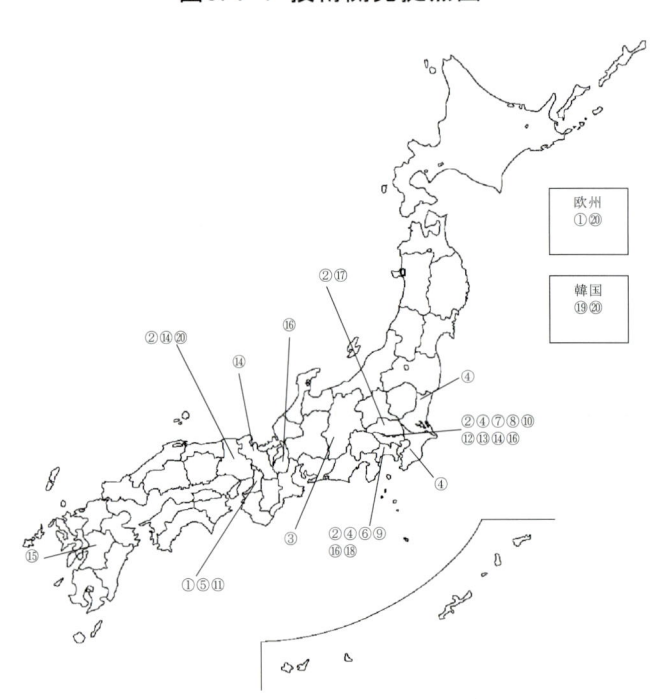

図3.1-1 技術開発拠点図

no.	企業名	住所
1	シャープ	大阪府大阪市
		イギリス
2	東芝	東京都港区
		神奈川県横浜市
		神奈川県川崎市
		埼玉県深谷市
		東京都青梅市
		東京都府中市
		兵庫県姫路市
3	セイコーエプソン	長野県諏訪市
4	日立製作所	茨城県日立市
		神奈川県横浜市
		神奈川県小田原市
		神奈川県川崎市
		千葉県茂原市
		東京都国分寺市
		東京都小平市
		東京都千代田区
5	松下電器産業	大阪府門真市
6	富士通	神奈川県川崎市
7	カシオ計算機	東京都羽村市
		東京都青梅市
		東京都東大和市
		東京都八王子市
8	ソニー	東京都品川区

no.	企業名	住所
9	半導体エネルギー研究所	神奈川県厚木市
10	日本電気	東京都港区
11	三洋電機	大阪府守口市
12	キヤノン	東京都大田区
13	沖電気工業	東京都港区
14	三菱電機	東京都千代田区
		京都市長岡京市
		兵庫県尼崎市
15	アドバンスト ディスプレイ	熊本県菊池郡西合志町
16	IBM	東京都港区
		滋賀県野洲郡
		神奈川県大和市
17	シチズン時計	埼玉県所沢市
18	日本ビクター	神奈川県横浜市
19	三星電子	韓国
20	フィリップスグループ	
	LG. フィリップス LCD	韓国
	コニン. フィリップス エレクトロニクス	オランダ
	フィリップス エレクトロニクス	オランダ
	フィリップス フルーイ ランペンファブリケン	オランダ
	ホシデン フィリップス ディスプレイ	兵庫県神戸市

アクティブマトリクス液晶駆動 — 主要企業の状況

大手電気メーカーが特許出願の大半を占める

特許出願件数の多い出願人は、
① 大手電気メーカーであるシャープ、東芝、松下、日立、ソニー等、
② 時計用の液晶表示装置から開発をスタートしているエプソン、カシオ、シチズン、
③ さらに半導体エネルギー研究所等の研究開発機関
が挙げられる。

　このうち、上位10社が全出願の80%強を占め、さらに上位10社中の大手電気メーカー7社で全体出願の50%強を占めている。

　これは、アクティブマトリクス型液晶表示装置の研究・開発費には莫大な投資が要求されるためであり、今後もこの傾向は継続するものと考えられる。

No	出願人	89	90	91	92	93	94	95	96	97	98	99	合計
1	シャープ	15	23	20	43	42	36	23	17	19	25	20	283
2	東芝	3	12	24	23	23	13	20	30	23	35	18	224
3	日立	10	16	20	24	10	16	19	12	15	10	24	176
4	エプソン	5	13	13	13	18	8	13	22	17	21	21	164
5	松下電器	10	17	12	14	4	16	10	24	12	22	20	161
6	富士通	8	10	28	37	14	12	10	8	5	5	11	148
7	カシオ	6	7	8	13	22	22	19	17	11	7	9	141
8	ソニー		6	5	12	4	26	19	22	22	15	9	140
9	半導体エネルギー研究所		7	30	11	5	6	20	6	6	3	13	107
10	日本電気	2	9	16	10	11	9	7	6	11	9	9	99
11	キヤノン		5	5	14	4	10	5	3	4	3	11	64
12	三洋電機	1	9	7	5	8	3	5	7	5	5	3	58
13	フィリップス	1	4	5	2	4	5	6	6	6	2	3	44
14	沖電気	3	11	9	5	5	7			1	2		43
15	シチズン	4		1	2	9	7	7	3				33
16	三菱電機	6	2	3	3	3	2	2		3	1	1	26
17	IBM		2	3	1	3	3	2		2	3	1	20
18	アドバンスト・ディスプレイ								2	6	6	4	18
19	日本ビクター						1	5	1	4	4	2	17
20	セイコー電子工業	1	9	4									14
21	三星電子								3	4	2	3	12
22	旭硝子	2	5	2					2	1	1		13
23	東芝電子エンジニアリング								2	6	5		13
24	京セラ			3	2	1	4		1				11
25	日本電装		2	1	2	4	1						10
26	凸版印刷	5		1	1	2							9
27	アルプス電気				2				2		1	3	8
28	リコー		1	2	1	2							6
29	日本テキサスインスツルメンツ		1				1		1	1	1	1	6
30	トムソン エル セー デー			3	1			1					5
	合計	82	171	225	241	198	208	193	197	184	188	186	2,073

アクティブマトリクス液晶駆動　　主要企業

シャープ 株式会社

出願状況	技術要素・課題対応出願特許の概要
シャープ（株）の保有する特許出願は291件である。 そのうち登録になった特許が89件あり、係属中の出願が125件ある。また、保有特許出願には59件の海外出願がある。 各課題およびそれに対する技術要素について広範に出願されている。	図2.1.4-1 シャープの技術要素と課題の分布 （バブルチャート：技術要素＝液晶構成要素／その他の周辺回路／回路設計／画素駆動／マトリクス走査／極性反転／階調表示／入力信号処理、課題＝表示特性改善／色調改善／動作特性の改善／低消費電力化／低コスト化／信頼性向上／特殊課題） 1991年から2001年7月公開の出願

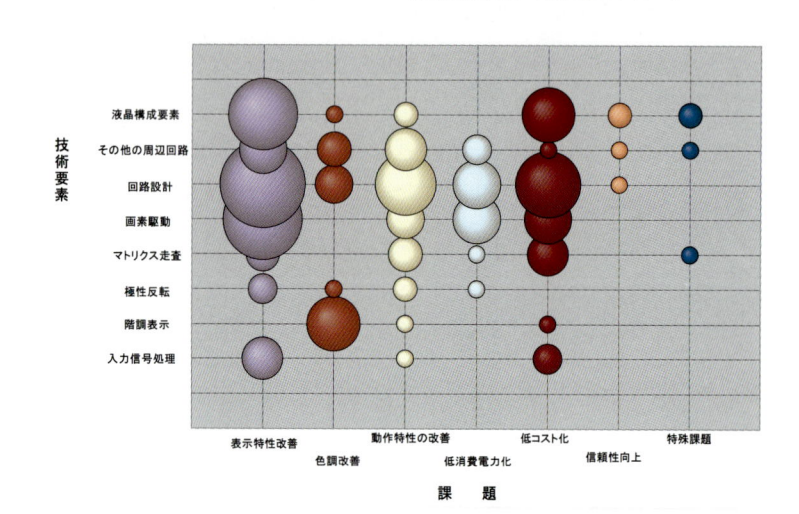

保有特許リスト例

技術要素	課題	解決手段*	特許番号 出願日 主IPC	発明の名称 概要
画素駆動	低消費電力化	駆動電圧：信号を一時停止	特登 2547314 94.10.25 G09G3/36	**液晶表示装置の駆動回路** マトリクス型液晶表示装置の駆動回路において、駆動回路が複数のブロックに分割され、全てのブロックの全ての動作をブランキング期間で停止させブロックを外部信号回路から電気的に切り離す信号遮断手段を持たせる PH06-260068
階調表示	階調表示	データ保持：メモリ	特登 2642204 89.12.14 G02F1/133,550	**液晶表示装置の駆動回路** マトリクス型液晶表示の駆動回路において、デジタル映像信号をシフトレジスタ回路に1ライン分ずつ順次格納し、ついでシフトレジスタ回路に順次格納される1ライン分のデジタル映像をラッチ回路で1水平期間保持して変換回路でアナログの映像信号に変換してTFTアレイのソースラインに供給する PH01-324639

＊解決手段には、請求項の主構成要素等のキーワードを表記（「1.4 技術開発の課題と解決手段」）参照

| アクティブマトリクス液晶駆動 | 主要企業 |

株式会社　東芝

出願状況	技術要素・課題対応出願特許の概要
（株）東芝の保有する特許出願は226件である。 　そのうち登録になった特許が16件あり、係属中の出願が155件ある。また、保有特許出願には34件の海外出願がある。 　各課題に対して回路設計を中心とした特許を多く保有している。	図2.2.4-1　東芝の技術要素と課題の分布 技術要素：液晶構成要素／その他の周辺回路／回路設計／画素駆動／マトリクス走査／極性反転／階調表示／入力信号処理 課題：表示特性改善／色調改善／動作特性の改善／低消費電力化／低コスト化／信頼性向上／特殊課題 1991年から2001年7月公開の出願

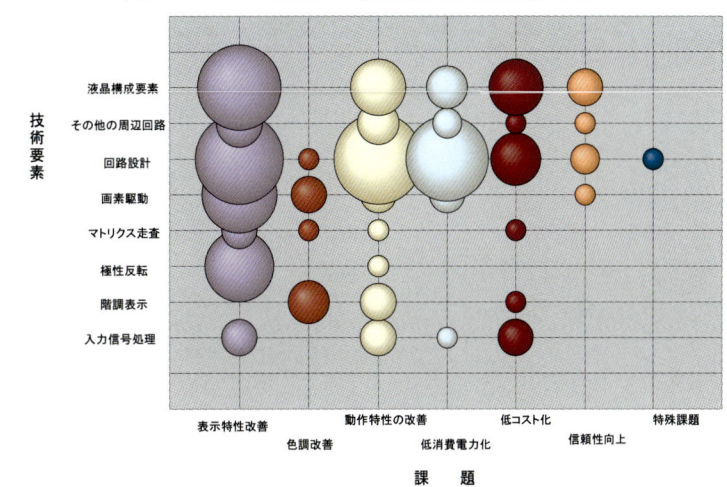

保有特許リスト例

技術要素	課題	解決手段*	特許番号 出願日 主IPC	発明の名称 概要
その他周辺回路	フリッカ防止	バイアス最適化：補正電圧印加	特開平 5-210121 92.9.25 G02F1/1368	液晶表示装置 　第1の基準電位を中心として所定周期で極性反転する映像信号電圧と同期して第2の基準電位を中心として極性反転する補助電圧を補助容量線に印加する補助電圧発生手段を設け、表示画面のフリッカおよび輝度むらを解消する 　PH04-256765
回路設計	省資源・低価格化	容量の最適化	特開平 9-258169 96.3.26 G02F1/133,550	アクティブマトリクス型液晶表示装置 　液晶が正の誘電異方性を有するときに正極性で駆動する場合ならびに液晶が負の誘電異方性を有するときに負極性で駆動する場合には夫々、画素の突き抜け電圧より補助容量を介して補正される補正電圧の方を大きく設定する手段を有する 　PH01-324639

*解決手段には、請求項の主構成要素等のキーワードを表記（「1.4 技術開発の課題と解決手段」）参照

| アクティブマトリクス液晶駆動 | 主要企業 |

セイコーエプソン 株式会社

出願状況

セイコーエプソン（株）の保有する特許出願は168件である。
　そのうち登録になった特許が16件あり、係属中の出願が155件ある。また、保有特許出願には13件の海外出願がある。
　表示特性改善を課題とした特許を多く保有している。

技術要素・課題対応出願特許の概要

図2.3.4-1 セイコーエプソンの技術要素と課題の分布

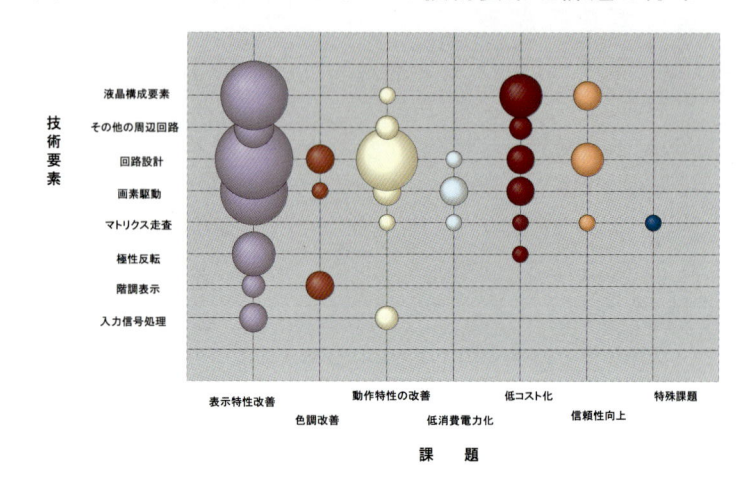

技術要素：液晶構成要素／その他の周辺回路／回路設計／画素駆動／マトリクス走査／極性反転／階調表示／入力信号処理

課題：表示特性改善／色調改善／動作特性の改善／低消費電力化／低コスト化／信頼性向上／特殊課題

1991年から2001年7月公開の出願

保有特許リスト例

技術要素	課題	解決手段*	特許番号 出願日 主IPC	発明の名称 概要
画素駆動	低消費電力化	プリチャージ後に書込	特開平10-11032 96.6.21 G09G3/36	信号線プリチャージ方法，信号線プリチャージ回路，液晶パネル用基板および液晶表示装置　アクティブマトリクス型表示装置における信号線を画像信号の供給に先だってプリチャージする方法において、あらかじめ異なる第1、第2のプリチャージ用直流電位と、これらの直流電位のいずれかを選択的に前記信号線に接続するためのスイッチとを一本の信号線毎に用意しておき、前記スイッチを切り換えて前記信号線を前記第1および第2のプリチャージ用直流電位のいずれかに接続する　PH08-181518
	低消費電力化	リセット駆動：全電極に印加	特開2001-125071 00.1.31 G02F1/133,550	電気光学装置及びその駆動方法、液晶表示装置及びその駆動方法、電気光学装置の駆動回路、並びに電子機器　電気光学装置の駆動方法において、表示領域の走査電極には選択期間に選択電圧を、非選択期間に非選択電圧をそれぞれ印加し、かつ前記表示領域の走査電極の選択期間以外の期間には、全ての走査電極への印加電圧を固定すると共に全ての信号電極への印加電圧を少なくとも所定期間は固定する　P2000-22889

＊解決手段には、請求項の主構成要素等のキーワードを表記（「1.4 技術開発の課題と解決手段」）参照

x

アクティブマトリクス液晶駆動　　　　　主要企業

株式会社　日立製作所

出願状況	技術要素・課題対応出願特許の概要
（株）日立製作所の保有する特許出願は179件である。 　そのうち登録になった特許が15件あり、係属中の出願が117件ある。また、保有特許出願には20件の海外出願がある。 　各課題およびそれに対する技術要素について広範に出願されている。	図2.4.4-1 日立製作所の技術要素と課題の分布 技術要素：液晶構成要素／その他の周辺回路／回路設計／画素駆動／マトリクス走査／極性反転／階調表示／入力信号処理 課題：表示特性改善／色調改善／動作特性の改善／低消費電力化／低コスト化／信頼性向上／特殊課題 1991年から2001年7月公開の出願

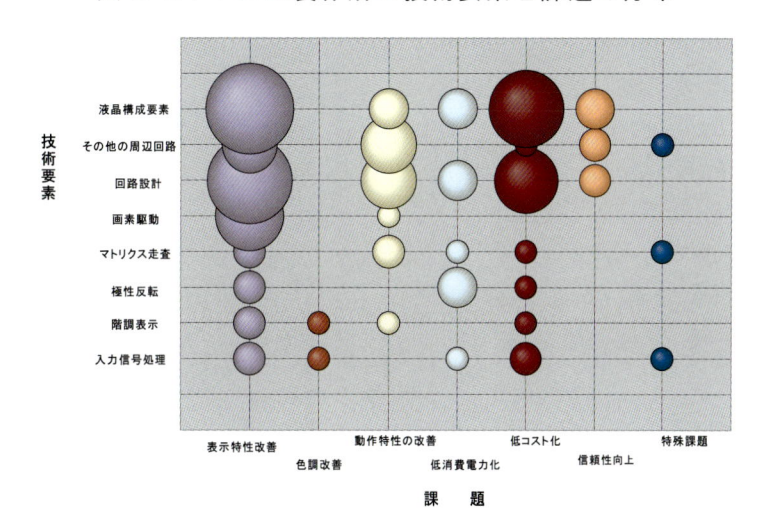

保有特許リスト例

技術要素	課題	解決手段*	特許番号 出願日 主IPC	発明の名称 概要
その他周辺回路	視野角改善	最適設計：配向状態制御	特開平8-21984 94.7.8 G02F1/133, 550	**TFT液晶表示ディスプレイ** 　複数の薄膜トランジスタ、コモン電極、液晶、TFT液晶表示パネル、ゲート駆動回路、ドレイン駆動回路、およびコモン駆動回路を有するTFT液晶表示ディスプレイにおいて、コモン電極に印加する交流駆動電圧の振幅を変化させる視度調整手段を設ける 　PH06-156870
回路設計	フリッカ防止	方式の改良：セル駆動	特開2000-227608 99.2.5 G02F1/136, 500	**液晶表示装置** 　液晶表示装置において、任意の画素の表示データを画像メモリに書き込んだ後、書き込み画素が含まれる1ライン分の表示データを表示部に転送し、表示ラインのアドレスライン変換回路により指示されたラインを選択し1ライン分の表示を書き変えるよう制御する 　PH11-28109

＊解決手段には、請求項の主構成要素等のキーワードを表記（「1.4 技術開発の課題と解決手段」）参照

アクティブマトリクス液晶駆動　主要企業

松下電器産業 株式会社

出願状況

松下電器産業（株）の保有する特許出願は165件である。
そのうち登録になった特許が29件あり、係属中の出願が91件ある。また、保有特許出願には13件の海外出願がある。
表示特性改善を課題とした特許を多く保有している。

技術要素・課題対応出願特許の概要

図2.5.4-1 松下電器産業の技術要素と課題の分布

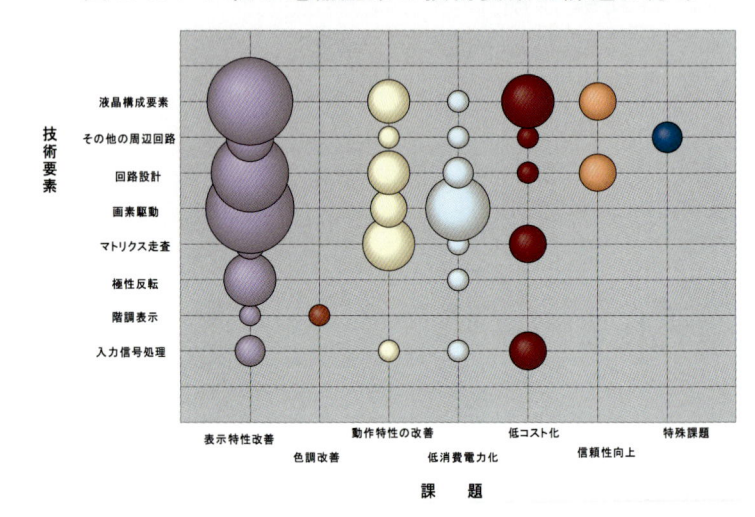

技術要素：液晶構成要素／その他の周辺回路／回路設計／画素駆動／マトリクス走査／極性反転／階調表示／入力信号処理

課題：表示特性改善／色調改善／動作特性の改善／低消費電力化／低コスト化／信頼性向上／特殊課題

1991年から2001年7月公開の出願

保有特許リスト例

技術要素	課題	解決手段*	特許番号 出願日 主IPC	発明の名称 概要
回路設計	ひずみ改善	タイミング制御	特登 2979655 91.1.14 G02F1/136, 500	アクティブマトリクス基板の駆動方法 一画素単位のp型とn型の薄膜トランジスタのそれぞれのドレイン電極が画素電極を介して共通接続され、同一フィールド期間内にp型とn型の薄膜トランジスタは一度以上走査され、前記p型とn型の薄膜トランジスタのゲート電極にそれぞれの異なるパルスを印加する PH03-2640
液晶構成要素	高速化	バイアス最適化	特開 2001-83552 00.3.13 G02F1/139	液晶表示装置の駆動方法 一対の基板にバイアス電圧を重畳した交流電圧を印加して、これを連続印加することにより、または一対の基板に、バイアス電圧を重畳した交流電圧を印加する工程とオープン状態もしくは低電圧を印加する工程を交互に繰り返すことによりスプレイ配向からベンド配向への転移を確実にかつ短時間に完了する P2000-36501

*解決手段には、請求項の主構成要素等のキーワードを表記（「1.4 技術開発の課題と解決手段」参照）

xii

目次

アクティブマトリクス液晶駆動技術

1．技術の概要
1.1 アクティブマトリクス液晶駆動技術 3
  1.1.1 アクティブマトリクス型液晶表示装置の構成 3
    （1）アクティブマトリクス型液晶表示装置の構成 3
    （2）アクティブマトリクス液晶駆動の構成 5
    （3）アクティブマトリクス液晶駆動の主要技術 6
  1.1.2 入力信号処理 7
  1.1.3 階調表示 7
  1.1.4 極性反転 8
  1.1.5 マトリクス走査 8
  1.1.6 画素駆動 10
  1.1.7 回路設計 11
  1.1.8 その他周辺回路 12
  1.1.9 液晶構成要素 13

1.2 アクティブマトリクス液晶駆動技術の特許情報へのアクセス 14
  1.2.1 技術用語による特許情報へのアクセス 14
  1.2.2 国際特許分類（IPC）とファイルインデックス（FI）による特許情報へのアクセス 14
  1.2.3 Fタームによる特許情報へのアクセス 15
  1.2.4 アクティブマトリクス液晶駆動技術に関する特許情報の検索式 19

1.3 技術開発活動の状況 20
  1.3.1 アクティブマトリクス液晶駆動技術全体 21
  1.3.2 アクティブマトリクス液晶駆動技術 23
    （1）入力信号処理 23
    （2）階調表示 24
    （3）極性反転 25
    （4）マトリクス走査 26
    （5）画素駆動 27
    （6）回路設計 28
    （7）その他周辺回路 29
    （8）液晶構成要素 30

目次

- 1.4 技術開発の課題と解決手段 ... 31
  - 1.4.1 アクティブマトリクス液晶駆動の技術要素と課題 ... 32
  - 1.4.2 アクティブマトリクス液晶駆動技術の課題と解決手段 ... 33
    - (1) 入力信号処理 ... 33
    - (2) 階調表示 ... 35
    - (3) 極性反転 ... 37
    - (4) マトリクス走査 ... 39
    - (5) 画素駆動 ... 41
    - (6) 回路設計 ... 44
    - (7) その他周辺回路 ... 47
    - (8) 液晶構成要素 ... 49

2. 主要企業等の特許活動

- 2.1 シャープ ... 56
  - 2.1.1 企業の概要 ... 56
  - 2.1.2 製品例 ... 56
  - 2.1.3 技術開発拠点と研究者 ... 58
  - 2.1.4 技術開発課題対応保有特許の概要 ... 59
- 2.2 東芝 ... 70
  - 2.2.1 企業の概要 ... 70
  - 2.2.2 製品例 ... 70
  - 2.2.3 技術開発拠点と研究者 ... 71
  - 2.2.4 技術開発課題対応保有特許の概要 ... 73
- 2.3 セイコーエプソン ... 82
  - 2.3.1 企業の概要 ... 82
  - 2.3.2 製品例 ... 83
  - 2.3.3 技術開発拠点と研究者 ... 84
  - 2.3.4 技術開発課題対応保有特許の概要 ... 85
- 2.4 日立製作所 ... 94
  - 2.4.1 企業の概要 ... 94
  - 2.4.2 製品例 ... 95
  - 2.4.3 技術開発拠点と研究者 ... 95
  - 2.4.4 技術開発課題対応保有特許の概要 ... 97

目次

- 2.5 松下電器産業 105
  - 2.5.1 企業の概要 105
  - 2.5.2 製品例 106
  - 2.5.3 技術開発拠点と研究者 107
  - 2.5.4 技術開発課題対応保有特許の概要 108
- 2.6 富士通 116
  - 2.6.1 企業の概要 116
  - 2.6.2 製品例 116
  - 2.6.3 技術開発拠点と研究者 117
  - 2.6.4 技術開発課題対応保有特許の概要 118
- 2.7 カシオ計算機 124
  - 2.7.1 企業の概要 124
  - 2.7.2 製品例 124
  - 2.7.3 技術開発拠点と研究者 125
  - 2.7.4 技術開発課題対応保有特許の概要 126
- 2.8 ソニー 133
  - 2.8.1 企業の概要 133
  - 2.8.2 製品例 133
  - 2.8.3 技術開発拠点と研究者 134
  - 2.8.4 技術開発課題対応保有特許の概要 135
- 2.9 半導体エネルギー研究所 142
  - 2.9.1 企業の概要 142
  - 2.9.2 製品例 142
  - 2.9.3 技術開発拠点と研究者 143
  - 2.9.4 技術開発課題対応保有特許の概要 144
- 2.10 日本電気 150
  - 2.10.1 企業の概要 150
  - 2.10.2 製品例 151
  - 2.10.3 技術開発拠点と研究者 152
  - 2.10.4 技術開発課題対応保有特許の概要 153
- 2.11 三洋電機 158
  - 2.11.1 企業の概要 158
  - 2.11.2 製品例 159
  - 2.11.3 技術開発拠点と研究者 160
  - 2.11.4 技術開発課題対応保有特許の概要 161

目次

- 2.12 キヤノン ... 164
  - 2.12.1 企業の概要 ... 164
  - 2.12.2 製品例 ... 164
  - 2.12.3 技術開発拠点と研究者 ... 165
  - 2.12.4 技術開発課題対応保有特許の概要 ... 166
- 2.13 沖電気工業 ... 170
  - 2.13.1 企業の概要 ... 170
  - 2.13.2 製品例 ... 170
  - 2.13.3 技術開発拠点と研究者 ... 171
  - 2.13.4 技術開発課題対応保有特許の概要 ... 172
- 2.14 三菱電機 ... 174
  - 2.14.1 企業の概要 ... 174
  - 2.14.2 製品例 ... 174
  - 2.14.3 技術開発拠点と研究者 ... 175
  - 2.14.4 技術開発課題対応保有特許の概要 ... 176
- 2.15 アドバンスト・ディスプレイ ... 179
  - 2.15.1 企業の概要 ... 179
  - 2.15.2 製品例 ... 179
  - 2.15.3 技術開発拠点と研究者 ... 180
  - 2.15.4 技術開発課題対応保有特許の概要 ... 181
- 2.16 IBM ... 184
  - 2.16.1 企業の概要 ... 184
  - 2.16.2 製品例 ... 184
  - 2.16.3 技術開発拠点と研究者 ... 185
  - 2.16.4 技術開発課題対応保有特許の概要 ... 186
- 2.17 シチズン時計 ... 189
  - 2.17.1 企業の概要 ... 189
  - 2.17.2 製品例 ... 189
  - 2.17.3 技術開発拠点と研究者 ... 190
  - 2.17.4 技術開発課題対応保有特許の概要 ... 191
- 2.18 日本ビクター ... 194
  - 2.18.1 企業の概要 ... 194
  - 2.18.2 製品例 ... 194
  - 2.18.3 技術開発拠点と研究者 ... 195
  - 2.18.4 技術開発課題対応保有特許の概要 ... 196

Contents

2.19 三星電子 199
  2.19.1 企業の概要 199
  2.19.2 製品例 199
  2.19.3 技術開発拠点と研究者 200
  2.19.4 技術開発課題対応保有特許の概要 201

2.20 フィリップス 204
  2.20.1 企業の概要 204
  2.20.2 製品例 204
  2.20.3 技術開発拠点と研究者 205
  2.20.4 技術開発課題対応保有特許の概要 206

3．主要企業の技術開発拠点
  3.1 アクティブマトリクス液晶駆動技術の開発拠点 211

資 料
1. 工業所有権総合情報館と特許流通促進事業 217
2. 特許流通アドバイザー一覧 220
3. 特許電子図書館情報検索指導アドバイザー一覧 223
4. 知的所有権センター一覧 225
5. 平成13年度25技術テーマの特許流通の概要 227
6. 特許番号一覧 243

1. 技術の概要

1.1 アクティブマトリクス液晶駆動技術
1.2 アクティブマトリクス液晶駆動技術の特許情報への
　　アクセス
1.3 技術開発活動の状況
1.4 技術開発の課題と解決手段

> 特許流通
> 支援チャート
>
> # 1. 技術の概要
>
> 取り扱う情報の大容量化に伴い、大型・高精細表示が可能なアクティブマトリクス型液晶表示装置が実用化され、益々広範な分野に普及されている。

1.1 アクティブマトリクス液晶駆動技術

　液晶表示装置は、その薄型、軽量、低消費電力の特徴を生かして、携帯電話等に用いられる小型から、パーソナル・コンピュータ等に用いられる中型、さらにはTV表示用の大型まで、幅広く用いられるようになってきた。

　液晶表示装置の開発は、1888年の液晶材料の発見に端を発しているが、実用化されたのは発見から約100年を経た1980年代に入ってからである。当初は、キャラクタ表示のみであったため、主に時計、電卓といった分野に用途が限られていたが、1980年代半ばから、応答速度の改善、駆動の工夫等によってワードプロセッサ用途に採用されディスプレイとしての原型が作られた。

　1990年代に入り、大面積にわたり均質な非晶質シリコン（a-Si）をCVD法等により堆積することが可能となり、アクティブマトリクス型液晶表示装置の量産が開始された。その後、アクティブマトリクス型液晶表示装置は、ノート型のパーソナル・コンピュータの伸びと共に急速に市場を伸ばし、CRTに置き換わるディスプレイ産業として成長を遂げてきた。

　以下、アクティブマトリクス型液晶表示装置の駆動技術に焦点を当て説明する。

1.1.1 アクティブマトリクス型液晶表示装置の構成
(1) アクティブマトリクス型液晶表示装置の構成

　液晶表示装置は、光透過型であれば、透明電極が形成された一対の透明基板間に配向膜を介して液晶材料が挟持され、その外表面に偏光板が配置されて構成されている。そして、電極間に挟持される液晶材料の配向状態が印加電圧によって変化することを利用して表示を実現している。例えば、図1.1.1-1に示すように、ノーマリ・ホワイト・モードの液晶表示装置では、電極間に電圧を印加しないOFF状態でバックライトからの光源光は透過され、逆に電極間に電圧を印加したON状態でバックライトからの光源光は遮蔽される。そして、このような光源光の透過／遮蔽の制御により画像表示が成される。

図1.1.1-1 液晶表示装置の構成

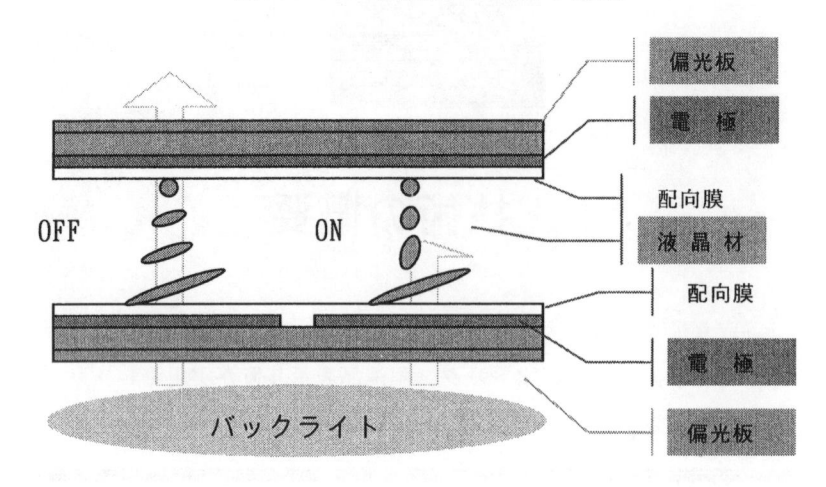

　このような液晶表示装置は、そのセル構造によってパッシブマトリクス型液晶表示装置とアクティブマトリクス型液晶表示装置とに大別することができる。
　パッシブマトリクス型は、液晶材料を介して対向配置されるストライプ状の上部電極と下部電極との交点部分を各表示画素としてマトリクス制御し表示を実現するものである。このため、構造的に単純ではあるものの、隣接画素からの電荷の漏れによりクロストークが生じ、高精細・大容量表示には限界がある。
　これに対してアクティブマトリクス型は、例えば各表示画素が薄膜トランジスタ（TFT）等のスイッチ素子により個別に制御されるため、クロストーク等が生じにくく、高精細化、大容量化に適しているため、現在ではこの方式が主流となっている。

図1.1.1-2 パッシブマトリクス型とアクティブマトリクス型

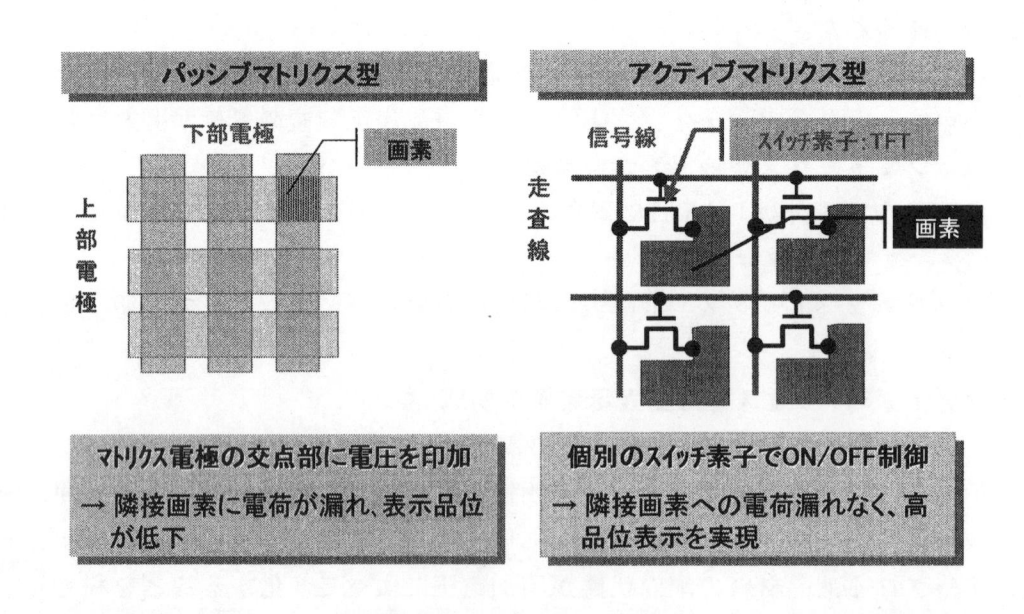

　典型的なアクティブマトリクス型液晶表示装置は、液晶パネルと、この液晶パネルを駆動する駆動回路部と、光透過型であれば、例えばバックライト等の光源とから構成されている。
　駆動回路部は、主に入力される基準電圧に基づいて各種電圧を生成する電源回路、外部

から入力される信号に基づいて信号処理を行う液晶コントローラ、液晶コントローラからの指示に基づいて映像信号を出力する信号線駆動回路、液晶コントローラからの指示に基づいて走査パルスを出力する走査線駆動回路とによって構成されている。

図1.1.1-3 アクティブマトリクス型液晶表示装置の構成

液晶パネルは、互いに直交して配置される複数本の信号線と走査線との交点に薄膜トランジスタを介して画素電極が配置されたアレイ基板と、このアレイ基板に対向する対向電極が形成された対向基板との間に、配向膜を介して液晶材料が保持されて構成されている。

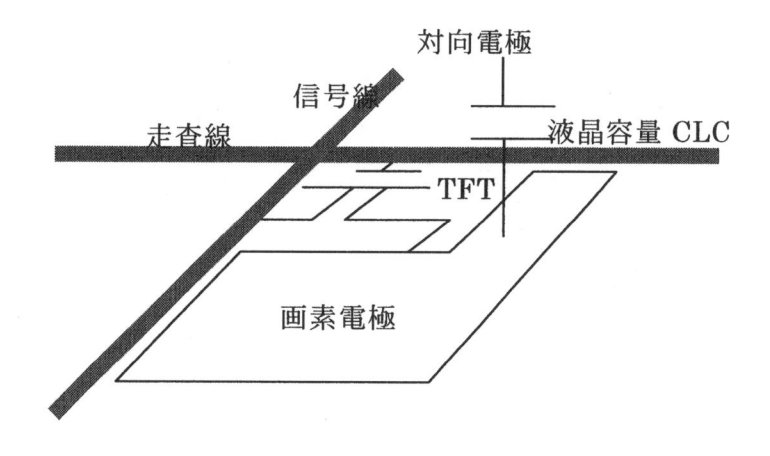

図1.1.1-4 各画素の構成

(2) アクティブマトリクス液晶駆動の構成

各走査線には、走査線駆動回路から各フレーム期間（F）ごとに順次走査パルスVgが印加される。この走査パルスVgにより選択されたTFTを介して、信号線駆動回路から対応信号線を経由して供給される映像信号Vsigが画素電極に書き込まれる。そして、この画素電極電圧Veと対向電極電圧Vcomとの間の電位差VLCに基づいて液晶材料が応答し、所定の透過率に設定される。そして、この電位差は、次のフレーム期間（F）に走査されるまで保持され、これにより画像表示が実現される。

図1.1.1-5 アクティブマトリクス型液晶表示装置の駆動波形

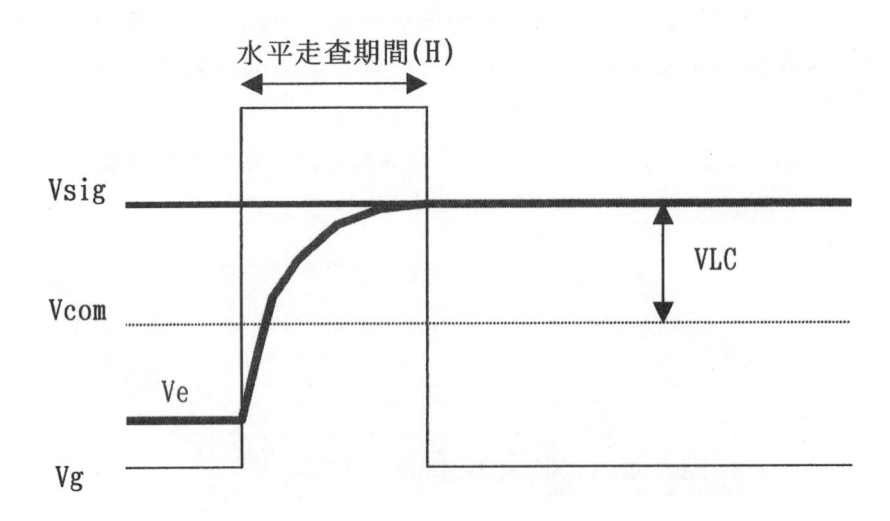

(3) アクティブマトリクス液晶駆動の主要技術

上記したアクティブマトリクス液晶駆動は、主要技術別に入力信号処理、階調表示、極性反転、マトリクス走査、画素駆動、回路設計、その他周辺回路、および液晶の構成要素に大別される。

入力信号処理は主に外部から入力される各種信号の処理に関するもので、液晶コントローラ内のタイミング制御や信号伝送等の技術が含まれる。階調表示は多階調化の要求に応えるための各種技術に関するものであり、極性反転は液晶駆動特有に必要となる交流駆動に関するものである。マトリクス走査は、水平あるいは垂直方向の各表示画素の走査に関するものであり、画素駆動は各液晶画素の制御に関するものである。また、回路設計は信号線駆動回路等の回路設計技術に関するものであり、その他周辺回路は例えば電源投入あるいは遮断時のシーケンスに関するものや光検出等の付加的な周辺回路技術に関するものである。また、液晶構成要素は、液晶画素の構成、例えばTFTや信号線等の構成と密接に関係する駆動技術に関するものである。

以下に各主要技術について説明する。

図1.1.1-6 アクティブマトリクス液晶駆動技術の主要技術

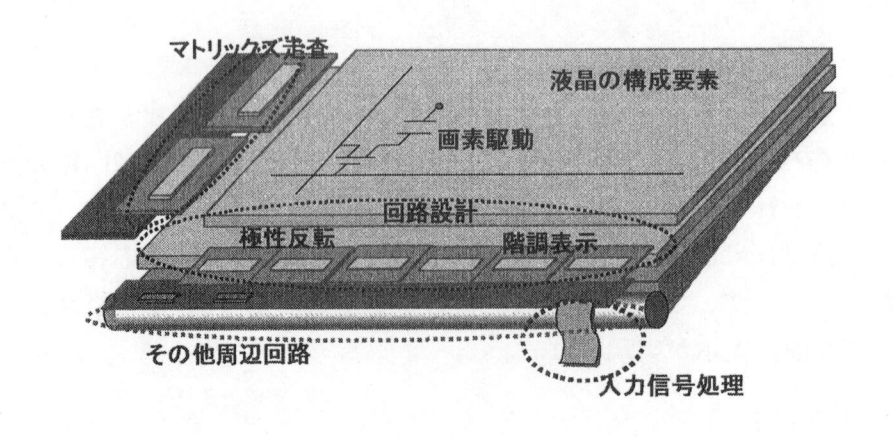

1.1.2 入力信号処理

液晶表示装置は、一般に映像信号源からの映像信号と共に入力される同期信号に基づいて、各種制御信号を生成し、この制御信号と映像信号とのタイミングを調整する液晶コントローラによって制御される。

液晶コントローラと映像信号源との間の信号の送受信は、表示装置の大型・高精細化に沿って大容量化し、これに伴い伝送周波数が高くなるため、不要輻射（EMI）も増大する傾向にある。

そこで、最近では、この不要輻射（EMI）を低減するために、液晶コントローラと映像信号源との間の信号伝送に低電圧差動転送技術が用いられるようになってきた。

また、所定期間に転送されるデータ群同士を比較し、データの反転回数が低減されるよう本来のデータを反転させて転送するデータ反転転送等も不要輻射（EMI）を低減するために用いられるようになってきた。

1.1.3 階調表示

従来のパッシブマトリクス型液晶表示装置では、その構成から、各画素ごとに階調表示を行うことが困難であった。このため、複数フレーム期間を1表示期間とし、ON／OFFの回数比で多階調を表現する「フレーム・レイト・コントロール（FRC）技術」、あるいは複数表示画素で1表示階調を実現する「面積階調表示技術」等が採られていたが、これら技術は表示画像の高精細化、あるいは多階調化にはそぐわない。

図1.1.3-1 FRC技術

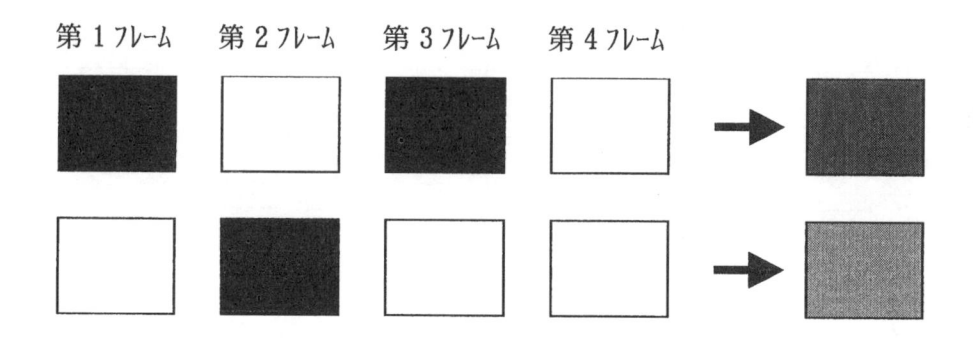

これに対し、アクティブマトリクス型液晶表示装置の場合は、各画素単位で個別に電荷制御が可能であるため、画素電極に印加する電圧を制御することにより、多階調表示を行うことができる。

そして、多階調化を実現する手法には、大別して印加電圧波高を制御するPHM（Pulse Height Modulation）駆動、印加電圧の時間を制御するPWM（Pulse Width Modulation）駆動、PHM駆動とPWM駆動との組み合わせがある。

最近では、液晶表示装置の大容量化に伴い各画素への書き込み時間が短くなってきたこともあり、PHM駆動方法が主流となっている。

そして、このPHM駆動を実現するために、入力されるデジタル映像信号をデジタル・アナログ（D／A）変換する必要があり、高速かつ多ビット処理が可能なD／A変換回路が求められている。

　D／A変換回路には抵抗を用いる抵抗DAC、容量を用いる容量DAC、あるいはそれら組み合わせがある。最近では、これらDAC等の周辺駆動回路を多結晶シリコン膜等を用いて構成することで液晶パネル内に内蔵する試みも成されている。駆動回路を内蔵させることで、その部品点数が削減できると共に、駆動回路との狭ピッチ接続を不要にできるため、接続ピッチ限界にとらわれない一層の高精細化が実現可能となる。そして、このように駆動回路を内蔵させる場合、液晶パネル内に薄膜抵抗を作り込むことが困難であるため、容量DACが用いられている。

1.1.4 極性反転

　液晶表示装置では、長時間にわたり直流電圧が印加されると、「焼き付き」と呼ばれる残像現象を引き起こすため、所定周期で対向電極電圧Vcomに対して画素電極に印加される電圧Vsigの極性を反転させる必要がある。そこで、1フレーム期間（F）ごとに、この極性を反転させる、「フレーム反転技術」が採用されている。

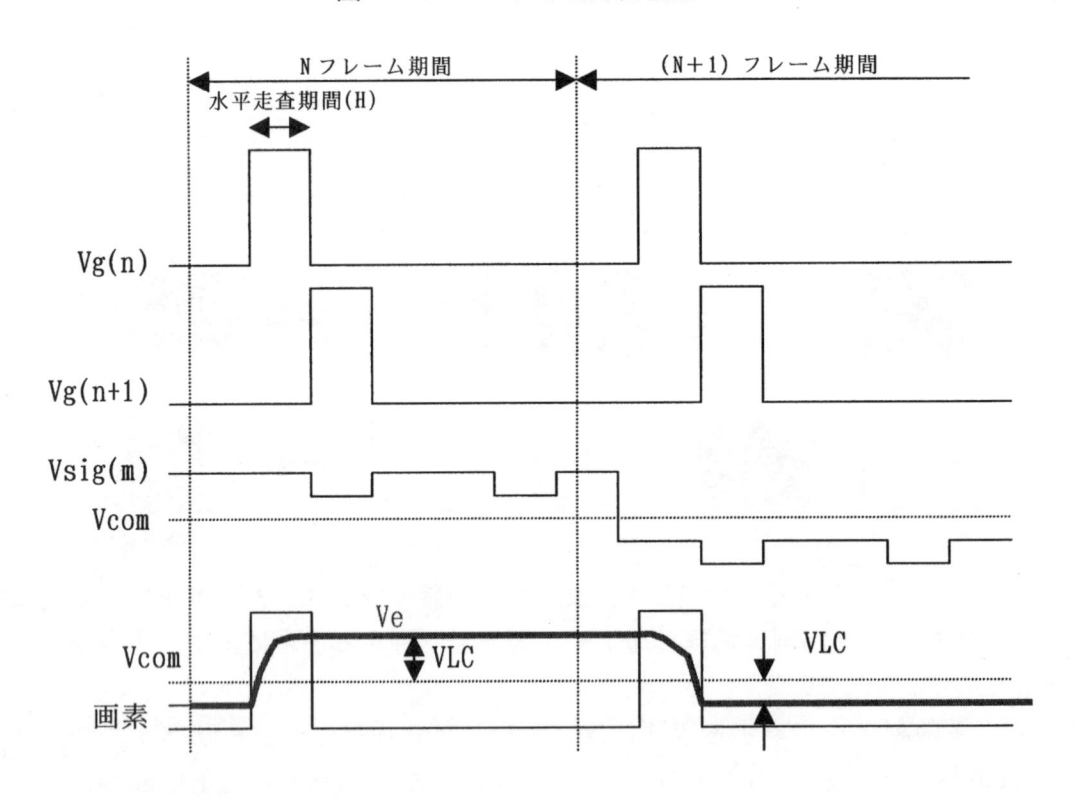

図1.1.4-1 フレーム反転駆動

1.1.5 マトリクス走査

　アクティブマトリクス型液晶表示装置では、水平走査期間（H）ごとに走査線に順次走査パルスVgを印加することで、対応画素電極に順次所定の電圧を印加して表示画像を構成しているが、信号線への電圧Vsigの印加方法によって、点順次駆動と線順次駆動とに大別される。

点順次駆動は、例えばシリアル入力されるアナログ映像信号を水平走査期間にわたり順次サンプリングし、対応信号線に印加するものである。これに対して、線順次駆動は、例えばシリアル入力されるデジタル映像信号を直並列変換しラッチした後、デジタル・アナログ変換して対応信号線に一度に信号電圧Vsigを印加するものである。
　一般に、線順次駆動の方が各表示画素への書き込み時間を一様に長く設定できるため、現在のところ広く用いられている。

図1.1.5-1　点順次駆動の回路構成例

図1.1.5-2　線順次駆動の回路構成例

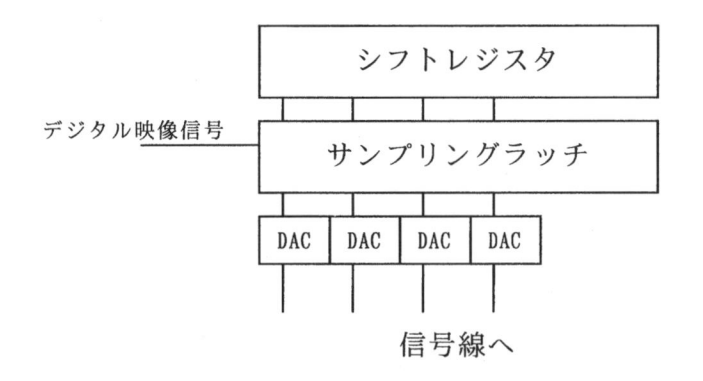

　また、走査線への走査パルスVgの印加方法について、インターレース駆動とノンインターレース駆動とに分類されるが、液晶表示装置はCRT等とは異なり自発光素子ではないことと、「焼き付き」を防止するため、各走査線は各フレーム期間に順次走査される。
　そして、各画素への書き込み時間を長く設定するため、例えば各走査線を2水平走査期間にわたり選択する等の工夫がされる場合もある。
　またCRT等の自発光素子では、走査された部分に表示画像が構成され、非走査部分には自然と黒表示が実現される。このため、入力される映像信号と表示装置の解像度とが必ずしも一致していなくても、表示領域のみを走査すれば対応表示が実現される。しかしながら、液晶表示装置は上記の通り必ず全ての画素に所定の周期で書き込む必要がある。例えば液晶表示装置の解像度が入力映像信号の解像度よりも大きい場合、解像度の低い入力映像信号のタイミングでは全ての画像領域を走査することができない。そこで、液晶表示装置内にフレームメモリ等を内蔵させ、駆動周波数を変更させて全領域の走査を可能にする、あるいは全領域の走査に複数の駆動周波数を用いるなどが工夫されている。

また、逆に入力映像信号の解像度が表示装置の解像度よりも大きい場合には、例えば走査線に入力される走査パルスVgを部分的に間引く等で表示を実現することが工夫されている。

1.1.6 画素駆動

　アクティブマトリクス型液晶パネルは、液晶容量CLCに所定の電荷をフレーム期間にわたり保持することで対応する表示を実現するが、液晶容量CLCに保持される電荷は種々の要因で変動し、この変動に伴いフリッカ等の画像劣化が引き起こされる。

　変動の要因としては、液晶容量CLCやTFTを介しての電流リークが挙げられる。これに対しては、液晶容量CLCと並列に補助容量Csを設ける等の画素設計により低減することができる。例えば補助容量Csを設けるにあたっては、その大きさが各画素の書き込み能力とのバランスで決定されなければならない。

　ほかの要因としては、例えばTFT等の寄生容量に起因したレベルシフトが挙げられる。すなわち、アクティブマトリクス型液晶パネルでは、各画素電極に接続されるTFT等のスイッチ素子に不可避的に寄生容量CGSが存在し、例えばTFTがOFFする際に液晶容量CLCに保持された電荷がTFTの寄生容量CGSに再配分され、画素電極電位が変動する。そして、正極性側の表示と負極性側の表示とでは画素電極電位の増減が異なることから、画像の輝度等に若干の相違が生じ、これがフリッカとして視認されるというものである。

　そこで、正負の書き込みで液晶印加電圧が等しくなるよう、レベルシフト量（ΔV）を考慮して対向電極電圧Vcomをあらかじめ調整しておくことでフリッカを低減することができる。また、ほかの手法として、走査線に印加される走査パルスVgに補償パルスを重畳する、あるいは補助容量Csを構成する一方の電極に補償パルスを重畳することによりフリッカを低減することができる。

　しかしながら、このレベルシフト量（ΔV）は、液晶印加電圧の大小に依存するため、上記の手法では低減はできるものの、解消することはできない。このため、画素電極に印加される階調電圧自体を、あらかじめレベルシフト量（ΔV）を考慮した電圧に設定する手法も提案されている。

　フリッカの対策としては、上記の駆動波形自体の制御による対策のほかに、極性反転技術を応用したものが挙げられる。すなわち、「フレーム反転技術」を採用した場合では、極性反転周期が長いため、その輝度差に起因したフリッカが視認されやすいが、「フレーム反転技術」に加え、各表示フレーム期間内で、例えば隣接する走査線ごとに各画素に印加される電圧の極性を反転させる「水平ライン反転駆動」、隣接する信号線ごとに画素に印加される電圧の極性を反転させる「垂直ライン反転駆動」、さらには隣接する画素間で印加される電圧の極性を反転させる「ドット反転駆動」等を組み合わせるというものである。

```
フレーム反転駆動　＋　｛　水平ライン反転駆動
                            垂直ライン反転駆動
                            ドット反転駆動
```

図1.1.6-1 水平ライン反転駆動（上）／ドット反転駆動（下）

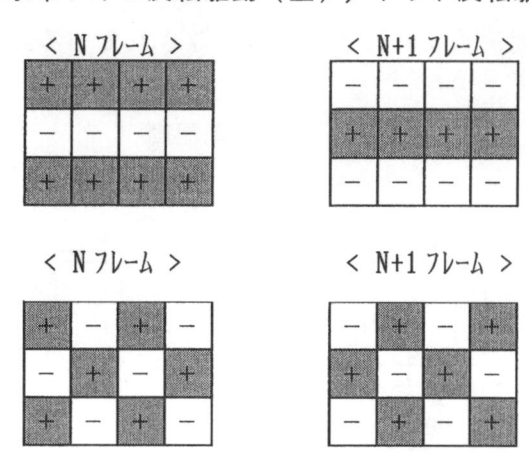

ところで、上記フレーム反転技術を始めとする極性反転技術を採用すると、信号線に印加される電圧Vsigの振幅は、片極性で駆動する場合に比べ2倍必要となり、駆動回路の高耐圧化が要求される。

そこで、フレーム反転駆動、あるいは水平ライン反転駆動の場合、対向電極に印加される対向電極電圧Vcomを、これら反転タイミングと同期して極性反転させることで信号線に印加される電圧振幅を半減する「コモン反転駆動」が採用されるようになってきた。

図1.1.6-2 水平ライン反転駆動とコモン反転駆動との組み合わせ駆動波形

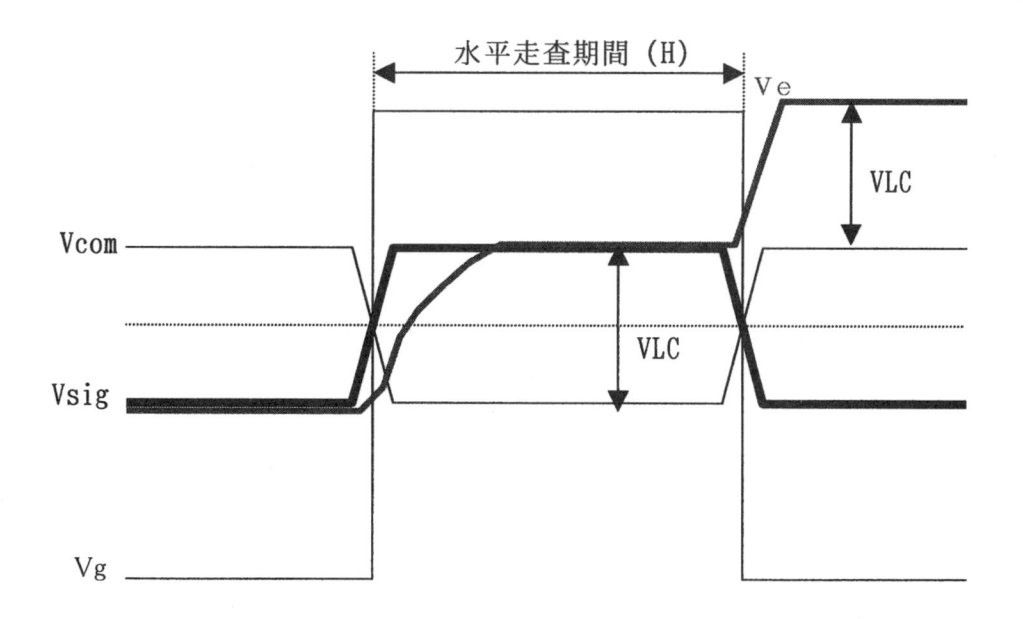

1.1.7 回路設計

上述した駆動を実現するため、アクティブマトリクス型液晶表示装置では、走査線および信号線に、それぞれ対応する信号を出力するための駆動回路を備えている。そして、これら駆動回路は単結晶シリコンにより形成されるICチップで構成されるが、液晶表示装置の大型化、高精細化に伴い、十分な動作速度の確保が困難となりつつある。

このため、液晶表示装置の表示領域を、例えば左右や上下等に分割し、それぞれの領域

を並列処理する分割駆動や、多相のシフトレジスタにより入力映像信号を直並列変換する多相駆動等により、駆動周波数を低減する試みがなされている。

図1.1.7-1 分割駆動

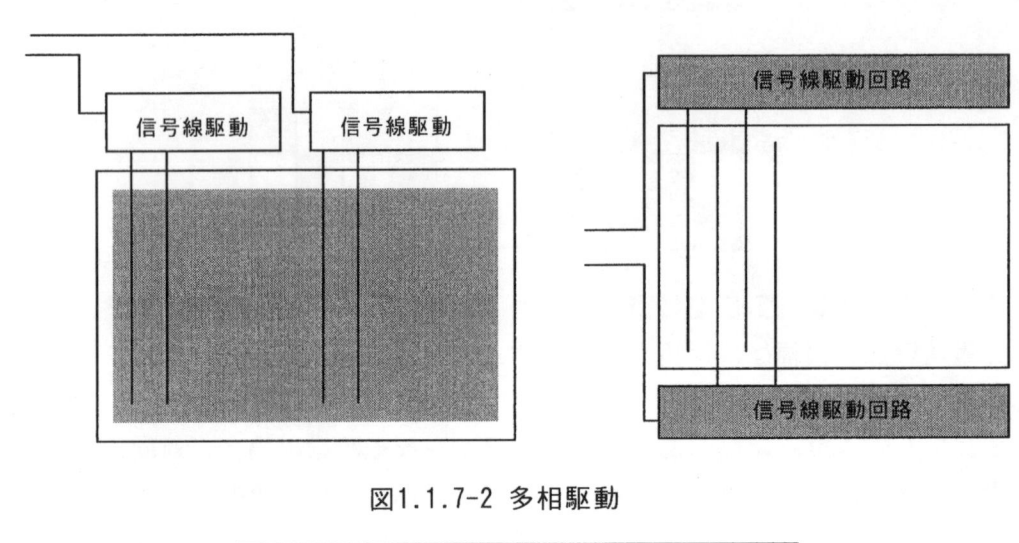

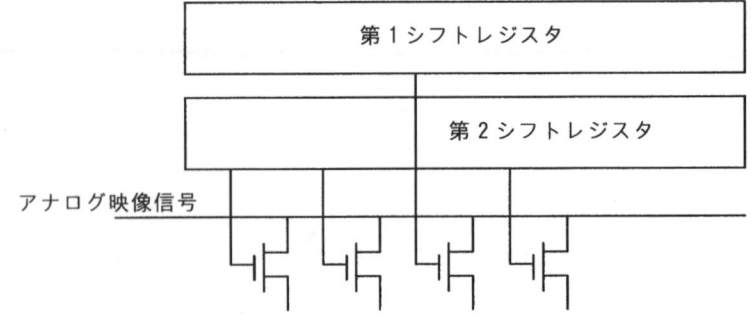

図1.1.7-2 多相駆動

　また、最近では駆動回路自体をガラス基板上に多結晶シリコン薄膜等を用いて内蔵する技術が採用されるようになってきているが、単結晶シリコンに比べて電子移動度は低く、このため高速回路を小面積内に配置することは容易ではない。また、大面積内に単結晶シリコンと同等の均一な閾値特性のTFTを形成することも困難である。
　このようなことから、配線の引き回し等を工夫して狭額縁内に回路を集積する技術、閾値特性のばらつきを補償する回路を内蔵させる技術等が盛んに開発されている。

1.1.8 その他周辺回路
　アクティブマトリクス型液晶表示装置では、走査線および信号線に、それぞれ対応する信号を出力するための駆動回路として、TCP (Tape Carrier Package) と呼ばれるフレキシブル配線基板上にドライバICが搭載された駆動回路が用いられ、これが異方性導電膜を介して表示パネルに接続されている。最近では、表示画面の高精細化、大容量化を実現するために、信号線や走査線数が増大し、かつそのピッチも狭くなっているため、上記のTCPの接続が困難になってきている。
　そこで、ドライバICを液晶パネルを構成するガラス基板上に直接搭載するCOG (Chip On

Glass）技術や、駆動回路自体をガラス基板上に薄膜技術を用いて内蔵させる技術が採用されるようになってきた。

　そして、今後は、駆動回路のみならず、制御回路や電源回路等を液晶パネル内に内蔵させることで部品点数を削減する技術の開発が益々加速されるものと予想される。

　また、アクティブマトリクス型液晶表示装置では、入力される直流電圧を、DC／DCコンバータ等で昇圧等して、必要な複数種の電圧を内部で生成している。例えば外部から入力される５ボルトの電源電圧から、走査パルスのハイレベルを成す10数ボルトの電圧、走査パルスのローレベルを成すマイナス数ボルトの電圧、さらに多階調表示を実現するための複数種の階調基準電圧等がそれである。そして、これら電源回路についても、その低消費電力化と共に、部品点数削減のために基板上に内蔵させる検討が行われている。また、リップル等を抑え、表示品位を向上させることも要求されている。

　さらに、液晶表示装置は、その低消費電力特性から、モバイル製品に多用されているが、通常モバイル製品は電池駆動である。そこで、電池の残量に応じて動作電圧を調整する等の工夫も盛んに行なわれている。

　また、アクティブマトリクス型液晶表示装置では、一般に白色光源からの光源光を、例えば赤（R）、緑（G）、および青（B）のカラーフィルタを透過させることによりカラー表示を実現している。しかしながら、このような構成では、カラーフィルタを透過させることで光源光の一部が吸収されるため、高輝度、大画面を実現することは容易ではない。また、１表示画素を、赤（R）、緑（G）、および青（B）の３副画素で構成する必要があるため、より一層の高精細化もパターニング精度の問題から困難となりつつある。

　そこで、近年の液晶材料の応答速度改善に伴い、カラーフィルタを使用しないカラー表示化も検討されている。これは、光源光として赤（R）、緑（G）、および青（B）の光源を用い、これらをフィールドごとに順次切り替えることで、３フィールドでカラー表示を実現するというものである。

1.1.9 液晶構成要素

　現在主流のアクティブマトリクス型液晶表示装置では、ツイステッド・ネマチック（TN）型液晶が用いられているが、このほかにもメモリ性を有する液晶材料として強誘電あるいは反強誘電性液晶との組み合わせ、またポリマー分散型液晶との組み合わせ等、種々検討されている。また、液晶材料の工夫以外でメモリ性を持たせるものとして、例えば各画素内にDRAM（Dynamic Random Access Memory）やSRAM（Static Random Access Memory）等をアレイ基板上に作りこむメモリ内蔵技術が一部ですでに実用化されている。さらに強誘電体との組み合わせによりメモリ性を持たせる工夫も検討されている。

　そして、上記の各構成に適した駆動方法が、それぞれ提案されている。

1.2 アクティブマトリクス液晶駆動技術の特許情報へのアクセス

　この節では、アクティブマトリクス液晶駆動技術の特許情報を得るために、日本特許庁の特許電子図書館（IPDL）または商用の特許情報「PATOLIS」（㈱パトリスの登録商標）データベースを使用して情報を検索するためのツールについて述べる。

1.2.1 技術用語による特許情報へのアクセス
　技術用語をそのまま検索語として検索を行うことは可能である。
　例えば、「アクティブマトリクス駆動」技術を検索する場合には、この一連の語群を単語に分解し、それらの語が全て含まれるデータを検索すれば良い。
　この場合には、「アクティブ」、「マトリクス」、「駆動」の3語に分解し、その論理積（AND）をとって検索すれば良い。
　しかし、同じ事柄を記述するのに用いる用語や表現は一般にかなり自由度があるので、技術用語による検索を行う場合、漏れを少なくするためには「同意語」を広く集める注意が必要である。上の例の場合には、アクティブの日本語である「能動」も「アクティブ」との論理和として加えた方が漏れを少なくすることができる。しかしその一方で無関係なデータも含まれる可能性が高くなるので、どこまで含めるかはその検索の目的により勘案することが必要である。
　技術用語による検索は親しみやすいが、その検索語の選び方によって結果が大きく左右される欠点があるので、厳密性を要する検索には次に述べるコードを用いた検索を行う方が良い。

1.2.2 国際特許分類（IPC）とファイルインデックス（FI）による特許情報へのアクセス
　特許データは、その全てに「国際特許分類コード（IPC）」が付与されており、このコードにより検索を行うことができる。また日本の場合ではこのコードをベースにさらに細分化された「ファイルインデックス（FI）」が並行して付与されている。従って検索の際にFIを用いれば、IPCによる以上に結果を絞り込むことができる。
　表1.2.2-1に、液晶のアクティブマトリクス駆動技術に関連するIPCとFIを示す。なお、IPCは5年ごとに更新されるので必要な特許情報がいつ頃発行されたかによりその版を使い分ける必要がある。液晶の駆動に関するIPCは、1990年から有効となった第5版で、その前の第4版からかなり変更されているので、表にはこの両者を対比して示した。

表1.2.2-1 液晶駆動技術に関する特許分類コード（IPC、FI）

IPC 5～7版	IPC 4版	FI	説明
G02F			光の強度、色、位相、偏光または方向の制御　例．スイッチング、ゲーテイング、変調または復調のための装置または配置の媒体の光学的性質の変化により、光学的作用が変化する装置または配置；そのための技法または手順；周波数変換；非線形光学；光学的論理素子；光学的アナログ／デジタル変換器
G02F1/00	G02F1/00	G02F1/00	独立の光源から到達する光の強度、色、位相、偏光または方向の制御のための装置または配置
G02F1/01	G02F1/01	G02F1/01	・強度、位相、偏光または色の制御のためのもの
G02F1/13	G02F1/13	G02F1/13	・・液晶に基づいたもの　例．単一の液晶表示セル
G02F1/133	G02F1/133	G02F1/133	・・・構造配置；液晶セルの作動
			・・・構造配置；液晶セルの作動；回路配置(4)
	G02F1/133,129　G02F1/133,330	G02F1/133,129	・・・・液晶セルの作動；回路
G02F1/133,500		G02F1/133,500	・・・・STN（超ねじれ複屈折形）
G02F1/133,505		G02F1/133,505	・・・・液晶セルの作動，回路配置
G02F1/133,510		G02F1/133,510	・・・・・カラー化
G02F1/133,515		G02F1/133,515	・・・・・ネガ、ポジ
G02F1/133,520		G02F1/133,520	・・・・・電源
G02F1/133,525		G02F1/133,525	・・・・・直流分除去
G02F1/133,530		G02F1/133,530	・・・・・入力機能
G02F1/133,535		G02F1/133,535	・・・・・光源
G02F1/133,540		G02F1/133,540	・・・・・インピーダンス素子と組み合わせた作動
G02F1/133,545	G02F1/133,331	G02F1/133,545	・・・・・単純マトリックス
G02F1/133,550	G02F1/133,332	G02F1/133,550	・・・・・アクティブマトリックス
G02F1/133,555	G02F1/133,333	G02F1/133,555	・・・・・二周波駆動
G02F1/133,560	G02F1/133,334	G02F1/133,560	・・・・・強誘電性、双安定性液晶用
G02F1/133,565	G02F1/133,335	G02F1/133,565	・・・・・熱アドレス
G02F1/133,570	G02F1/133,130　G02F1/133,336	G02F1/133,130　G02F1/133,570	・・・・・応答時間の制御
G02F1/133,575	G02F1/133,131　G02F1/133,337	G02F1/133,131　G02F1/133,575	・・・・・コントラストの制御
G02F1/133,580	G02F1/133,132　G02F1/133,338	G02F1/133,132　G02F1/133,580	・・・・・外界条件の変動補償　例．温度補償
G02F1/1333	G02F1/133,301	G02F1/133,301	・・・・構造配置
G02F1/1333,500	G02F1/133,323	G02F1/133,323	・・・・・基板
G02F1/1343	G02F1/133,323	G02F1/133,323	・・・・・電極
G02F1/1345	G02F1/133,324	G02F1/133,324	・・・・・電極をセル端子に接続する導体

1.2.3 Fタームによる特許情報へのアクセス

　FIにより分類される範囲をさらに技術要素により細分化したものがFTである。表1.2.3-1に、液晶のアクティブマトリクス駆動技術に関するFTを示す。FTは5桁のテーマコードと4桁のFTコードにより構成されるが、表にはテーマコード2H093のFTコードを一覧化して示す。すなわち「アクティブマトリクス駆動」のFTはテーマコードと表中のAA18および

NA16を組み合わせた2H093AA18および2H093NA16となる。この2つのFTコードは後者が後から変更を前提に追加されたものであり、同じ内容を示している。NA16が公開される前に発行された出願にはAA18が付与されているが、データベースの中ではこれらのデータにも全てNA16を重複して記録されているので、NA16のみの検索でAA18が付与されたデータも検索可能である。

なお、このテーマコード2H093の表題は「液晶6（駆動）」であり、FIのG02F1/133,505～535とG02F1/133,545～580の範囲の技術をカバーしている。

表1.2.3-1 液晶駆動技術に関するFターム（FT）（1/3）

テーマコード：2H093　液晶6（駆動）			テーマコード：2H093　液晶6（駆動）		
FTコード		説明	FTコード		説明
AA00	NA00	駆動方法		NA45	・・・・一定間隔毎
AA01	NA01	・スタティック駆動		NA46	・・・・任意順序（部分書換え）
AA02		・・セグメント表示方式		NA47	・・マルチライン走査
AA03		・・バーグラフ表示方式	AA32	NA51	・階調表示
AA04		・・オシロスコープ表示方式		NA52	・・変調手法
AA05	NA06	・マルチプレックス駆動		NA53	・・・振幅変調
AA06	NA07	・・電圧平均化法	AA33	NA54	・・・面積階調
AA07	NA08	・・・1/2バイアス法	AA34	NA55	・・フレーム階調
AA08	NA09	・・・1/3バイアス法	AA35	NA56	・・パルス幅変調階調
AA09	NA10	・・・最適バイアス法		NA57	・・階調数
AA10	NA11	・・メモリ効果型駆動法		NA58	・・階調の重み付け
AA11		・・・電圧値		NA59	・・・二の巾乗
AA12		・・・電圧波形	AA36	NA61	・カラー表示
AA13		・・・高周波重畳法	AA37	NA62	・・三原色同時走査
AA14	NA12	・・メモリクリア方式	AA38	NA63	・・三原色ドット順次走査
AA15	NA13	・・・・ブロック単位メモリクリア方式	AA39	NA64	・・三原色ライン順次走査
AA16	NA14	・・・・ラインクリア方式	AA40	NA65	・・光源色切り替え
AA17	NA15	・・・・フレームクリア方式	AA41	NA71	・電気的以外の書き込み
AA18	NA16	・・アクティブマトリックス駆動	AA42	NA72	・・熱書き込み
AA19	NA17	・・2周波駆動	AA43	NA73	・・・熱、電気併用
	NA18	・・アクティブアドレッシング駆動	AA44	NA74	・・光書き込み
AA31	NA20	・・その他のマルチプレックス駆動法	AA45	NA75	・・・熱モード
	NA21	・特定の構造に関連する駆動方法	AA46	NA76	・・・光モード
AA20	NA22	・・分割マトリックス駆動	AA47	NA77	・・電子ビーム書き込み
AA21	NA23	・・多重マトリックス駆動	AA50	NA79	・その他の駆動方法
AA22	NA25	・・積層セル駆動		NA80	・・前処理、後処理
	NA26	・・モジユールセル駆動		NB00	駆動波形
AA28	NA28	・・セグメント表示方式		NB01	・液晶セル印加波形
AA29	NA29	・・バーグラフ表示方式		NB02	・・波高値の数
AA30		・・オッシロスコープ表示方式		NB03	・・走査選択期間を複数のパルスで構成
AA23	NA31	・・極性反転		NB04	・・・表示電圧印加位置
AA24	NA32	・・ライン反転駆動		NB05	・・・走査選択期間内で直流分を除去
	NA33	・・フレーム反転駆動		NB07	・信号電極印加波形
AA25	NA34	・・・極性反転の手法		NB08	・・単極性
AA26	NA35	・・・・待ち時間		NB09	・・波高値の数
AA27	NA36	・・・・電圧波形		NB10	・・走査選択期間を複数のパルスで構成
	NA41	・走査方法		NB11	・走査電極印加波形
	NA42	・・点順次走査		NB12	・・単極性
	NA43	・・線順次走査		NB13	・・波高値の数
	NA44	・・・走査順序		NB14	・・走査選択期間を複数のパルスで構成

表1.2.3-1 液晶駆動技術に関するFターム（FT）（2/3）

テーマコード：2H093　液晶6（駆動）	
FTコード	説明
NB15	・・走査線の非選択期間にパルスを印加しないもの
NB16	・・前後の走査線の関係
NB21	・走査選択期間の各パルス幅が等しくないもの
NB22	・全ての電極に同じ電圧を印加する期間があるもの
NB23	・走査波形と信号波形の時間的対応関係
NB25	・波形の重畳
NB26	・・高周波の重畳
NB27	・・矩形波以外の波形の重畳
NB29	・バイアス電圧印加
NB30	・・バイアス電圧が変化
BA00 NC00	駆動回路
BA01 NC01	・電源回路
BA02 NC02	・・電圧制御
BA03 NC03	・・・複数の電圧レベル発生
BA04 NC04	・・・・バイアス電源
BA05 NC05	・・・DC/DCコンバータ
BA06 NC06	・・周波数可変
BA07 NC07	・・電池
BA08 NC09	・走査側駆動回路
BA09 NC10	・・縦横切り替え
BA10 NC11	・信号側駆動回路
NC12	・・データ線との接続
NC13	・・映像、表示データの変換
BA11 NC14	・・色信号処理
BA12 NC15	・・データ保持
BA14 NC16	・・駆動タイミング制御
NC18	・アクティブにおけるコモン電極駆動回路
NC21	・駆動回路の構成要素
NC22	・・シフトレジスタ
NC23	・・サンプリングホールド回路
NC24	・・A/D変換回路
NC25	・・コンパレータ
NC26	・・ラッチ回路
NC27	・・カウンタ
BA13 NC28	・・外部メモリ
NC29	・・・フレームメモリ
BA15 NC31	・アクティブにおける画素単位回路
BA16 NC32	・・3端子素子
BA17 NC33	・・・単結晶MOSFET、SOS
BA18 NC34	・・・TFT
BA19 NC35	・・容量素子
BA20 NC36	・・・配線
BA21 NC37	・・2端子素子
BA22 NC38	・・・MIM
BA23 NC39	・・・ダイオードリング（DR）、BTBD
BA24	・・・バリスタ（含非線形抵抗素子）
BA25 NC40	・・一画素に複数の能動素子
BA27 NC41	・制御回路
BA28 NC42	・・照明光制御
BA29 NC43	・・・光源色切り替え
BA30 NC44	・・駆動位相同期

テーマコード：2H093　液晶6（駆動）	
FTコード	説明
BA31 NC45	・・・自動点灯
BA32 NC46	・・・温度
BA33 NC47	・・温度制御
NC48	・・手動制御
BA35 NC49	・・自動制御
BA36	・・・コントラスト
BA37	・・・照明光量
NC50	・・マイクロプロセッサを用いたもの
BA41 NC51	・検知、補償回路
BA42 NC52	・・検知回路
BA43 NC53	・・・光検知
NC54	・・・・セル透過光
BA44 NC55	・・・・外光
BA45	・・・・書き込み光
BA46 NC56	・・・照明光
BA47 NC57	・・・温度検知
NC58	・・・電圧検知
BA48 NC59	・・・回路動作状態検知
BA49 NC62	・・補償、保護回路
BA50 NC63	・・・温度補償
NC64	・・・緊急停止
NC65	・・・セルの特性
NC66	・・・・フィルタの透過率特性
NC67	・・・・アクティブ素子の電気的特性
NC68	・・・・製造時のバラツキ
BA38 NC71	・入力機能
BA39 NC72	・・タッチパネル
BA40 NC73	・・光入力
BA51 NC75	・加熱手段
BA52 NC76	・・ヒータ
BA53 NC77	・・光
BA54 NC78	・・サーマルヘッド
BA55 NC80	・放熱手段
BA56 NC81	・電磁シールド
BA57	・複数セル駆動回路
BA58	・・積層セル
BA59	・・モジールセル
BA60 NC90	・その他の駆動回路
CA00 ND00	目的
CA01 ND01	・視認性向上
CA02 ND02	・・外界条件の変動補償
CA03 ND03	・・コントラスト制御
CA04 ND04	・・コントラスト向上
CA05 ND05	・・コントラスト均一化
CA06 ND06	・・中間調、階調表示
CA07 ND07	・・輝度制御
CA08 ND08	・・輝度向上
CA09 ND09	・・・輝度均一化
CA11 ND10	・・ちらつき、フリッカ防止
CA12 ND12	・・焼き付き防止（残像防止）
CA13 ND13	・・視野角改善

表1.2.3-1 液晶駆動技術に関するFターム（FT）（3/3）

FTコード		説明
CA14	ND14	・・背景色制御
CA15	ND15	・・クロストーク防止
CA16	ND16	・・欠陥画素の救済
CA17	ND17	・・カラー化
CA18	ND18	・・ネガ、ポジ反転
CA19	ND19	・・外光遮断
CA20	ND20	・・解像度向上
CA21	ND22	・・開口率向上
CA22	ND23	・・輪郭強調
CA23	ND24	・・色度域の改善
CA31	ND31	・電気的特性向上
CA32	ND32	・・応答時間の制御
CA33	ND33	・・・電圧波形制御
CA34	ND34	・・・駆動タイミング制御
CA35	ND35	・・直流分除去
CA36	ND36	・・波形のなまり補償
CA37	ND37	・・動作マージン拡大
CA38	ND38	・・低電圧化
CA39	ND39	・・低消費電力化
CA40	ND40	・・雑音耐力の向上
CA41	ND41	・その他の目的
CA42	ND42	・・小型化、薄型化
CA43	ND43	・・大容量表示（大画面化）
CA44	ND44	・・動作温度マージンの拡大
CA45	ND45	・・温度調節
CA46	ND46	・・冗長構成
CA47	ND47	・・長寿命化
CA48	ND48	・・高信頼性
CA49	ND49	・・回路、実装の簡略化
	ND50	・・・回路の共通化
CA50	ND52	・・高精細化
CA51	ND53	・・歩留り向上
CA52	ND54	・・低コスト化
CA53	ND55	・・高集積化
	ND56	・・試験、検査
	ND57	・・縦横切り替え
	ND58	・・液晶セルの特性補償
CA60	ND60	・それ以外の目的
DA00	NE00	他の構成要素との関連
DA01	NE01	・基板
DA02	NE02	・絶縁層
DA03	NE03	・導電体、電極
DA04	NE04	・配向部材
	NE05	・光導電体
DA05	NE06	・光学要素
DA06	NE07	・外部回路との接続手段
DA07		・積層セル
DA10	NE10	・その他、他の構成要素との関連
EA00	NF00	液晶の動作原理
EA01	NF01	・電流効果型
EA02	NF02	・・動的散乱（DS）型

FTコード		説明
EA05	NF03	・電界効果型
EA06	NF04	・・誘電異方性型
EA07	NF05	・・・ねじれネマチック（TN）型
EA08	NF06	・・・二色性、多色性、ゲストホスト（GH）型
EA09	NF09	・・・複屈折制御（ECB）型
	NF11	・・・高分子分散型
EA10	NF13	・・・超ねじれ複屈折（SBE、STN）型
EA11	NF14	・・・相変化（PC）型
	NF16	・・永久双極子型
EA12	NF17	・強誘電性型
	NF18	・・・・初期配列が基板面に平行方向にらせん形成
	NF19	・・・表面安定強誘電性液晶（SSFLC)
	NF20	・・・反強誘電性型
EA14	NF21	・熱効果型
EA16	NF25	・光効果型
EA18	NF28	・その他の動作原理
FA00	NG00	特殊用途
FA01	NG01	・表示
FA02	NG02	・・プロジェクション
FA04	NG03	・・車両用
FA05	NG04	・・レベルメータ
FA06	NG05	・・オッシロスコープ表示
FA08	NG07	・光制御
FA09	NG08	・・立体TV用メガネ
FA10	NG09	・・防眩ミラー、防眩眼鏡
FA11	NG10	・・オートフォーカスレンズ
FA12	NG11	・・ライトバルブ
FA13	NG12	・・・プリンタヘッド
	NG13	・・調光窓
FA14	NG15	・センサ素子
FA15	NG16	・記録媒体
FA16	NG17	・光演算器
FA17	NG18	・電気的素子
FA18	NG19	・装飾
FA20	NG20	・その他の特殊用途
	NH00	パラメータの限定
	NH01	・セル構造
	NH02	・・自発分極（Ps）
	NH03	・・誘電率
	NH04	・・誘電異方性（$\Delta\varepsilon$）
	NH05	・・静電容量
	NH06	・・信号線、走査線の数
	NH11	・液晶セル印加波形
	NH12	・・液晶動作電圧
	NH13	・・最大電圧
	NH14	・・選択時間
	NH15	・・・フレーム周期
	NH16	・・駆動周波数
	NH18	・数式を用いているもの
	ZZ00	OTHER

1.2.4 アクティブマトリクス液晶駆動技術に関する特許情報の検索式

表1.2.4-1に液晶のアクティブマトリクス駆動技術の各技術要素を検索するために使用した検索式を示す。ただし、これらの検索式はその技術要素に関連する特許データを広範囲に抽出するためのものなので、検索されるデータはかなり多い。

通常の目的の検索では表1.2.3-1に示されているFTコードを組み合わせ（論理積）て、さらに絞り込む場合が多いと思われる。

表1.2.4-1 アクティブマトリクス液晶駆動技術に関する特許情報の検索式

技術区分		集合を得るための検索式
アクティブマトリクス技術		FI=G02F1/133,550
1．素子の駆動技術		
	アクティブマトリクス駆動	FT=(2H093AA18+2H093NA16)
	極性反転	FT=(2H093AA23+2H093NA31)
	その他のマルチプレックス駆動	FT=(2H093AA06+2H093AA10+2H093AA19 +2H093AA21+2H093AA22+2H093AA28 +2H093AA29+2H093AA30+2H093AA31 +2H093NA07+2H093NA11+2H093NA17 +2H093NA18+2H093NA21)
2．走査に関する技術		FT=2H093NA41
3．階調表示に関する技術		FT=(2H093AA32+2H093NA51)
4．カラー表示に関する技術		FT=(2H093AA36+2H093NA61)
5．動作制御に関する技術		FT=(2H093BA27+2H093NC41)
6．補償、保護に関する技術		FT=(2H093BA41+2H093NC51)
7．電源に関する技術		FT=(2H093BA01+2H093NC01)
8．駆動に関連する構成技術（電極、配線）		FT=(2H093DA03+2H093NE03+2H093NE07)
9．特定の用途に対応する駆動技術 　（投射用、車両用、入力機能など）		FT=(2H093FA00+2H093NG00)

1.3 技術開発活動の状況

　アクティブマトリクス液晶駆動技術の市場注目度を示すために、技術成熟度マップを用いて説明する。特許出願件数と出願人数を年次ごとにプロットしたマップであり、出願件数はその技術の技術開発活動を示し、出願人数は参入企業数を示すことから、この関係をみることによりアクティブマトリクス液晶駆動技術の市場状況の把握ができる。
　表1.2.4-1で示した検索式により約2,800件の出願件数であったが、全件解読した結果、1991年から2001年7月までに公開された本テーマに関する出願は約2,200件となった。また表1.2.4-1で示した技術要素のうち件数の少ないものがあり、それらをくくることにより、表1.3-1に示す技術要素でまとめる。

表1.3-1 技術要素

技術要素		
アクティブマトリクス液晶駆動技術	入力信号処理	入力信号処理
	階調表示	変調手法
		階調数
		重み付け
		色処理
	極性反転	極性反転
	マトリクス走査	順次走査
		走査順序
		特殊な走査
		マルチライン走査
		走査方法
	画素駆動	駆動波形
	回路設計	駆動方法
		駆動回路
		周波数制御
	その他周辺回路	光源色切り替え
		制御回路
		照明光制御
		温度制御
		配向状態制御
		制御方法
		検知
		補償・保護
		電源回路
		電圧制御
		投射用
		車両用
		その他の用途
	液晶構成要素	液晶の種類
		画素の構成
		装置の構成
		装置の構造
		配線の構成
		パラメータの限定

1.3.1 アクティブマトリクス液晶駆動技術全体

アクティブマトリクス液晶駆動技術とは、スイッチング素子としてTFT等の3端子素子に限らず、MIM等の2端子素子等が用いられるアクティブマトリクス型の液晶表示装置に係る駆動技術全般である。

図1.3.1-1にはアクティブマトリクス液晶駆動技術における出願人-出願件数推移を示す。出願件数および出願人数は1989年以降92年まで共に増加し、その後徐々に減少して出願件数約190件／年で推移している。94年頃から成熟期に入ってきたと見受けられる。

表1.3.1-1にはアクティブマトリクス液晶駆動技術における主要出願人の出願件数を示す。アクティブマトリクス液晶駆動技術は出願人30社中の上位10社の出願件数変化を見ると、全体として2つの山（1991年頃から96年までの第1の出願件数の山と、98年頃から99年までの第2の出願件数の山）がみられる。そして、第1の山以降出願件数が減少している出願人と、第2の山で出願件数が増加している出願人とがみられる。

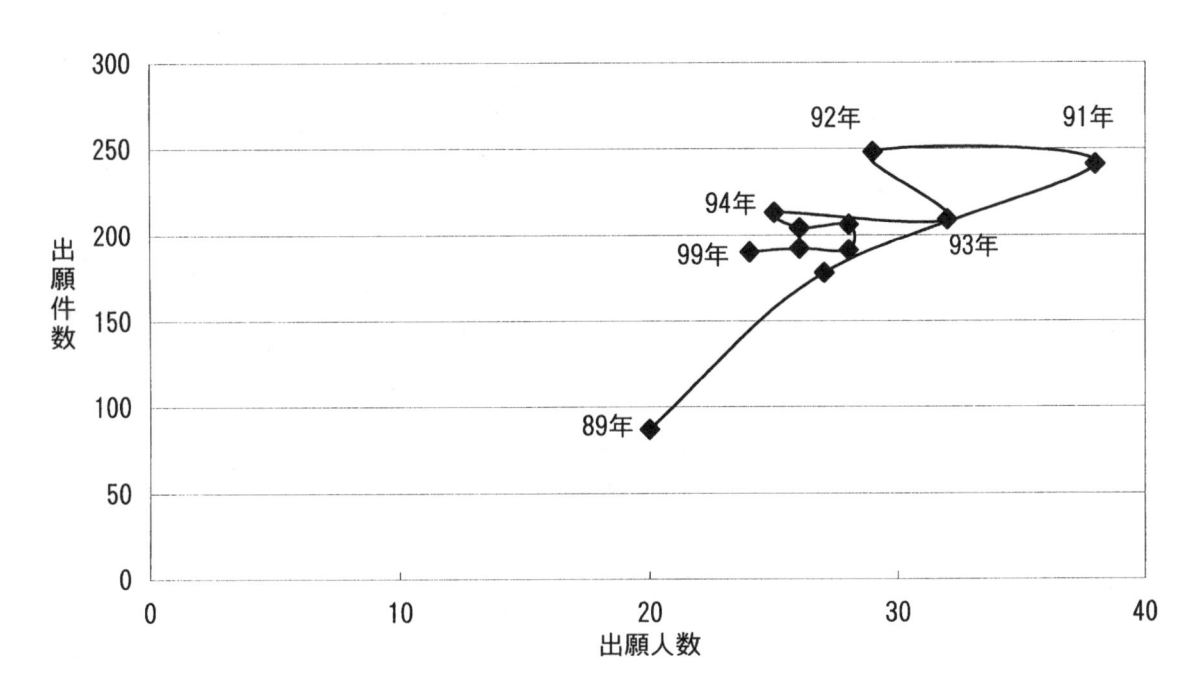

図1.3.1-1 アクティブマトリクス液晶駆動技術の出願人-出願件数の推移

表1.3.1-1 アクティブマトリクス液晶駆動技術の主要出願人の出願件数（30位）

No	出願人	89	90	91	92	93	94	95	96	97	98	99	合計
1	シャープ	15	23	20	43	42	36	23	17	19	25	20	283
2	東芝	3	12	24	23	23	13	20	30	23	35	18	224
3	日立	10	16	20	24	10	16	19	12	15	10	24	176
4	エプソン	5	13	13	13	18	8	13	22	17	21	21	164
5	松下電器	10	17	12	14	4	16	10	24	12	22	20	161
6	富士通	8	10	28	37	14	12	10	8	5	5	11	148
7	カシオ	6	7	8	13	22	22	19	17	11	7	9	141
8	ソニー		6	5	12	4	26	19	22	22	15	9	140
9	半導体エネルギー研究所		7	30	11	5	6	20	6	6	3	13	107
10	日本電気	2	9	16	10	11	9	7	6	11	9	9	99
11	キヤノン		5	5	14	4	10	5	3	4	3	11	64
12	三洋電機	1	9	7	5	8	3	5	7	5	5	3	58
13	フィリップス	1	4	5	2	4	5	6	6	6	2	3	44
14	沖電気	3	11	9	5	5	7			1	2		43
15	シチズン	4		1	2	9	7	7	3				33
16	三菱電機	6	2	3	3	3	2	2		3	1	1	26
17	IBM		2	3	1	3	3	2		2	3	1	20
18	アドバンスト・ディスプレイ								2	6	6	4	18
19	日本ビクター						1	5	1	4	4	2	17
20	セイコー電子工業	1	9	4									14
21	三星電子								3	4	2	3	12
22	旭硝子	2	5	2					2	1	1		13
23	東芝電子エンジニアリング								2	6	5		13
24	京セラ			3	2	1	4		1				11
25	日本電装		2	1	2	4	1						10
26	凸版印刷	5		1	1	2							9
27	アルプス電気				2				2		1	3	8
28	リコー		1	2	1	2							6
29	日本テキサス インスツルメンツ		1				1		1	1	1	1	6
30	トムソン エル セー デー			3	1			1					5
	合計	82	171	225	241	198	208	193	197	184	188	186	2,073

1.3.2 アクティブマトリクス液晶駆動技術
(1) 入力信号処理

図1.3.2-1にはアクティブマトリクス液晶駆動技術の入力信号処理における主要出願人-出願件数推移を示す。入力信号処理技術は出願人数、出願件数共に増減を繰り返しながら全体として増加傾向にあり、1996年から98年まで出願件数、出願人数共に倍増している。

表1.3.2-1にはアクティブマトリクス液晶駆動技術の入力信号処理における主要出願人の出願件数を示す。入力信号処理技術は、出願人12社の出願件数をみると全体的に少なく、また各社の出願時期も分散している。

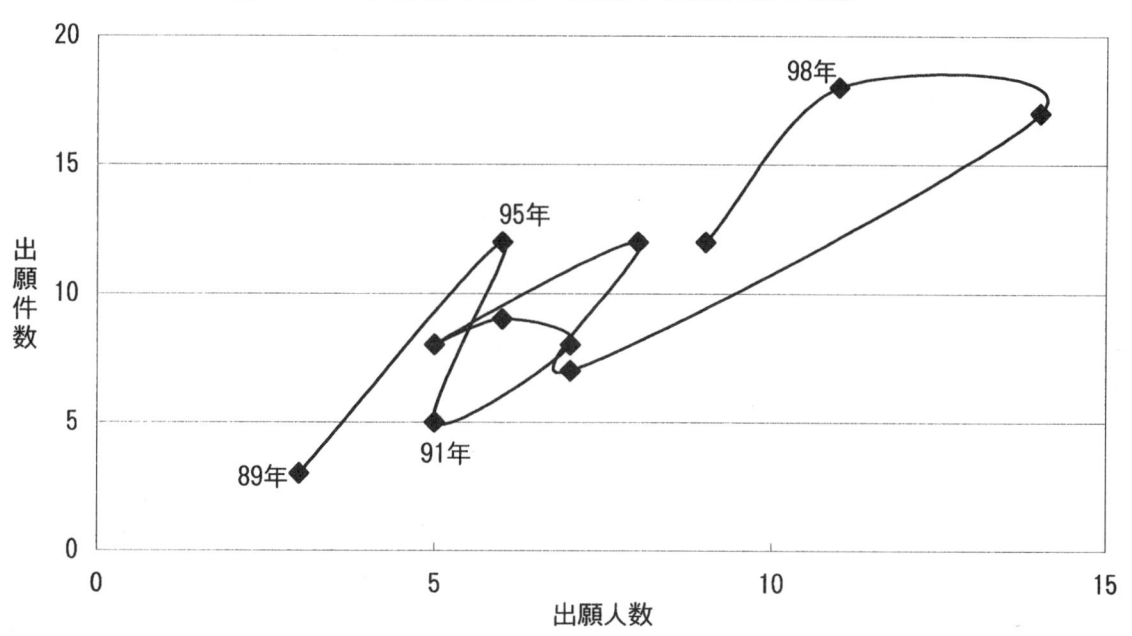

図1.3.2-1 入力信号処理の出願人-出願件数の推移

表1.3.2-1 入力信号処理の主要出願人の出願件数（10位）

No.	出願人	89	90	91	92	93	94	95	96	97	98	99	合計
1	シャープ	1	4	1	1				1	3	2	2	15
2	カシオ				1	4	2	2	1	1	1		12
3	東芝			1	1	1		2	1	1	2	2	11
4	日立		3			1		3		1		1	10
5	ソニー		1				3	1	1		2		8
6	松下電器									1	4	2	7
7	エプソン		2			1		1		1	1		6
8	三洋電機						1	1	1	2	1		6
9	キヤノン			1	2								3
10	東芝電子エンジニアリング									1	2		3
10	日本電気					1			1		1		3
10	半導体エネルギー研究所				1			1		1			3
	合計	3	12	5	8	9	8	12	7	17	18	12	111

(2) 階調表示

　図1.3.2-2にはアクティブマトリクス液晶駆動技術の階調表示における主要出願人-出願件数推移を示す。階調表示技術は、1991年に出願件数も出願人数も増加したが、その後減少に転じ出願人数、出願件数共に多少の変動はあるが、全体として減少傾向にある。

　表1.3.2-2にはアクティブマトリクス液晶駆動技術の階調表示における主要出願人の出願件数を示す。階調表示技術は1991年から94年までに出願が集中しており、特に半導体エネルギー研究所の91年出願が多い。

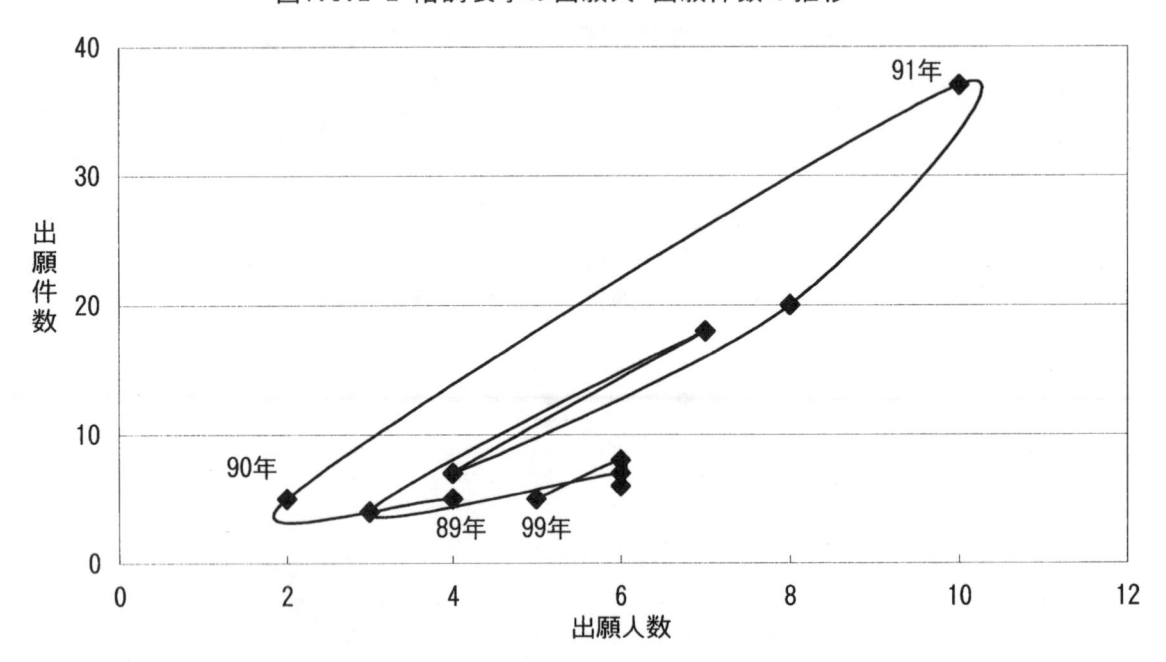

図1.3.2-2 階調表示の出願人-出願件数の推移

表1.3.2-2 階調表示の主要出願人の出願件数（10位）

No.	出願人	89	90	91	92	93	94	95	96	97	98	99	合計
1	半導体エネルギー研究所			21	3				1	1			26
2	富士通			7	9		2						18
3	沖電気	2	3		1	1	7			1			15
4	シャープ	1			1	3	2	2	1		2	1	13
5	東芝			1	1		3		1	1	2		9
6	日立		2	2	2						1	1	8
7	エプソン						1		2	1	1	1	6
8	シチズン					2		1	1				4
9	ソニー						2					1	3
10	松下電器	1		1			1						3
	合計	5	5	37	20	7	18	4	7	6	8	5	122

(3) 極性反転

図1.3.2-3にはアクティブマトリクス液晶駆動技術の極性反転における出願人-出願件数推移を示す。極性反転技術は1998年までは出願人数、出願件数共に多少の変動がみられる程度である。

表1.3.2-3にはアクティブマトリクス液晶駆動技術の極性反転における主要出願人の出願件数を示す。極性反転技術は上位10社の出願状況をみると出願人各社の出願時期にバラツキが見られ、全体として各年約同数の出願がなされている。

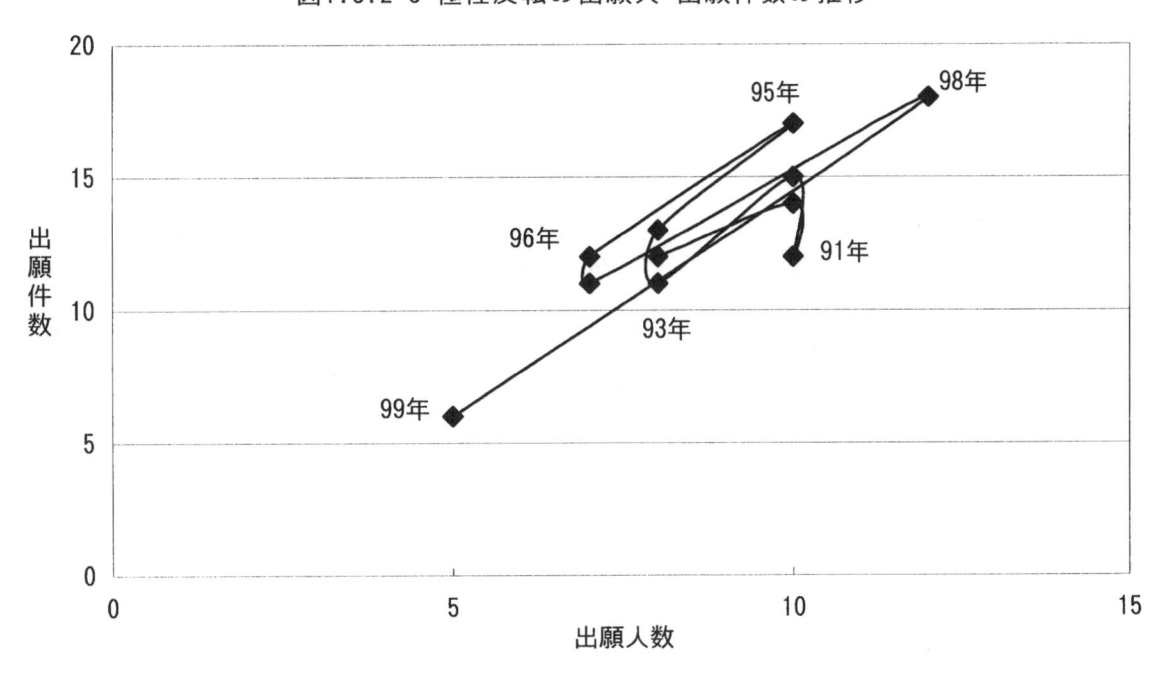

図1.3.2-3 極性反転の出願人-出願件数の推移

表1.3.2-3 極性反転の主要出願人の出願件数（10位）

No.	出願人	89	90	91	92	93	94	95	96	97	98	99	合計
1	シャープ	3	1	1	4	3	3	1		1	1		18
2	東芝	1			1			3	3	3	3		14
3	カシオ	2	1	2		1	1	3	2			1	13
4	ソニー							1	2	2	4	1	10
5	日本電気		2	1	2	1	1			2	1		10
6	エプソン				1	2	1	1	1		2	1	9
7	キヤノン				1		4	2	1	1			9
8	松下電器	1			2		1	1	2		1	1	9
9	日立	2	1		1	1	1	1		1			8
10	富士通		1	2		1	1						5
	合計	12	14	12	15	11	13	17	12	11	18	6	141

(4) マトリクス走査

図1.3.2-4にはアクティブマトリクス液晶駆動技術のマトリクス走査における出願人-出願件数推移を示す。マトリクス走査技術は出願人数、出願件数共に一年間隔で一進一退を繰り返している。

表1.3.2-4にはアクティブマトリクス液晶駆動技術のマトリクス走査における主要出願人の出願件数を示す。マトリクス走査技術は全体として1990年頃と、94年から96年にかけてと、98年から99年にかけて出願件数が多いが、出願人の上位10社をみると各社の出願時期が分散している。

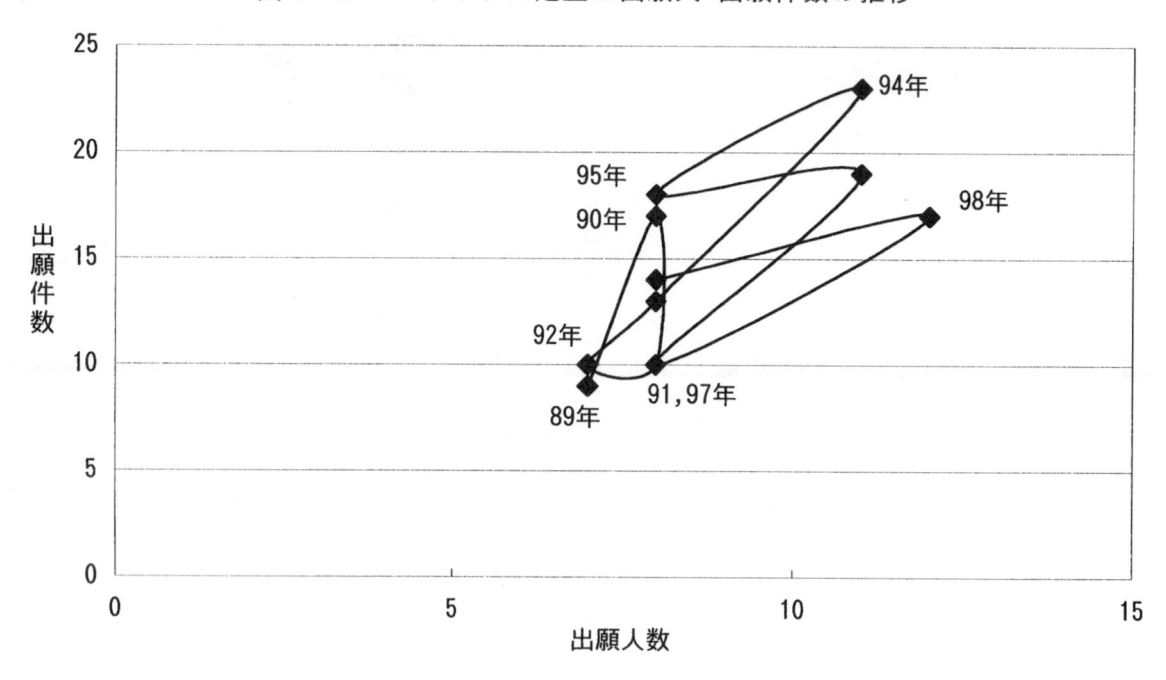

図1.3.2-4 マトリクス走査の出願人-出願件数の推移

表1.3.2-4 マトリクス走査の主要出願人の出願件数（10位）

No.	出願人	89	90	91	92	93	94	95	96	97	98	99	合計
1	シャープ	1	2	1		2	3		3		4	3	19
2	ソニー		2		1		7	5	1	1			17
3	松下電器	1	5		2			2	2	2	1	1	16
4	カシオ	1				3	2	4	3	1			14
5	東芝	2	2	3	1	1	1		1		2	1	14
6	日立			1	1		2	1	1	2	1		1	11
7	富士通	2	2	1	3					2	1		11
8	日本電気			1		1	2	3			1	2	10
9	エプソン	1		1		2					1	3	8
10	三洋電機				1	1			2	1	1	2	8
	合計	9	17	10	10	13	23	18	19	10	17	14	160

(5) 画素駆動

図1.3.2-5にはアクティブマトリクス液晶駆動技術の画素駆動における出願人-出願件数推移を示す。画素駆動技術は1995年まで出願人数は変動しているが、出願件数は増加傾向にあり、95年をピークに出願人数は減少傾向にあったが、99年にまた増加に転じている。

表1.3.2-5にはアクティブマトリクス液晶駆動技術の画素駆動における主要出願人の出願件数を示す。画素駆動技術は1991年から96年にかけて出願件数に1つの山がみられるが、99年にまた増加している。

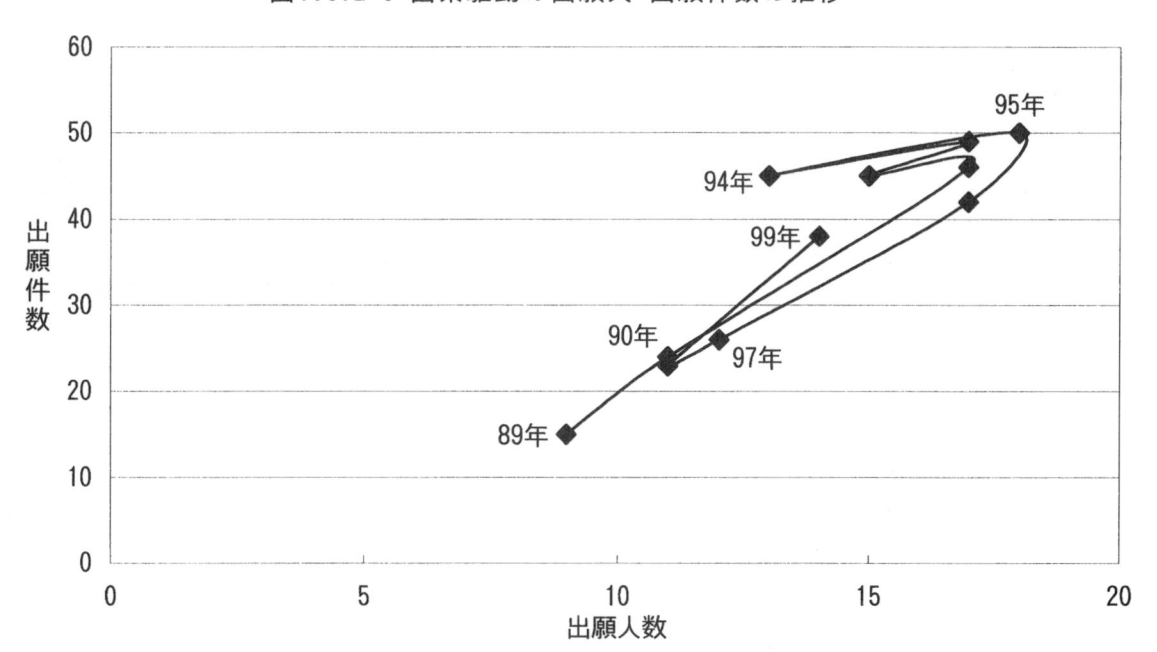

図1.3.2-5 画素駆動の出願人-出願件数の推移

表1.3.2-5 画素駆動の主要出願人の出願件数（10位）

No.	出願人	89	90	91	92	93	94	95	96	97	98	99	合計
1	シャープ		2	1	7	11	13	7	2	2	3	4	52
2	松下電器	2	4	4	6	1	4	2	9	2	4	6	44
3	ソニー			1	7	3	7	6	6	7	2	2	41
4	東芝		1	6	4	8	2	3	4	2	2	2	34
5	エプソン	1	3	2	1	4	2	3	6	2	3	2	29
6	富士通	3	1	4	9	2	2	3	3			2	29
7	日本電気	1	1	6	1	4	1	2	2	2	1	4	25
8	カシオ	2	1	2	1	4	5	4	1	1		3	24
9	日立	1	3	5	1	2		1	1	1	3	2	20
10	シチズン	3			1	2	4	6	1				17
10	三洋電機	1	4	4	3	2		1	1	1			17
	合計	15	24	46	45	49	45	50	42	26	23	38	403

(6) 回路設計

　図1.3.2-6はアクティブマトリクス液晶駆動技術の回路設計における出願人-出願件数推移を示す。回路設計技術は1990年に出願人数が前年の約2.5倍に増加し、その後増減を繰り返し、97年以降出願件数は約60件／年を保っている。

　表1.3.2-6にはアクティブマトリクス液晶駆動技術の回路設計における主要出願人の出願件数を示す。回路設計技術の全体出願件数は554件で、出願人の上位4社で全体の約5割強を占めている。

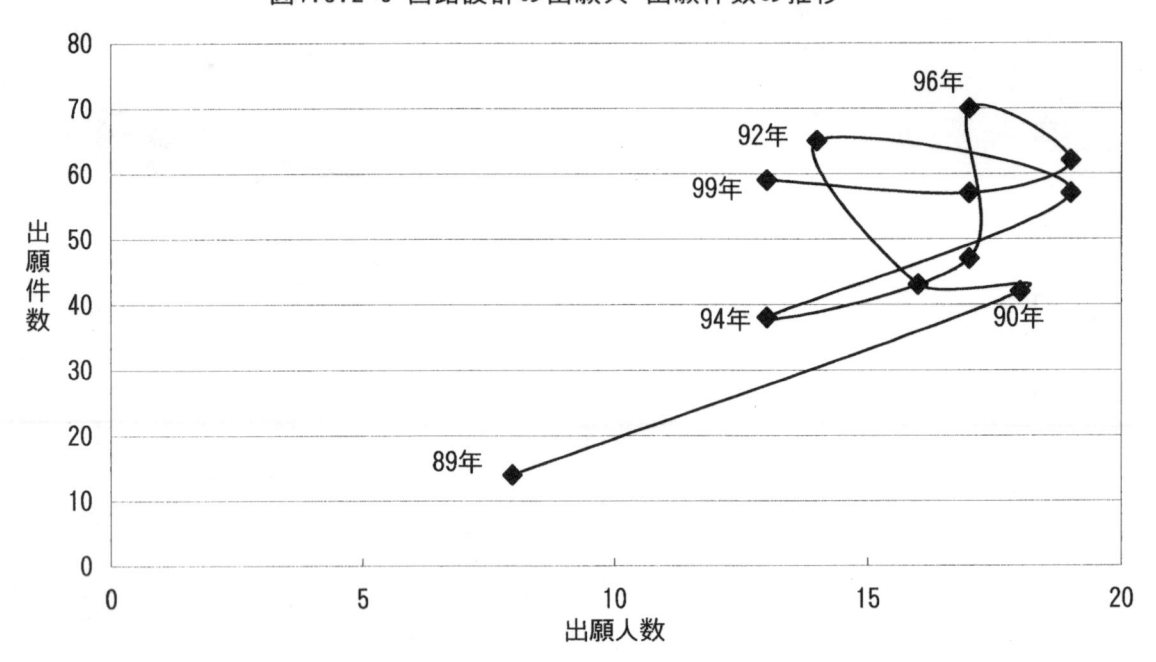

図1.3.2-6 回路設計の出願人-出願件数の推移

表1.3.2-6 回路設計の主要出願人の出願件数（10位）

No.	出願人	89	90	91	92	93	94	95	96	97	98	99	合計
1	シャープ	4	8	5	18	13	6	5	6	8	9	8	90
2	東芝		4	6	1	6	3	7	13	11	14	9	74
3	エプソン	1	5	5	7	7	2	4	8	5	9	10	63
4	日立	3	2	7	10	2	3	3	5	6	3	12	56
5	ソニー				2		4	5	9	9	4	3	36
6	松下電器	1	2	2	1		3	1	8	2	1	6	27
7	日本電気	1	4	3	1	3	4	1	2	3	3	2	27
8	富士通			1	3	9	4	3	2	1	2	2	27
9	カシオ			1	3	5	5	3		3		2	2	24
10	半導体エネルギー研究所		1			3		7	4	2		3	20
	合計	14	42	43	65	57	38	47	70	62	57	59	554

(7) その他周辺回路

図1.3.2-7にはアクティブマトリクス液晶駆動技術のその他周辺回路における出願人-出願件数の推移を示す。その他周辺回路技術は、1989年から91年まで出願人数が増加し、その後増減を繰り返している。出願件数も94年まで増加し、その後徐々に減少傾向にある。

表1.3.2-7にはアクティブマトリクス液晶駆動技術のその他周辺回路における主要出願人の出願件数を示す。その他周辺回路技術の全体の出願件数は184件で、出願人の上位5社で全体の約半数を占めている。

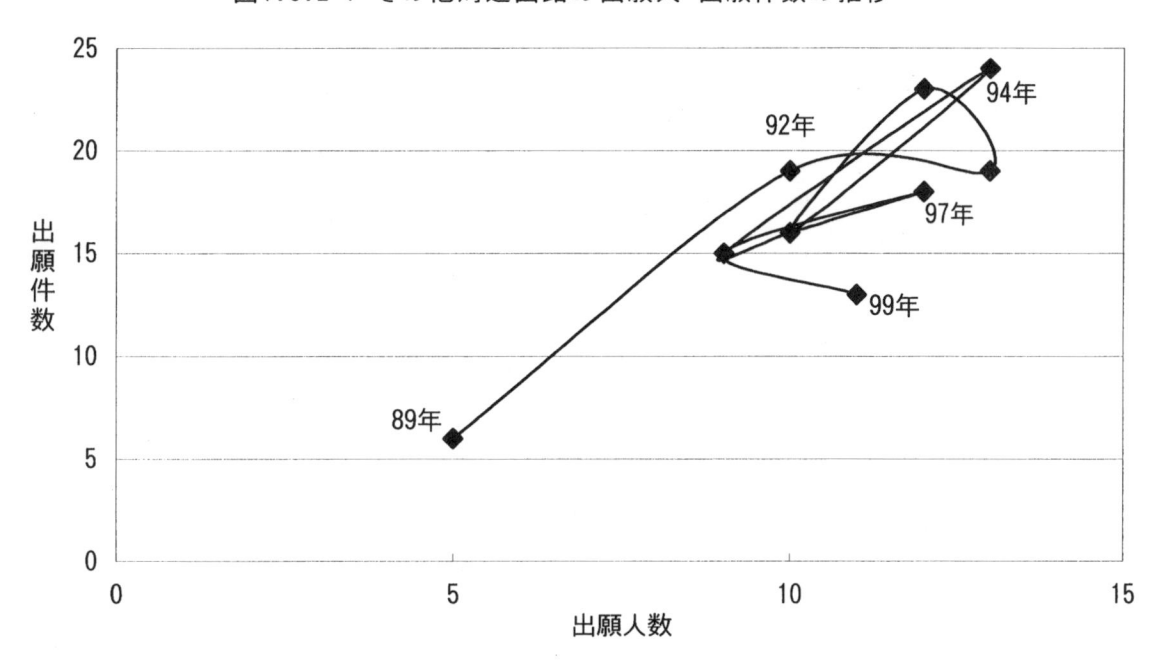

図1.3.2-7 その他周辺回路の出願人-出願件数の推移

表1.3.2-7 その他周辺回路の主要出願人の出願件数（10位）

No.	出願人	89	90	91	92	93	94	95	96	97	98	99	合計
1	シャープ	2	2	2	4	5	3	3	1	3	1		26
2	日立	1	3	1	3		4	2	2	1		3	20
3	東芝		3	3	3	1	1	1	1	2	3	1	19
4	カシオ						5	1	3	1	3	1	14
5	松下電器	1	2			1	2		1	2	3	1	13
6	富士通	1		2		1	1	2	2			1	11
7	エプソン				1		1		3	2	1	1	9
8	フィリップス		1		1		1	1	1	1		1	7
9	日本電気			1	3	1	1		1				7
10	シチズン				1	3	2						6
10	ソニー		2	2	1					1			6
	合計	6	19	19	23	16	24	15	16	18	15	13	184

(8) 液晶構成要素

図1.3.2-8にはアクティブマトリクス液晶駆動技術の液晶構成要素における出願人-出願件数の推移を示す。液晶構成要素技術は1989年から91年まで出願人数が増加し、その後変動しながら徐々に減少している。出願件数も91年をピークに減少したが、94年以降はほぼ40件／年で推移している。

表1.3.2-8にはアクティブマトリクス液晶駆動技術の液晶構成要素における主要出願人の出願件数を示す。液晶構成要素技術の出願件数は1991年から92年にかけて出願が多い。出願人の上位8社で全体の出願件数484件の約7割を占めている。

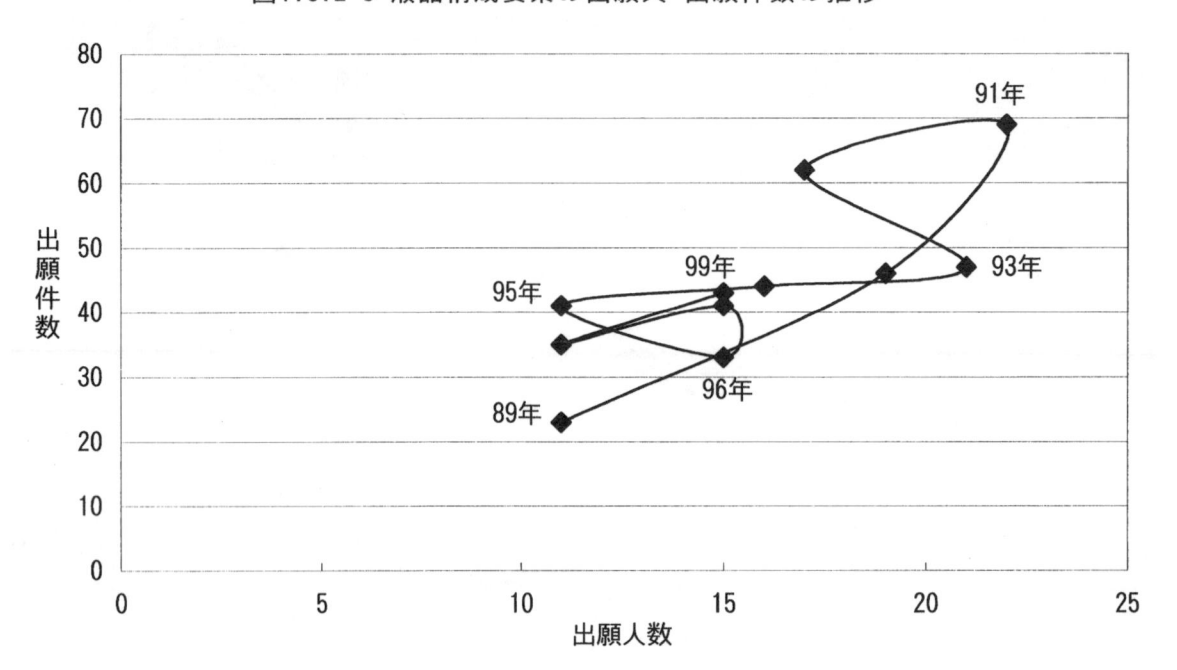

図1.3.2-8 液晶構成要素の出願人-出願件数の推移

表1.3.2-8 液晶構成要素の主要出願人の出願件数（10位）

No.	出願人	89	90	91	92	93	94	95	96	97	98	99	合計
1	シャープ	3	4	9	8	5	6	5	3	2	3	2	50
2	東芝		2	4	11	6	3	4	6	3	7	3	49
3	富士通	2	5	9	7	6	3	2	2		2	7	45
4	日立	3	1	3	6	2	7	8	2	4	3	4	43
5	松下電器	3	4	5	3	2	5	4	2	3	8	3	42
6	カシオ	1	4	1	5	5	4	5	4	7	1	2	39
7	半導体エネルギー研究所		6	7	5	2	3	6	1	1		7	38
8	エプソン	2	3	5	3	2	1	4	2	6	3	3	34
9	ソニー		1	2	1	1	3	1	3	2	3	2	19
10	キヤノン			2	6	1	2			2	2	3	18
	合計	23	46	69	62	47	44	41	33	41	35	43	484

1.4 技術開発の課題と解決手段

　アクティブマトリクス液晶駆動の技術要素ごとに、技術開発の課題とその解決手段を体系化し、各企業が課題に対する解決手段について、特許を何件出願しているかの分析を行う。

　アクティブマトリクス液晶駆動の課題を表1.4-1に示す。この表は、明細書の解読前にあらかじめアクティブマトリクス液晶駆動についてFTを参考にして分類表を作成しておき、解読後に補正を加え、さらに多岐にわたる課題をまとめたものである。特に、この分類にあたっては、明細書中の文言と共に、明細書記載の発明の本質に迫りキーワード化して表記するものとした。

表1.4-1 アクティブマトリクス液晶駆動技術の課題表

課題Ⅰ	課題Ⅱ
表示特性改善	視認性改善
	フリッカ防止
	焼き付き防止
	クロストーク防止
	コントラスト改善
	輝度改善
	視野角改善
	高精細化
	大容量表示
色調の改善	階調表示
	カラー表示
	色度域の改善
	色再現性の改善
動作特性改善	高速化
	雑音特性向上
	ひずみ改善
	動作の安定化
	動作の多様化
低消費電力化	低消費電力化
低コスト化	高集積化
	コンパクト化
	歩留り向上
	省資源、低価格化
信頼性向上	信頼性向上
特殊課題	特殊仕様

1.4.1 アクティブマトリクス液晶駆動の技術要素と課題

図1.4.1-1にアクティブマトリクス液晶駆動の技術要素と課題の分布を示す。この図は、技術要素と課題の交点の件数をバブルの大小で表している。

表示特性改善は、ほとんど全ての技術要素で最も主要な課題であることがわかる。唯一、階調表示技術においては、表示特性改善より色調の改善が主要な課題となっている。また、低消費電力化には、回路設計技術、画素駆動技術、低コスト化には液晶構成要素技術、あるいは回路設計技術による寄与が大きいことを示唆している。

図1.4.1-1 アクティブマトリクス液晶駆動の技術要素と課題の分布

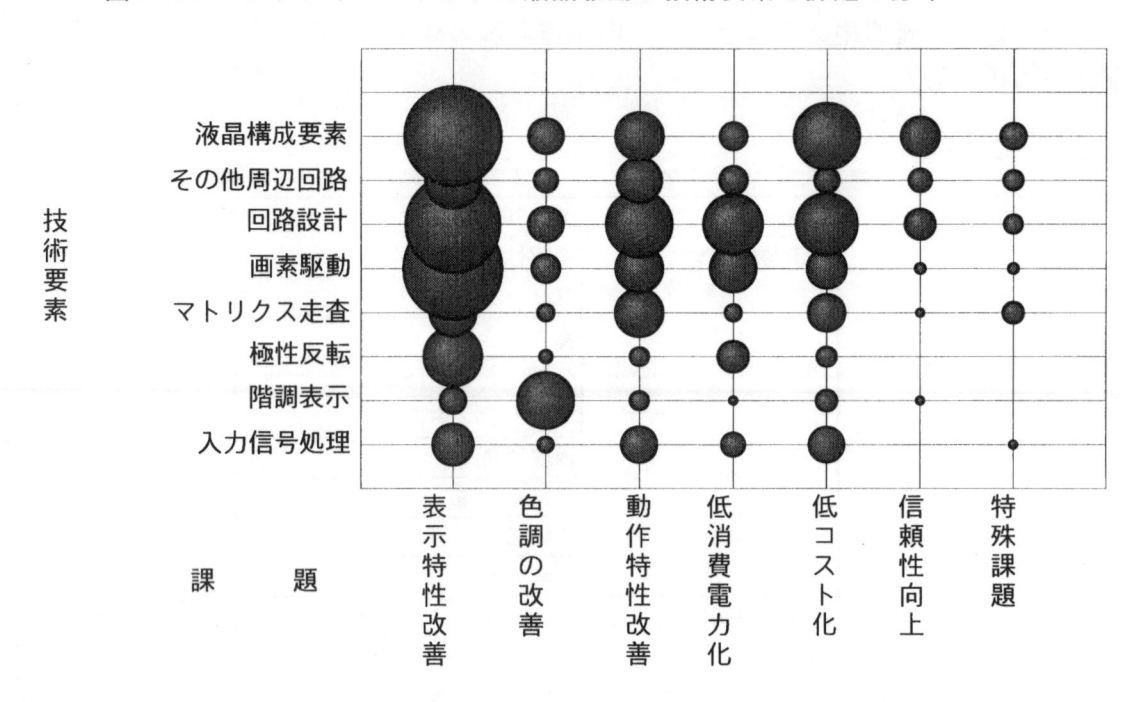

1.4.2 アクティブマトリクス液晶駆動技術の課題と解決手段
(1) 入力信号処理

　表1.4.2-1はアクティブマトリクス液晶駆動技術の入力信号処理の課題と解決手段の出願件数を示す。図1.4.1-1の入力信号処理の技術要素の中で大きなバブルが並んでいる課題の「表示特性改善」、「動作特性改善」、「低コスト化」を中心とし、解決手段ごとで出願件数を示した。

　多くの課題において入力信号を解決手段とするものが多いが、これは、例えば低振幅差動方式による入力信号処理に関するもの等が含まれる。

表1.4.2-1 アクティブマトリクス液晶駆動技術の入力信号処理の課題と解決手段の出願件数

課題	表示特性改善							色調の改善				動作特性改善					低消費電力化	低コスト化				信頼性向上	特殊課題
解決手段	視認性改善	フリッカ防止	焼き付き防止	クロストーク防止	コントラスト改善	輝度改善	視野角改善	高精細化	大容量表示	階調表示	カラー表示	色度域の改善	色再現性の改善	高速化	雑音特性向上	ひずみ改善	動作の安定化	動作の多様化	低消費電力化	高集積化	コンパクト化	歩留り向上	省資源・低価格化	信頼性向上	特殊仕様
回路方式の改良																		3			2				
極性反転																		1		1			1		
遅延・位相処理	1	1		1	2	1																			
駆動電圧	1			1													1			1	1	2			
バイアス最適化	1																								
タイミング制御	1	3	1		1	1											2	3				1			1
リセット駆動																	1								
入力信号	4		4	1	1	1				1		2		1	1	3		4	3		8	6			
データ保持										1										1	4				
増幅器															1										
最適設計					1																				
配線構造					1																				
回路の改良									1												1				

表1.4.2-2はアクティブマトリクス液晶駆動技術の入力信号処理の課題と解決手段の出願人を示す。この表は表1.4.2-1のうち出願件数が多く密の部分（ハンチング）の出願人を表した。

表1.4.2-2 アクティブマトリクス液晶駆動技術の入力信号処理の課題と解決手段の出願人

課題 解決手段	表示特性改善	色調の改善	動作特性改善	低消費電力化	低コスト化
極性反転			ドラゴン	シチズン	東芝電子- 　エンジニアリング（共願） 東芝
遅延・位相処理	エプソン フィリップス 東芝(2) 三洋電機(2)				
駆動電圧	東芝 三洋電機		エプソン	東芝マイクロ- 　エレクトロニクス（共願） 東芝	シャープ 三洋電機 富士通
バイアス最適化	松下電器				
タイミング制御	エプソン カシオ シャープ(2) 東芝電子- 　エンジニアリング（共願） 東芝 日本電気 三洋電機		カシオ ソニー(2) 三洋電機 鳥取三洋電機（共願） 東芝電子- 　エンジニアリング（共願） 東芝		シャープ
リセット駆動			三菱電機		
入力信号	アドバンスト・ディスプレイ エプソン シャープ(3) ソニー 三星電子 日立 日立 日立デバイス- 　エンジニアリング（共願） 松下電器 聯友光電股ふん	カシオ セイコー電子工業 日立	エプソン カシオ シャープ 東芝(3) 半導体エネルギー研究所 富士通 松下電器	キヤノン 松下電器 日立 日立デバイス- 　エンジニアリング（共願）	LG電子 カシオ(2) シャープ 松下電器(3) 東芝(3) 日本ビクター 日立 日立 日立画像- 　情報システム（共願） 権　五敬
データ保持		半導体- 　エネルギー研究所	ソニー	カシオ(3) 日本電気	

(2) 階調表示

表1.4.2-3はアクティブマトリクス液晶駆動技術の階調表示の課題と解決手段の出願件数を示す。図1.4.1-1の技術要素「階調表示」で大きな課題「色調の改善」を中心とし、解決手段ごとで出願件数を示した。

階調表示技術における色調の改善の階調表示の課題とは、より一層の多階調化の実現を課題としたものである。

また、変調手法を解決手段とするものが多いが、これには「フレーム・レイト・コントロール（FRC）技術」等の時間変調や「面積階調表示技術」等の空間変調等の技術が含まれる。

表1.4.2-3 アクティブマトリクス液晶駆動技術の階調表示の課題と解決手段の出願件数

課題	表示特性改善							色調の改善				動作特性改善					低消費電力化	低コスト化			信頼性向上	特殊課題
解決手段	視認性改善	フリッカ防止	焼き付き防止	クロストーク防止	コントラスト改善	輝度改善	視野角改善	高精細化	大容量表示	階調表示	カラー表示	色度域の改善	色再現性の改善	高速化	雑音特性向上	ひずみ改善	動作の安定化	動作の多様化	低消費電力化	高集積化	コンパクト化	歩留り向上	省資源・低価格化	信頼性向上	特殊仕様
回路方式の改良							1			4	1								1						
遅延・位相処理												1													
駆動電圧		1								3											1			1	
バイアス最適化										3															
タイミング制御																						1			
リセット駆動																		1							
特定パルス印加										1															
プリチャージ後に書込										2															
入力信号										3															
データ保持										1															
変調手法	2	2	1	1	1	1	1			33								4			5			1	
最適設計						1				1	1												1		

表1.4.2-4はアクティブマトリクス液晶駆動技術の階調表示の課題と解決手段の出願人を示す。表1.4.2-3にて出願件数が多くて密の部分（ハンチング）の出願人を表した。

表1.4.2-4 アクティブマトリクス液晶駆動技術の階調表示の課題と解決手段の出願人

課題＼解決手段	表示特性改善 フリッカ防止	表示特性改善 焼き付き防止	色調の改善 階調表示	動作特性改善 動作の多様化	低コスト化 コンパクト化
駆動電圧	エプソン		シャープ 半導体エネルギー研究所 エプソン		
バイアス最適化			シャープ(3)		
タイミング制御					沖電気
リセット駆動				東芝 東芝コンピュータエンジニアリング](共願)	
特定パルス印加			沖電気		
プリチャージ後に書込			日立 キヤノン		
入力信号			旭硝子 東芝電子エンジニアリング](共願) 東芝 三菱電機		
データ保持			シャープ		
変調手法	富士通(2)	富士通 松下電器	エプソン カシオ シャープ(5) ソニー ハネイウェル フィリップス 沖電気 松下電器 東芝(3) 半導体エネルギー研究所(17) 富士通	半導体エネルギー研究所 日立 東芝 東芝コンピュータエンジニアリング](共願) 東芝 東芝電子エンジニアリング](共願)	ソニー 東芝 日立 半導体－ 　エネルギー研究所(2)

(3) 極性反転

表1.4.2-5はアクティブマトリクス液晶駆動技術の極性反転の課題と解決手段の出願件数を示す。図1.4.1-1の技術要素「極性反転」で大きな課題「表示特性改善」を中心として、解決手段ごとで出願件数を示した。

多くの課題において極性反転を解決手段とするものが多いが、これにはIPS表示モードへ極性反転技術を適用したものや、極性反転時に隣接信号線間を短絡させる技術等が含まれる。

表1.4.2-5 アクティブマトリクス液晶駆動技術の極性反転の課題と解決手段の出願件数

課題	表示特性改善							色調の改善				動作特性改善					低消費電力化	低コスト化			信頼性向上	特殊課題
解決手段	視認性改善	フリッカ防止	焼き付き防止	クロストーク防止	コントラスト改善	輝度改善	視野角改善	高精細化	大容量表示	階調表示	カラー表示	色度域の改善	色再現性の改善	高速化	雑音特性向上	ひずみ改善	動作の多様化	動作の安定化	低消費電力化	高集積化	コンパクト化	歩留り向上	省資源・低価格化	信頼性向上	特殊仕様
駆動方式の改良																			1						
回路方式の改良					1														1						
極性反転	4	18	9	7	4	4		2	1	2				1		1		1	8	2	2				
遅延・位相処理					1																				
駆動電圧			1							1									3	2					
バイアス最適化																			1						
タイミング制御																		1	1						
リセット駆動																			1						
入力信号			1	1																					
データ保持				1																					
電圧の平均化						1													1						
増幅器				1																					
容量の最適化					1																				
最適設計																			1					1	
配線構造		1													1										

表1.4.2-6はアクティブマトリクス液晶駆動技術の極性反転の課題と解決手段の出願人を示す。この表は表1.4.2-5にて密の部分(ハンチング)の出願人を表した。

表1.4.2-6 アクティブマトリクス液晶駆動技術の極性反転の課題と解決手段の出願人

解決手段＼課題	フリッカ防止	焼き付き防止	クロストーク防止	コントラスト改善	輝度改善
極性反転	エプソン(2) カシオ キヤノン(4) シャープ ソニー 東芝(4) 東芝電子エンジニアリング](共願) 東芝 日本電気(2) 日本電装 日立	キヤノン ソニー ノーテル ネットワークス 旭硝子(2) 松下電器 東芝(3)	エプソン 東芝(3) 日本電気 富士通(2)	エプソン ソニー 松下電器(2)	エプソン 松下電器 東芝 半導体エネルギー研究所
遅延・位相処理				シャープ	
駆動電圧		シチズン			
入力信号		IBM	カシオ		
データ保持			IBM		
電圧の平均化					シャープ
増幅器			三菱電機		
容量の最適化					松下電器

(4) マトリクス走査

表1.4.2-7はアクティブマトリクス液晶駆動技術のマトリクス走査の課題と解決手段の出願件数を示す。図1.4.1-1の技術要素「マトリクス走査」で課題「動作特性改善」を中心とし、解決手段ごとで出願件数を示した。

多くの課題において方法の改善を解決手段とするものが多いが、これには例えば各画素は1フレーム期間で通常1回走査されるのに対して複数回走査するものや、その操作順序を工夫したもの等が含まれる。

表1.4.2-7 アクティブマトリクス液晶駆動技術のマトリクス走査の課題と解決手段の出願件数

課題	表示特性改善									色調の改善				動作特性改善					低消費電力化	低コスト化			信頼性向上	特殊課題
解決手段	視認性改善	フリッカ防止	焼き付き防止	クロストーク防止	コントラスト改善	輝度改善	視野角改善	高精細化	大容量表示	階調表示	カラー表示	色度域の改善	色再現性の改善	高速化	雑音特性向上	ひずみ改善	動作の安定化	動作の多様化	低消費電力化	高集積化	コンパクト化	歩留り向上	省資源・低価格化	信頼性向上	特殊仕様
回路方式の改良																		1			1				2
方法の改善	9	4		1	1	7		6	2	2			1	1	3		2	21	2		10	2	7	1	4
極性反転		4																							
遅延・位相処理												2													
タイミング制御					2													2	1		1				1
リセット駆動																		3			1				
入力信号																1		2	1						1
データ保持																		1	1						
最適設計								1																	
配線構造																		1							
回路の改良							1														1	1			

表1.4.2-8と表1.4.2-9にアクティブマトリクス液晶駆動技術のマトリクス走査の課題と解決手段の出願人を示す。この表は表1.4.2-7のうちで出願件数が多く密の部分(ハンチング)の出願人を表した。

表1.4.2-8 アクティブマトリクス液晶駆動技術のマトリクス走査の課題と解決手段の出願人（その1）

解決手段＼課題	視認性改善	フリッカ防止	輝度改善	高精細化	大容量表示
方法の改善	カシオ シャープ ソニー(2) 東芝(2) 日本ビクター 日立(2)	キヤノン シャープ ソニー 三星電子	カシオ シャープ 工業技術研究院(2) 松下電器 日本電気(2)	カシオ キヤノン ソニー フィリップス 高度映像技術研究所 富士通	京セラ 日本電装
極性反転		アルプス電気](共願) フィリップス ソニー(2) 日本電気			
タイミング制御			三洋電機 東芝		

表1.4.2-9 アクティブマトリクス液晶駆動技術のマトリクス走査の課題と解決手段の出願人（その2）

解決手段＼課題	動作特性改善 雑音特性向上	動作特性改善 動作の多様化	低消費電力化 低消費電力化	低コスト化 コンパクト化	低コスト化 省資源・低価格化
方法の改善	エプソン ソニー 日本電気	カシオ(2) キヤノン(2) シャープ(3) ソニー(3) 松下電器(4) 東芝 日本電気(4) 日立 富士通	日立 半導体エネルギー研究所	エプソン カシオ(3) シャープ(2) パイオニアビデオ パイオニア フィリップス 松下電器](共願) 東芝	カシオ シャープ(3) 松下電器 日本ビクター 富士通
タイミング制御		カシオ 東芝電子エンジニアリング](共願) 東芝	松下電器	ソニー	
リセット駆動		キヤノン 松下電器 富士通		ソニー	
入力信号		シャープ 三洋電機](共願) 鳥取三洋電機	エプソン		
データ保持		日立	シャープ		

(5) 画素駆動

表1.4.2-10はアクティブマトリクス液晶駆動技術の画素駆動の課題と解決手段の出願件数を示す。図1.4.1-1の技術要素「画素駆動」で課題「表示特性改善」を中心とし、解決手段ごとで出願件数を示した。

表1.4.2-10 アクティブマトリクス液晶駆動技術の画素駆動の課題と解決手段の出願件数

課題 解決手段	表示特性改善 視認性改善	フリッカ防止	焼き付き防止	クロストーク防止	コントラスト改善	輝度改善	視野角改善	高精細化	大容量表示	色調の改善 階調表示	カラー表示	色度域の改善	色再現性の改善	動作特性改善 高速化	雑音特性向上	ひずみ改善	動作の多様化	動作の安定化	低消費電力化	低コスト化 高集積化	コンパクト化	歩留り向上	省資源・低価格化	信頼性向上 信頼性向上	特殊課題 特殊仕様
回路方式の改良		1										2			1				1	3					
方法の改善				2			1																		
極性反転		2	3	1		1	1									1									
駆動電圧	4	9	2	6	8	9	4			3				1		1	2	3	6	5				1	1
バイアス最適化	5	4	6	8	3	9	4			6		1			1	5	1		6	2	4				
タイミング制御		2		1	1												1	2	3					1	
リセット駆動	2	1	4		1	3								2			1	1	1						1
特定パルス印加		2	10	4	2			3		1				1			1	11	2	4					
プリチャージ後に書込	9	1	2	4	4	4	1	1	1					7	1			3	3						
入力信号	4	1	2	3	2	2								1				5		1	1				
重畳駆動		3	1		1	1								1	3	1		1							
容量の最適化					1																				

41

表1.4.2-11と表1.4.2-12にアクティブマトリクス液晶駆動技術の画素駆動の課題と解決手段の出願人を示す。この表は表1.4.2-10のうち出願件数が多く密の部分（ハンチング）の出願人を表した。

表1.4.2-11 アクティブマトリクス液晶駆動技術の画素駆動の課題と解決手段の出願人
（その１）

解決手段＼課題	フリッカ防止	焼き付き防止	クロストーク防止	コントラスト改善	輝度改善
極性反転	アドバンスト・ディスプレイ シチズン	エプソン シチズン(2)	三菱電機		シチズン
駆動電圧	カシオ シャープ ソニー 高度映像技術研究所 松下電器 東芝(2) 日本電気 富士通	ソニー 日本電気	エプソン(2) キヤノン シチズン 松下電器 東芝	IBM エプソン カシオ シャープ(2) ソニー 東芝(2)	エプソン カシオ シャープ(2) 松下電器 東芝 日本電気(2) 日立
バイアス最適化	ソニー 三星電子 三洋電機 日本電気	エプソン カシオ(2) シャープ ソニー(2)	アドバンスト・ディスプレイ エプソン シャープ 三星電子 松下電器 日立 日立デバイスエンジニアリング（共願）(2) 富士通	シャープ(2) 半導体エネルギー研究所	LGセミコン ソニー フィリップス 三菱電機(2) 松下電器(3) 富士通
タイミング制御	フィリップス 松下電器		ソニー	アドバンスト・ディスプレイ	
リセット駆動	IBM	キヤノン シャープ(2) フィリップス		エプソン	シャープ 日本電気 富士通
特定パルス印加	シャープ 松下電器	エプソン シチズン(7) シャープ 富士通	エプソン シチズン 日立 富士通	カシオ 松下電器	
プリチャージ後に書込	日本電気	エプソン シチズン	エプソン ソニー(2) 松下電器	ソニー(4)	ソニー 松下電器(2) 富士通
入力信号	日立	エプソン 東芝	ソニー フィリップス 東芝	キヤノン シャープ	カシオ 日立
重畳駆動	シャープ 東芝 富士通	ソニー		シャープ	日本電気

表1.4.2-12 アクティブマトリクス液晶駆動技術の画素駆動の課題と解決手段の出願人
（その2）

解決手段＼課題	動作特性改善 高速化	動作特性改善 ひずみ改善	動作特性改善 動作の安定化	動作特性改善 動作の多様化	低消費電力化
極性反転		トムソン エル セー デー			
駆動電圧	キヤノン	カシオ	松下電器 日本ビクター	ソニー フィリップス 松下電器	カシオ シャープ(3) 新潟日本電気 東芝
バイアス最適化		シャープ(2) ソニー フィリップス 半導体- 　エネルギー研究所	三洋電機		IBM カシオ シャープ(2) フィリップス 松下電器
タイミング制御		富士通		エプソン 東芝 東芝電子- 　エンジニアリング（共願）	シチズン(2) 東芝
リセット駆動	カシオ 富士通			エプソン	エプソン
特定パルス印加	日本電気			キヤノン	アドバンスト・ 　ディスプレイ(2) エプソン シャープ 松下電器(7)
プリチャージ後に書込	IBM カシオ シャープ ソニー(2) 三洋電機 半導体- 　エネルギー研究所				エプソン 松下電器 日本電気
入力信号	エプソン				シャープ(2) ソニー 東芝 東芝電子- 　エンジニアリング（共願） 東芝
重畳駆動	キヤノン	シャープ 松下電器 東芝	東芝		半導体- 　エネルギー研究所

(6) 回路設計

表1.4.2-13はアクティブマトリクス液晶駆動技術の回路設計の課題と解決手段の出願件数を示す。図1.4.1-1の技術要素「回路設計」で課題「表示特性改善」、「低消費電力化」を中心とし、解決手段ごとで出願件数を示した。

多くの課題において回路方式の改良を解決手段とするものが多いが、これには例えば駆動回路部における時定数の合わせ込みに関するものや、液晶パネル内に取り込まれる回路とほかの回路との接続に関するもの等が含まれる。

表1.4.2-13 アクティブマトリクス液晶駆動技術の回路設計の課題と解決手段の出願件数

課題	表示特性改善								色調の改善				動作特性改善					低消費電力化	低コスト化			信頼性向上	特殊課題
解決手段	視認性改善	フリッカ防止	焼き付き防止	クロストーク防止	コントラスト改善	輝度改善	視野角改善	高精細化	大容量表示	階調表示	カラー表示	色度域の改善	色再現性の改善	高速化	雑音特性向上	ひずみ改善	動作の安定化	動作の多様化	低消費電力化	高集積化	コンパクト化	歩留り向上	省資源・低価格化	信頼性向上	特殊仕様
駆動方式の改良	9	5	2	2	7	7	1	1	1	5	1				1		7		13		5	1	2	2	4
回路方式の改良	29	14	2	14	9	14	1	9	2	9			1	8	4	5	19	8	36	3	32	6	8	12	1
遅延・位相処理																					1				
駆動電圧		1															1		1						
バイアス最適化		3		4	1	1											1		4						
タイミング制御				1													1	1							
リセット駆動		4	1	1		2								2	1			1							
入力信号														1	1										
データ保持				2																	2				1
重畳駆動																			1						
増幅器				1		1	2			2		1		1	1		3	2	3						
容量の最適化	1	2		1		1											1	1	2	1			2		
最適設計										1							1		1					2	
配線構造				1		1		1							1	1			1		2				
回路の改良													1								1				

表1.4.2-14と表1.4.2-15にアクティブマトリクス液晶駆動技術の回路設計の課題と解決手段の出願人を示す。この表は表1.4.2-13にて密の部分（ハンチング）の出願人を表した。

表1.4.2-14 アクティブマトリクス液晶駆動技術の回路設計の課題と解決手段の出願人
（その1）

解決手段＼課題	視認性改善	フリッカ防止	クロストーク防止	コントラスト改善	輝度改善
回路方式の改良	エプソン(8) キヤノン シャープ(4) ソニー(7) 松下電器(2) 東芝(4) 日本ビクター 半導体-エネルギー研究所 富士通	アルプス電気 エプソン カシオ シャープ(3) 三星電子 松下電器 東芝(2) 日立 半導体-エネルギー研究所(2) 富士通	エプソン(4) カシオ ソニー 松下電器(3) 東芝(2) 日立 日立デバイス-エンジニアリング (共願) 富士ゼロックス	エプソン シャープ(2) ソニー 東芝 東芝エー ブイ イー (共願) 日本電気アイシーマイコンシステム 日立 日立デバイス-エンジニアリング (共願) 半導体エネルギー研究所 富士通	アルプス電気 シャープ(2) 松下電器 東芝(3) 東芝 東芝電子-エンジニアリング (共願)(2) 日立(2) 半導体-エネルギー研究所 富士通(2)
駆動電圧		フィリップス			
バイアス最適化		アドバンスト・ディスプレイ フィリップス 日本ビクター	アドバンスト・ディスプレイ フィリップス(2) 三星電子	三洋電機	日立
タイミング制御			アドバンスト・ディスプレイ		
リセット駆動		エプソン キヤノン(2) シャープ	IBM		キヤノン 東芝
データ保持			カシオ(2)		

表1.4.2-15 アクティブマトリクス液晶駆動技術の回路設計の課題と解決手段の出願人
（その2）

解決手段＼課題	動作特性改善 高速化	動作特性改善 動作の安定化	動作特性改善 動作の多様化	低消費電力化 低消費電力化	低コスト化 コンパクト化
回路方式の改良	エプソン シャープ(2) ソニー 旭硝子 三洋電機 東芝 日立	エプソン(4) カシオ(2) シャープ(3) ソニー トムソン マルチメディア 松下電器(2) 東芝(4) 東芝 東芝電子－ 　エンジニアリング｝(共願) 日立	三洋電機 東芝(5) 東芝 東芝マイクロ－ 　エレクトロニクス｝(共願) 日立	エヌテクリサーチ エプソン カシオ(3) シャープ(5) ソニー(6) ビビット－ 　セミコンダクター ホットー ロバート 権　五敬 東芝(11) 日本電気(3) 日立 半導体－ 　エネルギー研究所 富士通	エプソン(2) シャープ(6) ソニー(7) トムソン マルチメディア 沖マイクロデザイン｝(共願) 沖電気 元太科技工業股ふん 工業技術研究院 三洋電機 東芝(2) 日本電気(2) 日立 日立デバイス－ 　エンジニアリング｝(共願)(3) 半導体エネルギー研究所(2) 半導体－ 　エネルギー研究所｝(共願) シャープ 富士通
遅延・位相処理					三洋電機
駆動電圧		シャープ		シャープ	
バイアス最適化				ソニー 沖電気(2) 富士通	
リセット駆動	フィリップス(2)		東芝		
入力信号	日立				
データ保持					沖電気 三洋電機
重畳駆動				日立	
増幅器	旭硝子	シャープ 松下電器 東芝	シャープ フィリップス	カシオ シャープ 日本電気	

(7) その他周辺回路

表1.4.2-16アクティブマトリクス液晶駆動技術のその他周辺回路の課題と解決手段の出願件数を示す。図1.4.1-1の技術要素「その他周辺回路」で大きい課題「表示特表改善」を中心とし、解決手段ごとで出願件数を示した。

多くの課題において回路方式の改良を解決手段とするものが多いが、これには例えば異常停止時等の動作シーケンスに関するもの等が含まれる。

表1.4.2-16 アクティブマトリクス液晶駆動技術のその他周辺回路の課題と解決手段の出願件数

課題 解決手段	表示特性改善 視認性改善	フリッカ防止	焼き付き防止	クロストーク防止	コントラスト改善	輝度改善	視野角改善	高精細化	大容量表示	色調の改善 階調表示	カラー表示	色度域の改善	色再現性の改善	動作特性改善 高速化	雑音特性向上	ひずみ改善	動作の安定化	動作の多様化	低消費電力化	低コスト化 高集積化	コンパクト化	歩留り向上	省資源・低価格化	信頼性向上	特殊課題 特殊仕様
回路方式の改良	4	6	7	8	2	8	5		1	4			1	2	3	3	15	5	13	5		3		6	1
極性反転																	1								
駆動電圧																	1							1	
バイアス最適化		3	1									1					2								
入力信号			2																	1		1			5
データ保持												1													
増幅器						1																			
最適設計		2	1		2	1	1			2				1			1					1		2	
特殊仕様					1						1									1					1

表1.4.2-17はアクティブマトリクス液晶駆動技術のその他周辺回路の課題と解決手段の出願人を示す。この表は表1.4.2-16にて密の部分（ハンチング）の出願人を表した。

表1.4.2-17 アクティブマトリクス液晶駆動技術のその他周辺回路の課題と解決手段の出願人

課題 解決手段	表示特性改善	色調の改善	動作特性改善	低消費電力化	低コスト化
回路方式の改良	IBM アルプス電気 エプソン(5) カシオ(2) キヤノン シャープ(8) フィリップス(2) 東芝(3) 日本テキサス インスツルメンツ 日本ビクター 日本電気(2) 半導体エネルギー研究所 日立(5) 富士通(2) 松下電器(5) 凸版印刷	カシオ キヤノン シャープ(3)	エプソン(2) カシオ(4) シチズン(2) シャープ(6) ソニー(2) フィリップス 松下電器 東芝(3) 日本電気 日立(2) 日立 日立デバイス－ 　エンジニアリング｝(共願)(4)	キヤノン シャープ(3) 松下電器 東芝(2) 東芝電子－ 　エンジニアリング｝(共願) 東芝 日本テキサス インスツルメンツ 日本ビクター 富士通(3)	エプソン シャープ フランス テレコム アプリカシオン ジェネラル－ 　デレクトリシテ エ ド メカニク｝(共願) 日立 日立デバイス－ 　エンジニアリング｝(共願) 富士通 三星電子 松下電器 東芝
極性反転			シチズン		
駆動電圧			カシオ		
バイアス最適化	シチズン フィリップス 東芝(2)	三洋電機	IBM 半導体エネルギー研究所		
入力信号	IBM シチズン				日本電気(2)
データ保持		カシオ			
増幅器	IBM				
最適設計	カシオ(3) フラット パネル ディスプレイ－ 　CO エフ ペー デー 半導体エネルギー研究所 日立 三菱電機	カシオ シャープ	カシオ 東芝		エプソン

(8) 液晶構成要素

表1.4.2-18はアクティブマトリクス液晶駆動技術の液晶構成要素の課題と解決手段の出願件数を示す。図1.4.1-1の技術要素「液晶構成要素」で大きい課題「表示特表改善」、「低コスト化」を中心とし、解決手段ごとで出願件数を示した。

多くの課題において最適設計および配線構造を解決手段とするものが多いが、例えば最適設計を解決手段とするものには駆動に関連して液晶や配向膜等の材料物性の最適化に関するものや、スイッチ素子と配線との位置関係等の画素レイアウトを最適化したもの等が含まれ、配線構造を解決手段とするものには電圧給電端子の構成や冗長性を確保するための構成等が含まれる。

表1.4.2-18 アクティブマトリクス液晶駆動技術の液晶構成要素の課題と解決手段の出願件数

課題 解決手段	表示特性改善 視認性改善	フリッカ防止	焼き付き防止	クロストーク防止	コントラスト改善	輝度改善	視野角改善	高精細化	大容量表示	色調の改善 階調表示	カラー表示	色度域の改善	色再現性の改善	動作特性改善 高速化	雑音特性向上	ひずみ改善	動作の多様化	動作の安定化	低消費電力化 低消費電力化	低コスト化 高集積化	コンパクト化	歩留り向上	省資源・低価格化	信頼性向上 信頼性向上	特殊課題 特殊仕様
回路方式の改良	2	2		2	2	9	3							1	2		2			1	8	2		3	
方法の改善																		1							
極性反転		1		1	1																1	1			
遅延・位相処理					1																				
駆動電圧	1			1	1		1										1				1			1	
バイアス最適化		1	1		1	1								1					1						
タイミング制御					2	1																			
入力信号				1			1																	1	1
データ保持																									1
一画素に複数素子	1	4	1		1	3	1			3	1			2	1		3	2		6		4	4	1	
容量の最適化	1		1		1	5	2														1	1		1	
最適設計	2	6	2	10	9	23	11	2		16	1			5		2	3	1		4	2	4	8	1	9	8
配線構造	6	3	2	5	8	10	2										2	6	1		1	6	9	5	1	
回路の改良	2			2		3								1	2					2	3	8	4	9	1
特殊仕様																									1

表1.4.2-19はアクティブマトリクス液晶駆動技術の液晶構成要素の課題と解決手段の出願人を示す。この表は表1.4.2-18にて密の部分（ハンチング）の出願人を表した。

表1.4.2-19 アクティブマトリクス液晶駆動技術の液晶構成要素の課題と解決手段の出願人
(1/2)

課題 解決手段	表示特性改善	色調の改善	動作特性改善	低消費電力化	低コスト化
極性反転	三星電子 松下電器 三菱電機				IBM フィリップス
遅延・位相処理	三菱電機				
駆動電圧	エプソン 旭硝子 半導体- 　エネルギー研究所 日立 富士通		富士通		日立
バイアス最適化	アドバンスト・ディスプレイ キヤノン 日本電気 松下電器		松下電器	三洋電機	
タイミング制御	アドバンスト・ディスプレイ 三洋電機 東芝				
入力信号	アドバンスト・ディスプレイ 松下電器				
一画素に複数素子	カシオ シャープ 旭硝子 東芝 半導体- 　エネルギー研究所(5) 富士通 松下電器(2)	半導体- 　エネルギー研究所(3) 富士通	東芝 半導体- 　エネルギー研究所(4) 富士通(3)	東芝 日立 半導体- 　エネルギー研究所(3) 富士通	レイセオン 権　五敬 東芝 半導体- 　エネルギー研究所(4) 富士通
容量の最適化	カシオ シャープ フィリップス 京セラ 東芝 日本電気 富士通(2) 松下電器(2)			東芝	半導体- 　エネルギー研究所

表1.4.2-19 アクティブマトリクス液晶駆動技術の液晶構成要素の課題と解決手段の出願人 (2/2)

解決手段＼課題	表示特性改善	色調の改善	動作特性改善	低消費電力化	低コスト化
最適設計	IBM エプソン(6) カシオ(6) キヤノン(5) シャープ(5) ソニー(2) パイオニア ハネイウェル 旭硝子 大林精工 松下電器(7) 三菱電機 三洋電機 東芝(7) 日本電気(5) 日立(5) 日立 日立原町 －　(共願) 電子工業 半導体 － 　エネルギー研究所 富士ゼロックス(2) 富士通(6)	カシオ(9) キヤノン(3) シチズン シャープ フィリップス 半導体 － 　エネルギー研究所 富士通	エプソン キヤノン 東芝(3) 日本テキサス インスツルメンツ 半導体 － 　エネルギー研究所(3) 富士通(2)	松下電器 東芝 日立(2)	エプソン(2) カシオ キヤノン シャープ(3) ソニー フィリップス 東芝 日立(4) 半導体 － 　エネルギー研究所
配線構造	IBM アルプス電気 アルプス電気　(共願) フィリップス フィリップス エプソン(7) カシオ(2) キヤノン(2) シャープ(7) ソニー 京セラ 東芝(3) 日本ビクター 日立(3) 半導体 － 　エネルギー研究所 富士通(2) 松下電器 三菱電機		シャープ ソニー(2) 松下電器(3) 東芝 日立(2)	東芝	アルプス電気　(共願) フィリップス エプソン カシオ シチズン シャープ(5) ソニー(2) フィリップス 松下電器 東芝(3) 日本電気 日立(2) 富士通
回路の改良	エプソン キヤノン シャープ ソニー 東芝 日立 半導体 － 　エネルギー研究所(2)		キヤノン 東芝 日立		エプソン カシオ(2) キヤノン シャープ ソニー(3) 松下電器(3) 東芝(2) 日本電気 日立 日立 日立デバイス －　(共願) エンジニアリング 富士通

2．主要企業等の特許活動

2.1 シャープ
2.2 東芝
2.3 セイコーエプソン
2.4 日立製作所
2.5 松下電器産業
2.6 富士通
2.7 カシオ計算機
2.8 ソニー
2.9 半導体エネルギー研究所
2.10 日本電気
2.11 三洋電機
2.12 キヤノン
2.13 沖電気工業
2.14 三菱電機
2.15 アドバンスト・ディスプレイ
2.16 IBM
2.17 シチズン時計
2.18 日本ビクター
2.19 三星電子
2.20 フィリップス

> **特許流通
> 支援チャート**
>
> ## 2．主要企業等の特許活動
>
> 出願件数2,206件のうち登録特許は406件、海外出願された特許は303件であり、これらの特許を中心に解析されている。

　アクティブマトリクス液晶駆動技術に対する出願件数の多い企業について、企業ごとの企業概要、主要製品・技術の分析を行う。表1.3.1-1に示した主要出願人の中から主要企業20社を選出し、20社の保有する特許の解析を行う。最近10年間のアクティブマトリクス液晶駆動技術の全出願件数は2,206件であり、そのうち主要企業20社の出願件数は2,020件でほぼ全体の9割を占めている。主要企業20社の出願件数2,020件の内訳は登録特許が377件、係属中の特許が1,105件であり、全体に審査請求が遅く登録特許が少ない。主要企業20社の海外出願件数は303件である。

　一方、主要企業以外の企業の出願件数は、186件であり全体の出願率では1割を占めているが、そのうち登録特許が29件あり、主要企業と同程度である。

　なお、本章で掲載した特許（出願）は、各々、各企業から出願されたものであり、各企業の事業戦略などによっては、ライセンスされるとは限らない。

2.1 シャープ

2.1.1 企業の概要

表2.1.1-1 シャープの企業概要

商　　　　号	シャープ株式会社
本 社 所 在 地	大阪府大阪市阿倍野区長池町22
設 立 年 月	1935年(昭和10年)5月
資　本　金	2,041億5,600万円（2001年10月31日現在）
従　業　員	22,900名（2001年9月31日現在）
事 業 内 容	エレクトロニクス機器、電子部品の開発・製造・販売
売　上　高	1999年3月　1,306,157百万円 2000年3月　1,419,522百万円 2001年3月　1,602,974百万円
主 要 製 品	AV・通信機器（カラーテレビ、液晶カラーテレビなど） 電化機器（冷蔵庫など） 情報機器（パーソナルコンピュータ、液晶カラーモニターなど） IC（フラッシュメモリなど） 液晶（TFT液晶ディスプレイモジュール、デューティ液晶ディスプレイモジュール） その他電子部品（電子チューナなど）

2.1.2 製品例

　TFT液晶モジュールについては、取扱い事業部門はTFT液晶事業本部の中のTFT第1事業部商品企画部が、STN液晶モジュール／ELディスプレイモジュールについては、デューティー液晶事業本部のDUTY開発センター商品企画部が、それぞれ技術面の相談窓口である。

　1997年9月には、HR-TFT（高反射型、スーパーモバイル液晶）の量産（翌年1月開始）を発表、99年4月からモバイル化の進展が顕著なAV機器用に2型の量産を開始し、その後、携帯情報端末、車載用に7型を順次量産している。2000年8月から液晶三重第2工場でAV機器、デジタル情報家電向け大型TFT液晶の生産を開始すると発表した。

　1999年5月に台湾のノートパソコンメーカーであるクオンタ社との間にTFT液晶の技術供与を含む総合的な事業提携を行った。今回の提携により、クオンタ社の子会社へ出資し、TFT液晶モジュール、関係部品の安定供給と、生産技術を供与するとともに、シャープはパソコンの供給を受ける。生産開始は2001年、フル稼働時で3万枚／月の能力を計画している。（シャープのHPより）

表2.1.2-1 シャープの製品例（シャープのHPより）

製品名	発売年	概要
LQ020A8FR23 カラーTFT-LCDモジュール（デジタルスチルカメラ／LCDカムコーダー用）	1999年	560×220ドットデルタ配列のアドバンストTFT液晶（反射・透過両モード）、表示サイズ5cm[2型]、薄型2.2mm、低消費電力80mW、高精細123,200ドット
LQ6AN101 カラーTFT-LCDモジュール（LCDTV／LCDカムコーダー用）	2000年	表示サイズ14cm[5.6型] 表示ドット数320×RGB×234 バックライト駆動用DC／ACコンバーター内蔵
LQ080T5GG01 カラーTFT-LCDモジュール（カーナビゲーション用）	2001年	表示サイズ20cm[8型] 広温度仕様（動作温度：-30℃〜+85℃、保存温度：-30℃〜85℃） ワイドスクリーン（16：9）、薄型8.8mm
LQ039Q2DS54 カラーTFT-LCDモジュール（情報端末用）	2001年	320×RGB×240ドットのスーパーモバイルTFT-LCD、表示サイズ9.8cm[3.9型]、消費電力92mW、フロントライト／タッチパネル付
LQ057Q3DC02 カラーTFT-LCDモジュール（FA機器／POS／銀行端末用）	2001年	表示サイズ14.5cm[5.7型] 表示ドット数320×RGB×240ドット 長寿命バックライト内蔵 高輝度350cd／m^2

2.1.3 技術開発拠点と研究者

　図2.1.3-1と図2.1.3-2にアクティブマトリクス液晶駆動技術のシャープの出願件数と発明者数を示す。発明者は明細書の発明者を年次ごとにカウントしたものである。

　シャープの開発拠点：本社（大阪府）
　　　　　　　　　　　ヨーロッパ研究所（イギリス）

図2.1.3-1 シャープの発明者数-出願件数の年次推移

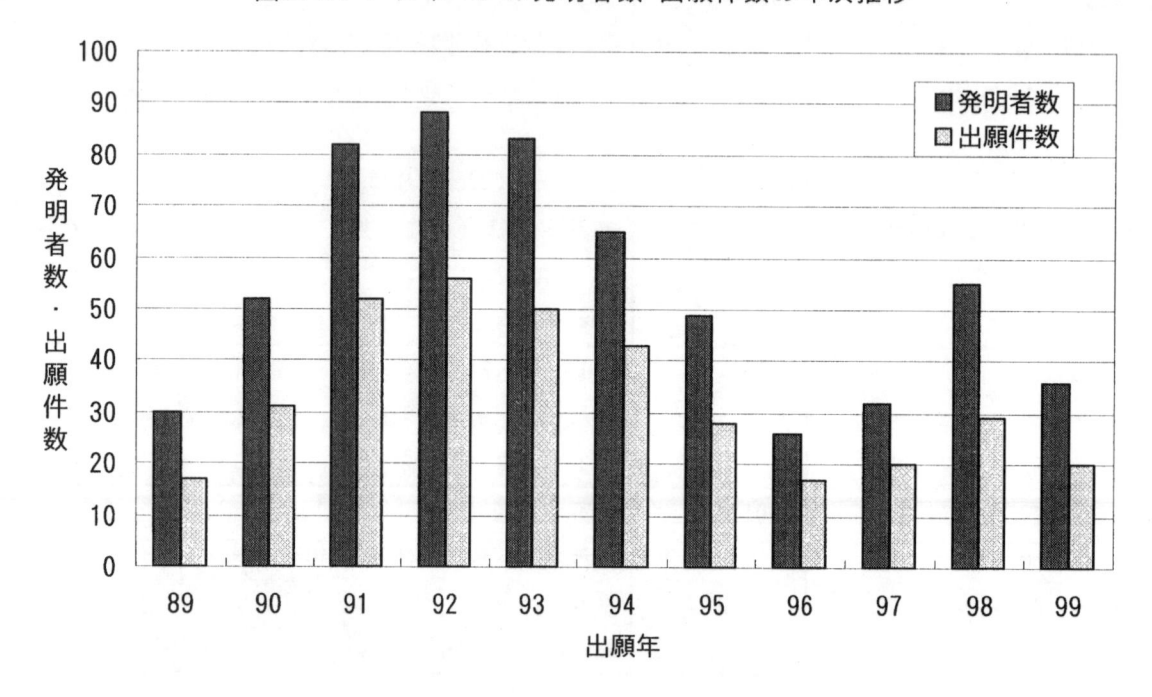

図2.1.3-2 シャープの発明者数-出願件数の推移

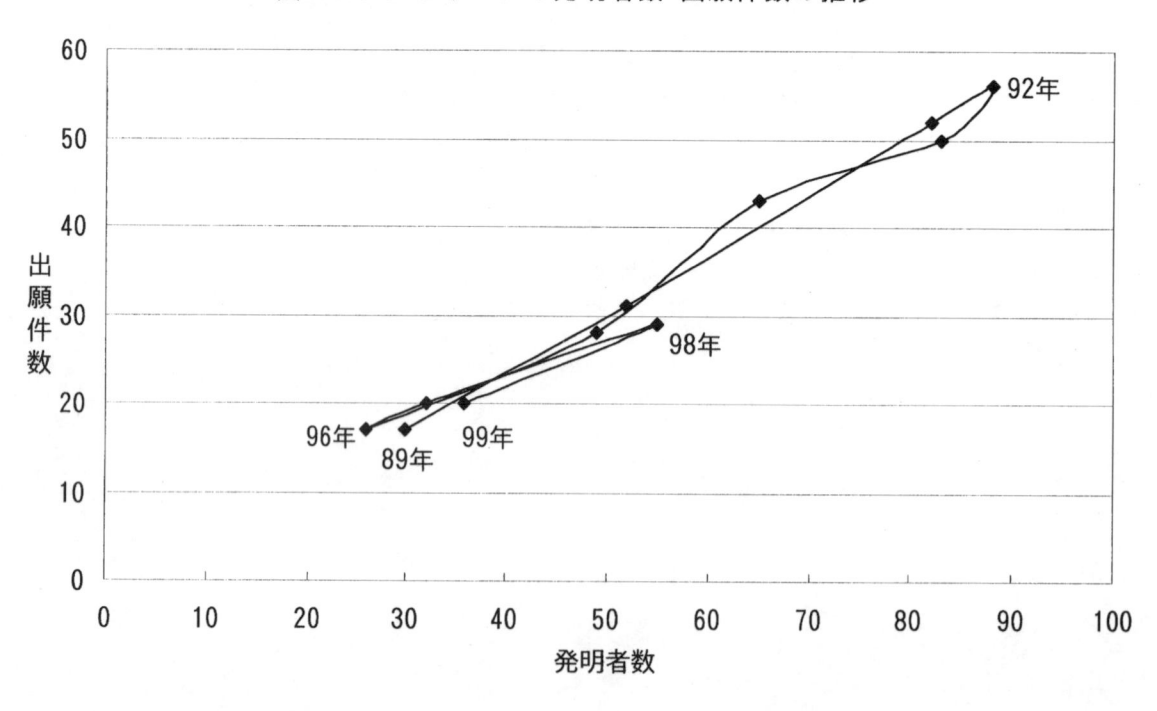

2.1.4 技術開発課題対応保有特許の概要

図2.1.4-1にアクティブマトリクス液晶駆動技術のシャープの技術要素と課題の分布を示す。各課題「表示特性改善、低コスト化、動作特性改善、低消費電力化、色調の改善」およびそれに対する技術要素「回路設計、画素駆動、液晶構成要素、階調表示」について広範囲に出願されている。

図2.1.4-1 シャープの技術要素と課題の分布

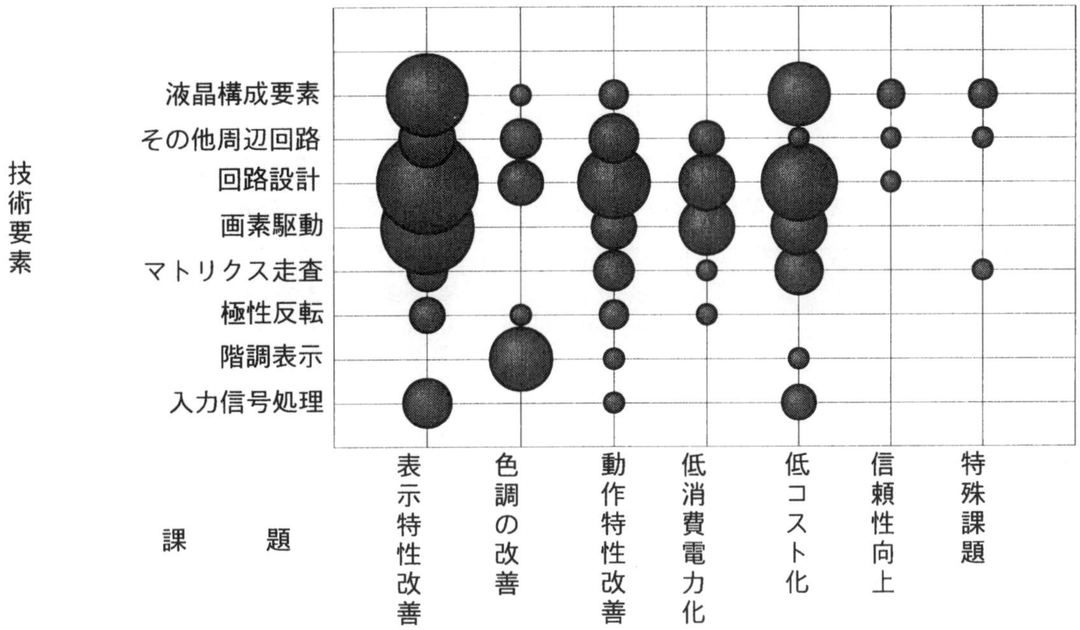

表2.1.4-1にシャープのアクティブマトリクス液晶駆動技術の課題対応保有特許を示す。出願件数291件のうち、2001年7月現在で審査取下げ、拒絶査定の確定、権利放棄、抹消、満了したものは除いた214件を示す。そのうち、海外出願されかつ指定国数の多い重要特許7件は図と概要入りで示す。

表2.1.4-1 シャープのアクティブマトリクス液晶駆動技術の課題対応保有特許（1/10）

技術要素	課題	解決手段*	特許番号 出願日 公開番号 主IPC 共同出願人	発明の名称 概要
入力信号処理	視認性改善	タイミング制御	特登 2625248	液晶表示装置
		入力信号：信号波形の変換	特開平 11-281957	表示装置および表示方法
	焼き付き防止	タイミング制御	特開平 10-339862	液晶表示装置の駆動方法
		入力信号：電荷、電界を除去	特開平 10-214067	液晶表示画像の消去装置及びそれを備えた液晶表示装置
	コントラスト改善	最適設計：液晶	特登 2746486 91.8.20 特願平 3-208088 特開平 5-45619 G02F1/133,560	強誘電性液晶素子 　強誘電性液晶素子に関し、1回の表示内容の書き込みに際してスイッチング素子を3回ONとし、各画素に印加される波形に極性の偏りが生じないよう入力信号を処理すると共に、特に液晶層として均一なCIU配向を示すシェブロン構造の強誘電液晶層を組み合わせることで、信頼性を低下させることなく高コントラスト表示を実現する
	輝度改善	入力信号：電荷、電界を除去	特開 2000-221473	アクティブマトリックス液晶表示装置
	動作の多様化	入力信号	特開 2000-187470	液晶表示装置

* 解決手段には、請求項の主要構成要素等のキーワードを表記（「1.4 技術開発の課題と解決手段」参照）

表2.1.4-1 シャープのアクティブマトリクス液晶駆動技術の課題対応保有特許（2/10）

技術要素	課題	解決手段*	特許番号 出願日 公開番号 主IPC 共同出願人	発明の名称 概要
入力信号処理	コンパクト化	駆動電圧：波形整形	特開平 10-333117	液晶表示装置の駆動装置
		入力信号：信号波形の変換	特開平 10-143121 96.11.15 特願平 8-305360 G09G3/36	表示装置を駆動する方法および回路 画素と画素に接続されたデータ線とを有する表示装置の駆動方法において、ある水平期間においてデータを標本化するステップと、この標本化データを記憶するステップと、次の水平期間において次のデータの標本化を行っている途中で、記憶されたデータに基づき出力データを更新するステップと出力データに対応する電圧をデータ線に出力するステップとを包含する
	低価格化・省資源	タイミング制御	特開 2001-166727	表示用駆動装置及びそれを用いた液晶モジュール
階調表示	階調表示	データ保持：メモリ	特登 2642204 89.12.14 特願平 1-324639 特開平 3-184018 G02F1/133,550	液晶表示装置の駆動回路 マトリクス型液晶表示の駆動回路において、デジタル映像信号をシフトレジスタ回路に1ライン分ずつ順次格納し、ついでシフトレジスタ回路に順次格納される1ライン分のデジタル映像をラッチ回路で1水平期間保持して変換回路でアナログの映像信号に変換してTFTアレイのソースラインに供給する
		バイアス最適化：バイアスを変化	特開 2000-284254	液晶表示装置
		バイアス最適化：補正電圧印加	特登 3199978	液晶表示装置
		バイアス最適化：補正電圧印加	特開平 11-272243	液晶パネルの駆動方法および液晶表示装置
		駆動電圧：液晶動作電圧	特開平 8-184813	液晶表示装置
		変調手法：重み付け	特登 2977356	アクティブマトリクス液晶表示装置の駆動方法
		変調手法：パルス幅階調	特開平 8-211853	アクティブマトリクス型表示装置及びその駆動方法
		変調手法：階調数	特登 2869315	表示装置の駆動回路
		変調手法：階調数	特登 3007253	表示装置の多階調駆動回路
		変調手法	特登 3059048	液晶表示装置及びその駆動方法

＊ 解決手段には、請求項の主要構成要素等のキーワードを表記（「1.4 技術開発の課題と解決手段」参照）

表2.1.4-1 シャープのアクティブマトリクス液晶駆動技術の課題対応保有特許（3/10）

技術要素	課題	解決手段*	特許番号 出願日 公開番号 主IPC 共同出願人	発明の名称 概要
階調表示	動作の多様化	方式の改良：RGB以外の画素	特開平 11-212060	液晶表示装置
階調表示	低価格化・省資源	最適設計：一画素を分割	特開平 10-68931	アクティブマトリクス型液晶表示装置
極性反転	フリッカ防止	極性反転：極性反転	特開平 8-179728	液晶表示装置
極性反転	コントラスト改善	遅延・位相処理	特開平 9-152847	液晶表示パネルの駆動方法及びその駆動回路
極性反転	輝度改善	電圧の平均化：1/2バイアス	特開平 11-212061	表示装置
極性反転	表示階調	極性反転：フレーム	特開平 11-175038	表示パネルの駆動方法及びその駆動回路
極性反転	高速化	極性反転：極性反転	特登 2685609	表示装置の駆動回路
極性反転	ひずみ改善	配線構造：配線	特開 2001-184012	マトリクス型表示装置
極性反転	低消費電力化	電圧の平均化：方法	特登 3146252	アクティブマトリクス型液晶表示装置のソースドライバー回路
マトリクス走査	視認性改善	方法の改善：一定間隔毎	特開 2001-13482	マトリクス表示装置およびプラズマアドレス表示装置
マトリクス走査	フリッカ防止	方法の改善：一定間隔毎	特開 2000-250496	能動行列型液晶表示器及びその駆動方法
マトリクス走査	コントラスト改善	方法の改善：交互に逆方向	特開 2000-29433	液晶表示装置の駆動回路
マトリクス走査	輝度改善	方法の改善：交互に逆方向	特登 3192444	表示装置
マトリクス走査	動作の多様化	方法の改善：走査線数変換	特公平 8-8674	表示装置
マトリクス走査	動作の多様化	方法の改善：線順次	特開平 8-79663	駆動回路及び表示装置
マトリクス走査	動作の多様化	方法の改善：一定間隔毎	特開平 9-247587	マトリクス型表示装置
マトリクス走査	動作の多様化	入力信号：隣画素と同レベル電圧	特登 3032721	表示装置
マトリクス走査	低消費電力化	データ保持：メモリ	特開平 8-166577	ドットマトリクス表示装置
マトリクス走査	コンパクト化	方法の改善：点順次	特開 2000-122618	マトリックス型画像表示装置
マトリクス走査	コンパクト化	方法の改善：マルチライン	特開平 11-161243	液晶表示装置
マトリクス走査	歩留向上	方法の改善：線順次	特開平 11-344691	液晶表示装置及びその駆動方法

＊ 解決手段には、請求項の主要構成要素等のキーワードを表記（「1.4 技術開発の課題と解決手段」参照）

表2.1.4-1 シャープのアクティブマトリクス液晶駆動技術の課題対応保有特許（4/10）

技術要素	課題	解決手段*	特許番号 出願日 公開番号 主IPC 共同出願人	発明の名称 概要
マトリクス走査	低価格化・省資源・特殊仕様	方法の改善：走査線数変換	特開平 10-171420	アクティブマトリクス型液晶表示装置
		方法の改善：線順次	特登 3056631	液晶表示装置
		方法の改善：一定間隔毎	特開 2000-250486	能動行列型液晶表示器及びその駆動方法
		方式の改良：回路の構成	特開 2000-81864	アクティブマトリクス型表示装置およびそれを用いた投射型表示装置
画素駆動	視認性改善	バイアス最適化：補正電圧印加	特登 2783395	液晶表示装置の駆動回路
		バイアス最適化：補正電圧印加	特開平 6-308913	液晶表示装置
		バイアス最適化：補正電圧	特登 3108268	表示装置の駆動回路
		リセット駆動：全電極に印加	特登 2872511	表示装置の共通電極駆動回路
		入力信号：信号電極印加波形	特登 2952146	表示装置の駆動方法
	フリッカ防止	駆動電圧：電極印加波形	特開 2000-180826	液晶表示装置の駆動方法
		重畳駆動：交流波形	特開平 8-30240	液晶表示装置
		特定パルス印加：非選択期間にも印加	特開 2000-194306	液晶表示パネルの駆動方法および駆動回路
	焼き付き防止	リセット駆動：波形改善	特開 2001-159876	残像消去方法および該残像消去方法を用いた表示装置
		リセット駆動：全電極に印加	特登 3110648	表示装置の駆動方法
		特定パルス印加：非選択期間にも印加	特登 3135819	液晶表示装置の駆動方法
	クロストーク防止	バイアス最適化	特開 2001-108966	液晶パネルの駆動方法および駆動装置
	コントラスト改善	バイアス最適化：補正電圧印加	特登 3179310	液晶表示装置
		バイアス最適化：補正電圧印加	特開平 9-258698 96.3.22 特願平 8-65821 G09G3/36	表示装置の駆動方法 　2端子素子を有するマトリクス状表示装置において周囲温度に応じて画素に印加される充電用及び放電用の電圧パルス幅比を変化させる
		駆動電圧	特登 2820336	アクティブマトリクス型液晶表示装置の駆動方法
		駆動電圧	特開平 8-184811	表示駆動装置
		重畳駆動：矩形波以外	特登 2947697	液晶表示装置の駆動方法
		入力信号：信号電極印加波形	特登 3164483	表示装置の駆動方法及び表示装置の駆動回路

＊ 解決手段には、請求項の主要構成要素等のキーワードを表記（「1.4 技術開発の課題と解決手段」参照）

表2.1.4-1 シャープのアクティブマトリクス液晶駆動技術の課題対応保有特許 (5/10)

技術要素	課題	解決手段*	特許番号 出願日 公開番号 主IPC 共同出願人	発明の名称 概要
画素駆動	輝度改善	リセット駆動：全電極に印加	特開平 9-138421	アクティブマトリクス型液晶画像表示装置
		駆動電圧	特開平 8-15669	液晶表示装置
		駆動電圧：電極印加波形	特登 2860206	液晶表示装置の駆動方法
	高速化	プリチャージ後に書込	特開 2000-259129	液晶表示装置及びその駆動方法
	雑音特性向上	バイアス最適化：補正電圧印加	特登 2806718	表示装置の駆動方法及び駆動回路
	ひずみ改善	バイアス最適化：補正電圧印加	特開平 11-52924	表示装置を駆動する方法および回路
		バイアス最適化：補正電圧印加	特登 2622190	液晶表示装置
		重畳駆動：交流波形	特開平 7-98575	画像表示装置
	低消費電力化	バイアス最適化	特開平 8-160917	マトリックス型液晶表示パネルの駆動回路
		バイアス最適化：バイアスを変化	特開平 8-179281	液晶表示装置
		駆動電圧	特開 2000-3160	表示装置
		駆動電圧：複数パルス	特開平 8-328515	画像表示装置
		駆動電圧：信号を一時停止	特登 2547314 94.10.25 特願平 6-260068 特開平 7-175455 G09G3/36	液晶表示装置の駆動回路 マトリクス型液晶表示装置の駆動回路において、駆動回路が複数のブロックに分割され、全てのブロックの全ての動作をブランキング期間で停止させブロックを外部信号回路から電気的に切り離す信号遮断手段を持たせる
		特定パルス印加：非選択期間に不印加	特開平 7-281635	表示装置
		入力信号：差分を加算	特登 3102666	画像表示装置
		入力信号：信号電極印加波形	特開平 8-160393	液晶表示装置およびその駆動方法
	コンパクト化	バイアス最適化：補正電圧	特開 2000-3161	液晶表示装置
		駆動電圧：電極印加波形	特登 3183995	液晶表示装置およびその駆動方法
		駆動電圧：複数パルス	特開平 9-106265	電圧出力回路および画像表示装置
		特定パルス印加	特開平 9-319343	表示装置および表示パネルの駆動方法
	歩留り向上	バイアス最適化	特開平 8-171081	マトリクス型表示装置
		特定パルス印加	特開平 9-212138	液晶表示装置
		特定パルス印加	特開平 7-302065	液晶表示装置

＊ 解決手段には、請求項の主要構成要素等のキーワードを表記（「1.4 技術開発の課題と解決手段」参照）

表2.1.4-1 シャープのアクティブマトリクス液晶駆動技術の課題対応保有特許（6/10）

技術要素	課題	解決手段*	特許番号 出願日 公開番号 主IPC 共同出願人	発明の名称 概要
画素駆動	低価格化・省資源化	入力信号：差分を加算	特開平 8-292745	アクティブマトリクス方式液晶駆動回路
回路設計	視認性改善	方式の改良：セル駆動	特登 3107312	アクティブマトリクス表示装置
		方式の改良：回路の構成	特登 2798540	アクティブマトリクス基板とその駆動方法
		方式の改良：セル駆動	特開平 10-232651	アクティブマトリックス型液晶表示装置の駆動方法
		方式の改良：サンプリングホールド	特開平 11-272226	データ信号線駆動回路及び画像表示装置
		方式の改良：駆動方法	特開 2001-75541	表示装置の駆動方法およびそれを用いた液晶表示装置
		方式の改良：駆動方法	特登 2633405	液晶表示装置
		方式の改良：駆動方法	特開平 11-102172	ドットマトリクス表示装置
		方式の改良：駆動方法	特開 2001-147420	アクティブマトリクス型の液晶表示装置およびデータ信号線駆動回路、並びに、液晶表示装置の駆動方法
		方式の改良：駆動方法	特開 2000-216406	アクティブマトリクス表示装置
		容量の最適化	特開平 11-85058	表示用信号伝達路および表示装置
	フリッカ防止	リセット駆動：メモリ	特登 2901429	表示装置
		方式の改良：回路の構成	特登 2798538	アクティブマトリクス液晶表示装置
		方式の改良：セレクタ、スイッチ	特開 2001-83945	液晶表示装置
		方式の改良：シフトレジスタ	特開 2001-5432	液晶表示装置
	コントラスト改善	増幅器：非直線増幅	特登 3054520	アクティブマトリックスセルの駆動方法
		方式の改良：セル駆動	特登 2760670	表示素子の駆動用集積回路
		方式の改良：セレクタ、スイッチ	特開平 9-204161	電圧出力回路およびそれを用いる表示装置
	輝度改善	増幅器：選択制増幅	特開平 10-186326	マトリックス型液晶表示装置
		増幅器：非直線増幅	特登 3131301	映像信号処理装置
		方式の改良：共通電極駆動	特開平 9-54302	表示装置
		方式の改良：複合トランジスタ	特開平 8-160918	表示装置の駆動回路及び表示装置
	高精細化	方式の改良：デコーダ	特開平 9-146489	走査回路および画像表示装置
		方式の改良：サンプリングホールド	特開平 10-143115	アクティブマトリクス型画像表示装置
		方式の改良：サンプリングホールド	特開平 8-305322	表示装置
		方式の改良：セレクタ、スイッチ	特登 2752554	表示装置の駆動回路
	大容量表示	配線構造：駆動回路との接続	特登 3118345	液晶表示装置
	階調表示	方式の改良：マルチプレックス	特登 2866518	反強誘電性液晶素子の駆動方法
		方式の改良：駆動方法	特公平 7-7248	表示装置の駆動方法
		方式の改良：積層セル	特開平 11-282003	多層ディスプレイパネル
		方式の改良：クロック回路	特開平 8-179277	表示装置
	色再現性の改善	方式の改良：サンプリングホールド	特登 3192291	アクティブマトリクス型表示装置およびそれを用いた投射型表示装置
	高速化	方式の改良：D/A変換	特開平 8-137446	液晶表示装置の駆動回路
		方式の改良：複合トランジスタ	特開平 8-82786	論理回路及び液晶表示装置
	雑音特性向上	増幅器：差動増幅	特開平 11-194737	インターフェース回路及び液晶駆動回路
		方式の改良：バッファ	特登 2758103	アクティブマトリクス基板及びその製造方法

＊ 解決手段には、請求項の主要構成要素等のキーワードを表記（「1.4 技術開発の課題と解決手段」参照）

表2.1.4-1 シャープのアクティブマトリクス液晶駆動技術の課題対応保有特許（7/10）

技術要素	課題	解決手段*	特許番号 出願日 公開番号 主IPC 共同出願人	発明の名称 概要
回路設計	ひずみ改善	方式の改良：バッファ	特登 3201910	バッファ回路及び画像表示装置
		方式の改良	特開平 11-6994	アクティブマトリクス型光変調器、ディスプレイ、および非対称的な光学性能の効果を減少させる方法
	動作の安定化	駆動電圧：液晶動作電圧	特開 2000-310766	アクティブマトリクス基板の駆動方法及び液晶表示装置
		増幅器：非直線増幅	特開平 10-171416	液晶表示素子の駆動装置
		方式の改良：サンプリングホールド	特開平 11-167372	アクティブマトリクス装置
		方式の改良：シフトレジスタ	特開 2001-4981	液晶表示装置の駆動方法
		方式の改良：駆動方法	特登 2642197	液晶表示装置
		方式の改良：クロック回路	特登 2815102	アクティブマトリクス型液晶表示装置
	動作の多様化	増幅器：選択制増幅	特登 2913612	液晶表示装置
	低消費電力化	駆動電圧：最大電圧	特開平 10-90650	マトリクス型画像表示装置
		増幅器：選択制増幅	特開 2000-356974	画像表示装置
		方式の改良：バッファ	特開平 11-161237	液晶表示装置
		方式の改良：回路の構成	特開平 9-258702	表示装置
		方式の改良：メモリ効果	特開平 10-20280	液晶表示素子の駆動方法
		方式の改良：セレクタ、スイッチ	特開 2001-27750	液晶表示装置
		方式の改良：セレクタ、スイッチ	特開平 11-52931	アクティブマトリクス型画像表示装置
		方式の改良：シフトレジスタ	特開 2000-259132	シフトレジスタ回路および画像表示装置
	高集積化	方式の改良：セレクタ、スイッチ	特公平 8-7337	液晶表示装置用回路構造
	コンパクト化	方式の改良：回路の構成	特開平 6-27439	モノリシックドライバアレイ
		方式の改良：回路の構成	特開平 9-68692	表示パネルの駆動方法および装置
		方式の改良：回路の構成	特開平 11-338429	液晶表示装置及びその駆動方法
		方式の改良：セレクタ、スイッチ	特登 3071622	表示装置およびその駆動方法およびその実装方法
		方式の改良：セレクタ、スイッチ	特開平 10-260661	表示装置の駆動回路
		方式の改良：シフトレジスタ	特開平 9-81086	表示装置の駆動回路
		方式の改良：回路の構成	特開平 9-68692	表示パネルの駆動方法および装置
	歩留り向上	方式の改良：駆動方法	特開 2001-188217	アクティブマトリクス型液晶表示装置およびその駆動方法ならびに製造方法
		方式の改良：D/A変換	特開平 10-340072	アクティブマトリクス駆動回路
		方式の改良：クロック回路	特開平 10-207398	アクティブマトリクス基板
	省資源・低価格化	方式の改良：複数セル	特登 2999328	アクティブマトリクス基板
		方式の改良：シフトレジスタ	特開平 10-301536	データ信号線駆動回路および画像表示装置
		方式の改良：シフトレジスタ	特開平 11-338431	シフトレジスタ回路および画像表示装置
		方式の改良：クロック回路	特登 2667738	映像信号処理装置
		方式の改良：クロック回路	特開 2000-242240	表示素子用駆動装置及びそれを用いた表示モジュール
	信頼性向上	方式の改良：回路の構成	特登 2895306	映像出力回路
その他周辺回路	視認性改善	方式の改良：電圧検知	特開 2001-51254	液晶表示装置
	フリッカ防止	方式の改良：電源回路	特開平 8-251518	駆動回路
		方式の改良：電圧制御	特開平 10-301538	データ線駆動回路およびこれを備えたアクティブマトリクス型液晶表示装置
	焼き付き防止	方式の改良：電圧補償	特登 2703402	液晶表示装置の駆動方法

＊ 解決手段には、請求項の主要構成要素等のキーワードを表記（「1.4 技術開発の課題と解決手段」参照）

表2.1.4-1 シャープのアクティブマトリクス液晶駆動技術の課題対応保有特許（8/10）

技術要素	課題	解決手段*	特許番号 出願日 公開番号 主IPC 共同出願人	発明の名称 概要
その他周辺回路	クロストーク防止	方式の改良：電圧補償	特開平 9-243999	液晶表示装置
		方式の改良：定電圧制御	特登 2965822 93.8.6 特願平 5-196417 特開平 7-77679 G02F1/133,520	電源回路 　階調電圧等を生成する電源回路に関し、第1レベルの出力期間と第2レベルの出力期間とで電源ラインに接続される電荷蓄積手段を切り替え、蓄積手段間での電荷の蓄積および放出を防止することで電圧変動を抑え、優れた定電圧制御を可能にする
	コントラスト改善	方式の改良：光源色切替	特登 2740592	液晶表示装置
	輝度改善	方式の改良：バイアス電源	特開平 8-160394	表示装置の駆動回路
	階調表示	最適設計：アクティブ素子	特開平 11-73171	液晶表示装置の駆動回路
		方式の改良：制御回路	特登 2875675	液晶表示装置及びその駆動方法
		方式の改良：周波数制御	特開平 8-227282	液晶表示装置
	色再現性の改善	方式の改良：光源色切替	特登 2829149 91.4.10 特願平 3-77983 特開平 4-310925 G02F1/133,550	液晶表示装置 　各表示画素のスイッチング素子をバッファを介して液晶容量に接続することでリーク等による表示品位の低下を防止し、特に時分割で色切り替えを可能にする可変フィルタ等の光選択手段と組み合わせることで色再現性を改善する
	高速化	方式の改良：バイアス電源	特登 2792791	表示装置
	雑音特性向上	方式の改良：リップル除去	特登 2735722	アクティブマトリクス基板
	ひずみ改善	方式の改良：電圧補償	特登 2587526	コモンドライバー回路
	動作の安定化	方式の改良：電源を分割	特登 3165594	表示駆動装置
		方式の改良：電圧補償	特開平 11-242205	表示装置
		方式の改良：バイアス電源	特開 2001-188521	画像表示装置およびその駆動方法

* 解決手段には、請求項の主要構成要素等のキーワードを表記（「1.4 技術開発の課題と解決手段」参照）

表2.1.4-1 シャープのアクティブマトリクス液晶駆動技術の課題対応保有特許（9/10）

技術要素	課題	解決手段*	特許番号 出願日 公開番号 主IPC 共同出願人	発明の名称 概要
その他周辺回路	低消費電力化	方式の改良：電源回路	特登 3059050	電源回路
		方式の改良：電圧制御	特登 2831518	表示装置の駆動回路
		方式の改良：電圧制御	特開平 7-181924	表示装置の駆動回路
	低価格化 省資源・	方式の改良：バイアス電源	特登 3135810	画像表示装置
	信頼性向上	方式の改良：緊急停止	特開平 11-24045	アクティブマトリクス型液晶表示装置及びその駆動方法
	特殊仕様	入力信号：光入力	特登 2911089	液晶表示装置の列電極駆動回路
液晶構成要素	視認性改善	配線構造：配線の形状	特開平 11-38937	アクティブマトリクス型液晶表示装置およびその駆動方法
		配線構造：配線の形状	特開平 7-325317	液晶表示装置
		方式の改良：回路の構成	特開平 11-133459	アクティブマトリクス基板
	フリッカ防止	配線構造：配線の構成	特登 2716107	アクティブマトリクス型液晶表示パネル
	焼き付き防止	配線構造：配線の構成	特登 2911662	表示装置
	クロストーク防止	配線構造：配線	特登 2815264	液晶表示装置
	コントラスト改善	容量の最適化	特開平 11-212059	液晶表示装置
	輝度改善	最適設計：電極の形状	特登 2702319	アクティブマトリクス基板
		最適設計：透明電極	特開平 9-90404	透過型液晶表示装置およびその製造方法
		最適設計：絶縁層	特登 2655941	アクティブマトリクス型液晶表示装置およびその製造方法
		配線構造：配線の構成	特登 2613979	アクティブマトリクス表示装置
		配線構造：配線の配置	特登 2589820	アクティブマトリクス表示装置
		方式の改良：回路の構成	特登 3164489	液晶表示パネル
	視野角改善	一画素に複数素子	特開平 10-142577	液晶表示装置及びその駆動方法
		最適設計：配向状態	特登 3007524	液晶表示装置及び液晶素子
		最適設計：電極の形状	特開平 9-325346	液晶表示装置およびその駆動方法
	高精細化	回路の改良：冗長構成	特開平 9-90318	アクティブマトリクス型液晶表示装置および画素欠陥修正方法
	階調表示	最適設計：自発分極	特登 2809567	強誘電性液晶表示装置
	ひずみ改善	配線構造：配線の形状	特開 2000-171829	半導体集積回路及び画像表示装置
	動作の多様化	方法の改善：一定間隔毎	特登 2535622	カラー液晶ディスプレイ装置
	高集積化	最適設計：基板	特登 2804198	液晶表示装置

＊ 解決手段には、請求項の主要構成要素等のキーワードを表記（「1.4 技術開発の課題と解決手段」参照）

表2.1.4-1 シャープのアクティブマトリクス液晶駆動技術の課題対応保有特許（10/10）

技術要素	課題	解決手段*	特許番号 出願日 公開番号 主IPC 共同出願人	発明の名称 概要
液晶構成要素	コンパクト化	配線構造：外部回路との接続	特登 3054135	液晶表示装置
		配線構造：配線	特開平 11-259036	マトリクスディスプレイ用データラインドライバおよびマトリクスディスプレイ
		方式の改良：回路の配置	特開平 9-114423	画像表示装置
	歩留り向上	回路の改良：冗長構成	特開平 9-15557	データ信号線駆動回路および走査信号線駆動回路並びに画像表示装置
		最適設計：電極の形状	特登 2654258	アクティブマトリクス表示装置
		最適設計：電極の形状	特登 2654259	アクティブマトリクス表示装置
		配線構造：配線	特公平 8-20646	アクティブマトリクス型表示装置
		配線構造：配線	特登 2669954	アクティブマトリクス表示装置
	低価格化・省資源	配線構造：配線の形状	特登 3050738	表示装置の駆動回路
	信頼性向上	回路の改良：サージ保護	特登 3029531	液晶表示装置
		駆動電圧：液晶動作電圧	特登 3154907	表示装置の駆動方法
	特殊仕様	最適設計：光導電体	特登 2837578	画像入出力装置および方法
		最適設計：MIM	特登 2788818	アクティブマトリクス入出力装置

＊ 解決手段には、請求項の主要構成要素等のキーワードを表記（「1.4 技術開発の課題と解決手段」参照）

2.2 東芝

2.2.1 企業の概要

表2.2.1-1 東芝の企業概要

商　　　　号	株式会社東芝
本 社 所 在 地	東京都港区芝浦1-1-1
設 立 年 月	1904年（明治37年）6月
資 　本 　金	2,749億円（2000年3月31日現在）
従 業 　員	52,263名（2001年3月31日現在）
事 業 内 容	情報通信システム、電子デバイス・材料、電力・産業システム、家庭電器の開発・製造・販売
売 　上 　高	1999年3月　3,407,611百万円 2000年3月　3,505,338百万円 2001年3月　3,678,977百万円
主 要 製 品	情報通信システム（OAコンピュータなど） 電子デバイス・材料（液晶ディスプレイなど） 電力・産業システム（原子力発電機器など） 家庭電器（テレビなど）

2.2.2 製品例

取扱い事業部門「ディスプレイ・部品材料社（カンパニー）」の中に「液晶事業部」を2000年3月設置し同事業部で、TFT液晶表示モジュール、P-Si TFT液晶表示モジュールを提供している。2001年5月にはTFT液晶ディスプレイ15型-C（IPC5035A）、TFT液晶ディスプレイ18.1型（IPC5033B）、同年11月にはTFT液晶ディスプレイ15型-D（IPC5039A）を商品として提供を始めた。（東芝のHPより）

表2.2.2-1 東芝の製品例（東芝のHPより）

製品名	発売年	概要
P-Si TFT LCD LTM11C307L	2001年	B5ノートPC対応、大画面で薄型化実現、 画像サイズ：対角29cm（11.3型） 画素数：1,024×768（XGA）
a-Si TFT LCD LTM15C162S	2001年	高輝度（150／m²）、大画面・項精細（UXGA） 画面サイズ：対角38cm（15.0型） 画素数：1,600×1,200（UXGA）
DynaBookSS3440 ノートパソコン	2001年	内部ディスプレイ：11.3型FLサイドライト付カラー低温ポリシリコンTFT液晶1,024×768ドット（65,536色） 解像度：1,280×1,024ドット（256色）、1,024×768ドット（65,536色）、800×600ドット（1,677万色） 表示色数：640×480ドット（1,677万色）
Libretto L2／060TN2Lモデル	2001年	内部ディスプレイ：10型FLサイドライト付低温ポリシリコンワイドTFT液晶、1,280×600ドット（1,677万色）
GENIO e550X Pocket PC	2001年	画面表示：240×320ドット ディスプレイ：反射型カラーTFT液晶（フロントライト付） 色数：65,536色
C5001T 携帯電話機	2001年	ディスプレイ：高解像度（QCIFサイズ：144×176ドット）を誇る高精細ポリシリコンTFT液晶を搭載
MED300AS DVD Player	2001年	画面サイズ：対角15cm（縦76.32mm×横127.2mm） 表示方式：透過型TN液晶パネル、 駆動方式：ポリシリコンTFTアクティブマトリクス駆動方式 画素数：1,152,000（横×RGB×縦480）
IPC5033B 液晶モニター	2001年	液晶パネル：18.1型カラーTFT液晶 画像サイズ：359×287.2mm 最大解像度：1,280×1,024ドット（SXGA） 画素ピッチ：0.2805×0.2805mm 視野角：上85度、下85度、右85度、左85度

2.2.3 技術開発拠点と研究者

　図2.2.3-1と図2.2.3-2にアクティブマトリクス液晶駆動技術の東芝の出願件数と発明者数を示す。発明者は明細書の発明者を年次ごとにカウントしたものである。

東芝の開発拠点：深谷工場（埼玉県）
　　　　　　　　生産技術研究所、研究開発センター、総合研究所、横浜事業所、
　　　　　　　　横浜金属場、マルチメディア技術研究所、川崎事業所、
　　　　　　　　半導体システム技術センター、堀川町工場（神奈川県）
　　　　　　　　青梅工場、府中工場（東京都）
　　　　　　　　姫路工場（兵庫県）

図2.2.3-1 東芝の発明者数-出願件数の年次推移

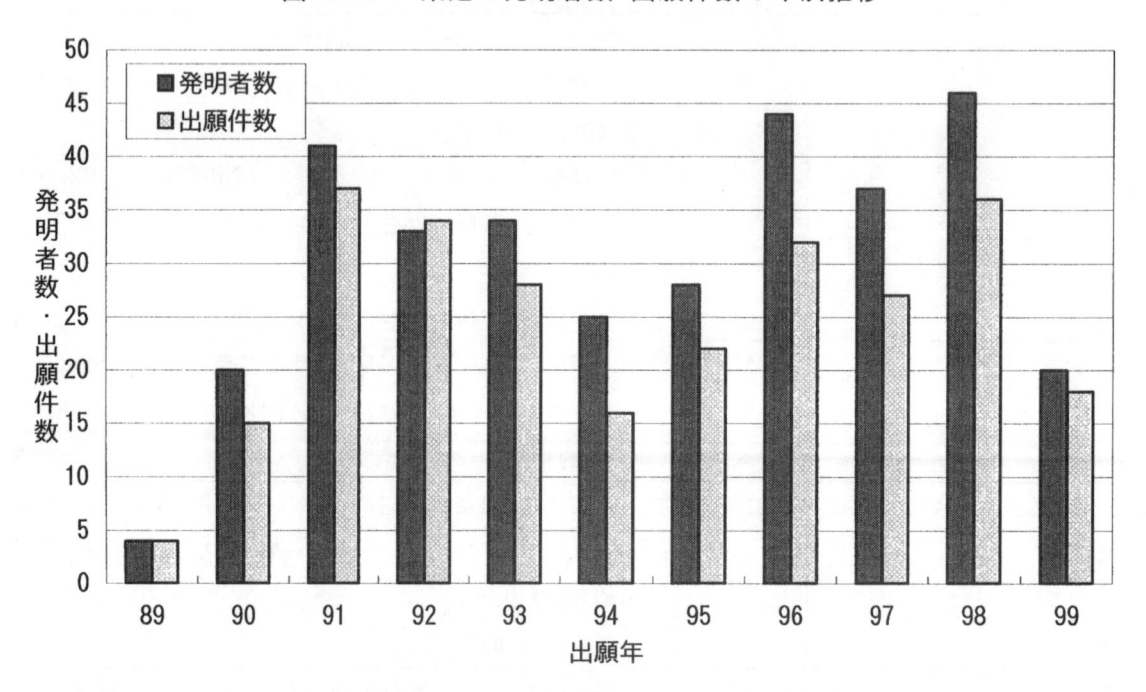

図2.2.3-2 東芝の発明者数-出願件数の推移

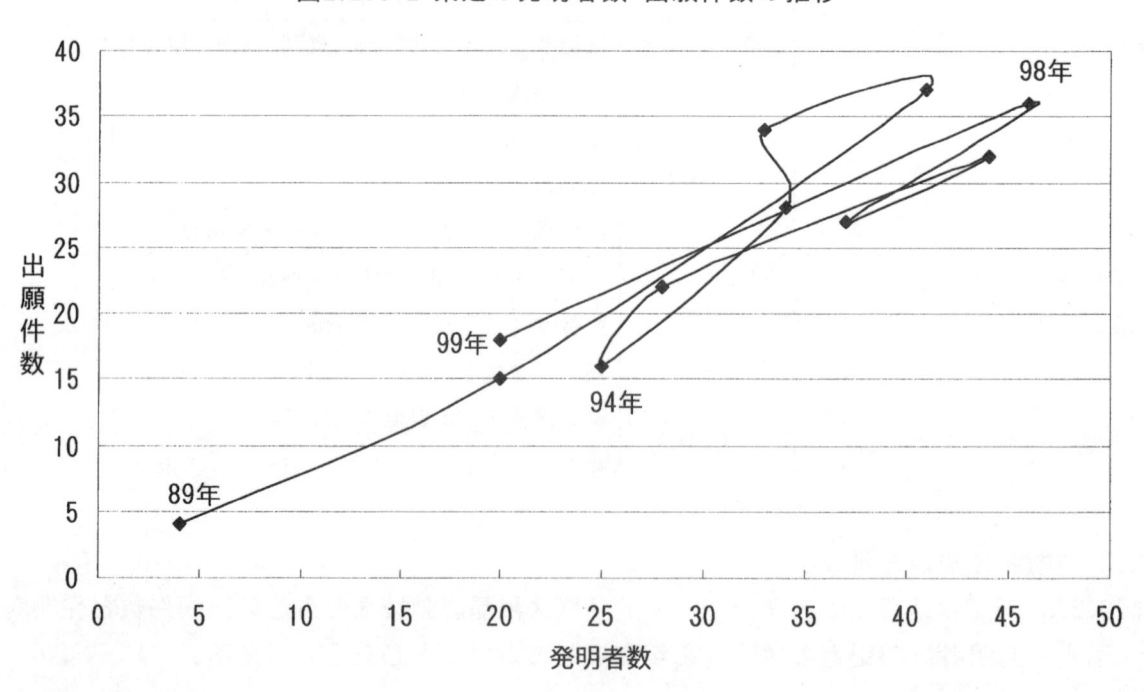

2.2.4 技術開発課題対応保有特許の概要

図2.2.4-1にアクティブマトリクス液晶駆動技術の東芝の技術要素と課題の分布を示す。各技術要素「回路設計、液晶構成要素、画素駆動、極性反転」を中心とした特許を多く保有している。

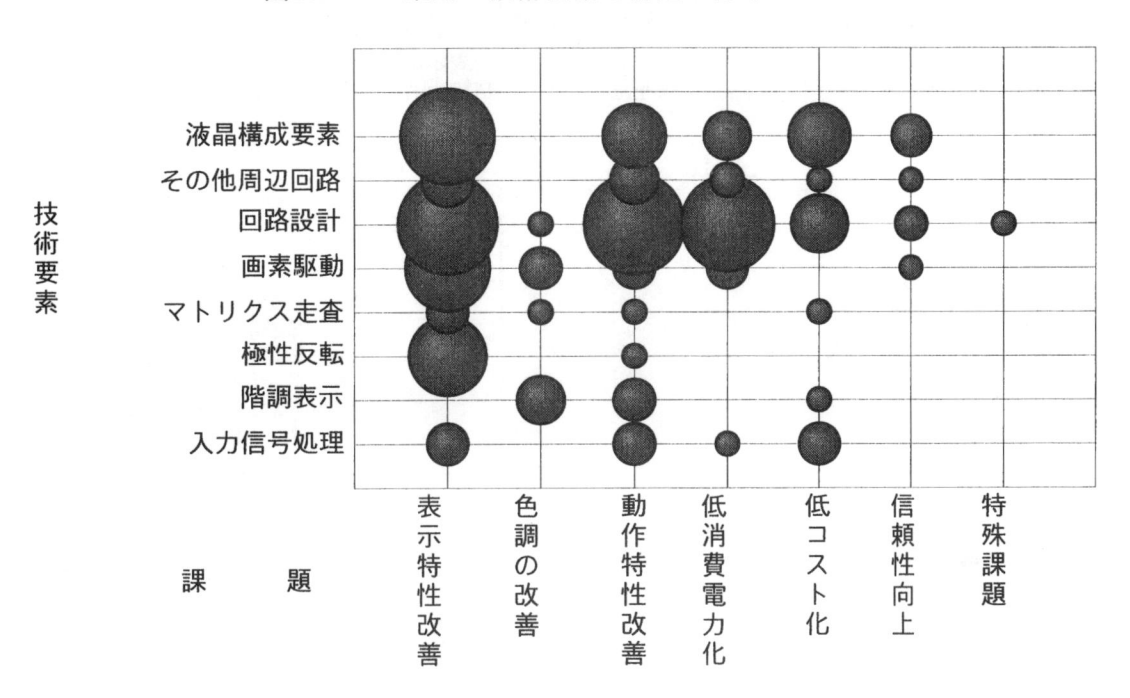

図2.2.4-1 東芝の技術要素と課題の分布

表2.2.4-1に東芝のアクティブマトリクス液晶駆動技術の課題対応保有特許を示す。出願件数226件のうち、2001年7月現在で審査取下げ、拒絶査定の確定、権利放棄、抹消、満了したものは除いた171件を示す。そのうち、海外出願されかつ指定国数の多い重要特許5件は図と概要入りで示す。

表2.2.4-1 東芝のアクティブマトリクス液晶駆動技術の課題対応保有特許（1/8）

技術要素	課題	解決手段*	特許番号 出願日 公開番号 主IPC 共同出願人	発明の名称 概要
入力信号処理	視認性改善	駆動電圧：波形整形	特開 2000-10071	アクティブマトリクス型表示装置
		遅延・位相処理	特開 2000-314868	液晶表示装置
	高精細化	遅延・位相処理	特開平 9-171375 96.10.14 特願平 8-270887 G09G3/36	表示装置 　表示パネル、クロック信号生成手段、位相調整手段を含む制御回路、ドライバー回路とを備えた表示装置において、前記クロック信号生成手段と前記位相調整手段とは調整用クロック信号用PLL回路を介して相互に接続する
	ひずみ改善	入力信号：D/A、A/D	特開 2001-109438	平面表示装置の駆動方法
		入力信号：前処理、後処理	特開 2000-315068	画像表示装置
	動作の多様化	入力信号：前処理、後処理	特開平 7-306397	表示装置
	低消費電力化	回路の改良：回路の共通化	特開平 10-312175	液晶表示装置および液晶駆動半導体装置
	コンパクト化	入力信号：信号波形の変換	特開平 4-299386	アクティブマトリクス型表示パネル用駆動回路
		入力信号：D/A、A/D	特開 2000-10526	表示装置
	低価格化・省資源	入力信号：前処理、後処理	特開平 8-211846	フラットパネル表示装置およびその駆動方法
階調表示	階調表示	変調手法：階調数	特開平 7-333582	多階調表示装置および多階調表示方法
		変調手法：階調数	特開平 7-334117	多階調表示装置および多階調表示方法
		変調手法：階調数	特登 3004603	表示装置用駆動回路および液晶表示装置
		方式の改良：複数の電源	特開平 7-334118	多階調表示装置
	動作の多様化	リセット駆動：全電極に印加	特開平 10-105107 東芝コンピュータエンジニアリング	フラットパネル表示装置
		変調手法	特開平 11-337909 東芝コンピュータエンジニアリング	液晶表示装置およびそれを用いたコンピュータシステム
		変調手法	特開 2000-10078 東芝電子エンジニアリング	液晶表示装置駆動方法

* 解決手段には、請求項の主要構成要素等のキーワードを表記（「1.4 技術開発の課題と解決手段」参照）

表2.2.4-1 東芝のアクティブマトリクス液晶駆動技術の課題対応保有特許 (2/8)

技術要素	課題	解決手段*	特許番号 出願日 公開番号 主IPC 共同出願人	発明の名称 概要
階調表示	コンパクト化	変調手法	特開平 4-230789	アクティブマトリクス形液晶表示装置
極性反転	フリッカ防止	極性反転：極性反転	特開平 9-68688	液晶表示装置
		極性反転：極性反転	特開平 11-2798	アクティブマトリクス液晶表示装置
		極性反転：極性	特開平 10-62741	表示装置
		極性反転：ライン	特開平 10-62748	アクティブマトリクス型表示装置の調整方法
	焼き付き防止	極性反転：極性反転	特開平 9-80385	2端子型非線形抵抗素子を用いた液晶表示装置
		極性反転：極性反転	特開平 9-274170	液晶表示装置
		極性反転：極性反転	特開平 9-274171	液晶表示装置
	クロストーク防止	極性反転：極性反転	特開平 11-282424	液晶表示装置の駆動方法
		極性反転：フレーム	特開平 9-243997	アクティブマトリクス型液晶表示装置及びその駆動方法
		極性反転：ライン	特開平 9-159999	液晶表示装置およびその駆動方法
	輝度改善	極性反転：極性反転	特開平 11-265169	液晶表示装置、アレイ基板およびアレイ基板の駆動方法
	動作の多様化	極性反転：極性	特開平 11-352935	シフトレジスタ回路及び液晶表示装置
マトリクス走査	視認性改善	方法の改善：走査順序	特開平 10-48595	液晶表示装置
		方法の改善：特殊な走査	特開平 11-338428	アクティブマトリクス型表示装置及びその駆動方法
	輝度改善	タイミング制御	特開 2000-267068	液晶表示装置
	色再現性の改善	方法の改善：三原色同時	特開平 8-36371	表示制御装置
	動作の多様化	方法の改善：特殊な走査	特開 2000-10531	液晶表示装置の駆動方法
	コンパクト化	方法の改善：特殊な走査	特登 2585463	液晶表示装置の駆動方法
画素駆動	視認性改善	駆動電圧	特開 2000-284252	液晶表示装置の駆動方法（ライン単位の書き込み条件可変方式）
		駆動電圧：信号を一時停止	特開平 11-133925	画像表示装置
		入力信号：信号電極印加波形	特開平 8-248388	液晶表示装置
		入力信号：信号電極印加波形	特開 2000-147457	液晶表示装置の駆動方法
	フリッカ防止	駆動電圧：液晶セル印加波形	特開平 5-165435	マトリクス型液晶表示装置
		駆動電圧：走査電極印加波形	特開 2000-35560	アクティブマトリクス型表示装置
		重畳駆動：交流波形	特開平 5-216443	液晶表示装置
	焼き付き防止	入力信号：信号電極印加波形	特開平 5-303077	マトリクス型液晶表示装置

* 解決手段には、請求項の主要構成要素等のキーワードを表記（「1.4 技術開発の課題と解決手段」参照）

表2.2.4-1 東芝のアクティブマトリクス液晶駆動技術の課題対応保有特許（3/8）

技術要素	課題	解決手段*	特許番号 出願日 公開番号 主IPC 共同出願人	発明の名称 概要
画素駆動	クロストーク防止	駆動電圧：信号を一時停止	特開平 9-274470	液晶表示装置の駆動方法
		入力信号：信号電極印加波形	特開平 8-129363	アクティブマトリックス型表示装置およびその駆動方法
	コントラスト改善	駆動電圧	特開平 10-96893	液晶表示素子
		駆動電圧：表示電圧印加位置	特開平 11-109315	液晶表示装置の駆動方法およびその装置
	輝度改善	駆動電圧：走査電極印加波形	特開平 9-258174	アクティブマトリクス型液晶表示装置
	階調表示	バイアス最適化	特開平 7-5429	アクティブマトリックス形液晶表示装置の駆動方法
		バイアス最適化	特開平 7-5431	アクティブマトリックス形液晶表示装置
		バイアス最適化	特登 2511243	アクティブマトリックス形液晶表示装置
	ひずみ改善	重畳駆動：交流波形	特開平 10-293287	液晶表示装置の駆動方法
	動作の安定化	重畳駆動：交流波形	特開平 9-258167	アクティブマトリクス型液晶表示装置
	動作の多様化	タイミング制御：走査波形と信号波形	特登 3152704 東芝電子エンジニアリング	液晶表示装置
	低消費電力化	タイミング制御：走査波形と信号波形	特開平 9-80488	液晶表示装置
		駆動電圧：走査電極印加波形	特開平 8-201771	表示装置
		入力信号：信号電極印加波形	特開平 7-199866	液晶表示装置
	信頼性向上	駆動電圧：走査電極印加波形	特開平 7-199152	液晶表示装置
回路設計	視認性改善	方式の改良：クロック回路	特開 2001-34243	ドットマトリクス型表示装置
		方式の改良：セレクタ、スイッチ	特開平 9-81087	液晶表示装置
		方式の改良：セレクタ、スイッチ	特開平 10-171419	液晶表示装置の駆動方法
		方式の改良：セレクタ、スイッチ	特開 2000-98979	液晶表示装置とその駆動方法
	フリッカ防止	方式の改良：回路の構成	特開平 8-254685	液晶表示装置
		方式の改良：共通電極駆動	特開平 8-146385	表示装置
	クロストーク防止	方式の改良：駆動回路	特開平 6-12035	表示装置
		方式の改良：駆動回路	特開平 6-324646	表示装置
		方式の改良：駆動方法	特開 2000-314871	液晶表示装置
	コントラスト改善	方式の改良：共通電極駆動	特開平 10-105127 東芝エー・ブイ・イー	液晶表示装置
	輝度改善	リセット駆動：ラインクリア	特開平 11-224077	表示装置
		方式の改良：バッファ	特登 3053276	液晶表示装置
		方式の改良：バッファ	特開平 11-231283	平面表示装置
		方式の改良：駆動方法	特開平 10-293286	液晶表示装置の駆動方法
		方式の改良：回路の構成	特開平 11-109314	液晶表示装置

* 解決手段には、請求項の主要構成要素等のキーワードを表記（「1.4 技術開発の課題と解決手段」参照）

表2.2.4-1 東芝のアクティブマトリクス液晶駆動技術の課題対応保有特許（4/8）

技術要素	課題	解決手段*	特許番号 出願日 公開番号 主IPC 共同出願人	発明の名称 概要
回路設計	輝度改善	方式の改良：共通電極駆動	特開 2000-98337 東芝電子エンジニアリング	液晶表示装置
		方式の改良：駆動方法	特登 3061833	液晶表示装置
	高精細化	方式の改良：回路の構成	特開平 11-38940	平面表示装置及びその画像表示方法
	階調表示	方式の改良：積層セル	特開平 9-236824	液晶表示装置
	高速化	方式の改良：シフトレジスタ	特開 2000-315067	順序回路及び液晶表示装置
	雑音特性向上	バイアス最適化：補正電圧印加	特開平 10-198316	液晶表示装置
	ひずみ改善	増幅器：選択制増幅	特開平 10-293564	表示装置
		方式の改良：クロック回路	特開 2000-28991	液晶表示装置
	動作の安定化	増幅器：平衡増幅	特開 2000-231089	信号増幅回路、及び、これを用いた液晶表示装置
		方式の改良：バッファ	特開 2000-194327	表示装置
		方式の改良：共通電極駆動	特開平 9-113876 東芝電子エンジニアリング	液晶表示装置
		方式の改良：回路の構成	特開平 11-126049	半導体装置、液晶駆動用半導体装置及び液晶表示装置
		方式の改良：セレクタ、スイッチ	特開平 11-338434	表示装置用駆動回路
		方式の改良：セレクタ、スイッチ	特開 2000-2867	映像信号線駆動回路
	動作の多様化	リセット駆動：メモリ	特開平 10-90646	液晶表示装置の駆動方法
		方式の改良：回路の構成	特登 3202345	液晶表示装置
		方式の改良：回路の構成	特開平 10-97221	表示装置
		方式の改良：回路の構成	特開平 11-133924	平面表示装置
		方式の改良：駆動回路	特開平 11-109923	液晶表示装置の駆動方法
		方式の改良：駆動回路	特開平 11-212058	表示装置
		方式の改良：サンプリングホールド	特開平 8-63126 東芝マイクロエレクトロニクス	液晶駆動用半導体集積回路装置
		容量の最適化	特開 2000-305535	表示装置の駆動回路及び液晶表示装置
	低消費電力化	方式の改良：コンパレータ	特開平 9-159993	液晶表示装置
		方式の改良：セレクタ、スイッチ	特開平 10-153986	表示装置
		方式の改良	特開平 10-222130	液晶表示装置
		方式の改良：回路の構成	特開平 9-258170	表示装置
		方式の改良：回路の構成	特開平 10-239662	液晶表示装置
		方式の改良：メモリ効果	特登 2980574	液晶表示装置および薄膜トランジスタ
		方式の改良：メモリ効果	特開平 8-194205	アクティブマトリックス型表示装置
		方式の改良：メモリ効果	特開平 10-74064	マトリクス型表示装置
		方式の改良：駆動回路	特開平 8-314409	液晶表示装置
		方式の改良：駆動回路	特開平 9-33885	表示装置用駆動回路
		方式の改良：複合トランジスタ	特開平 9-236823	液晶表示装置
		方式の改良：駆動方法	特開平 9-329806	液晶表示装置
		方式の改良：駆動方法	特開平 11-265172	表示装置および液晶表示装置
		方式の改良：共通電極駆動	特開平 9-243992	消費電力節約機能を持つ液晶表示装置
		方式の改良：共通電極駆動	特開 2001-56662	平面表示装置
		方式の改良：D/A変換	特開 2001-42829	平面表示装置の外部駆動回路

＊ 解決手段には、請求項の主要構成要素等のキーワードを表記（「1.4 技術開発の課題と解決手段」参照）

表2.2.4-1 東芝のアクティブマトリクス液晶駆動技術の課題対応保有特許（5/8）

技術要素	課題	解決手段*	特許番号 出願日 公開番号 主IPC 共同出願人	発明の名称 概要
回路設計	高集積化	方式の改良：D/A変換	特開平 10-74063	表示装置の駆動回路、D/A変換装置およびアレイ基板
		容量の最適化	特開 2000-242234	平面表示装置
	コンパクト化	方式の改良	特開平 11-272237	液晶表示装置、アレイ基板およびアレイ基板の駆動方法
		方式の改良：D/A変換	特登 3044037	平面表示装置
	歩留り向上	方式の改良	特開平 11-72806	アクティブマトリクス型表示装置
	省資源・低価格化	容量の最適化	特開平 9-258169 96.3.26 特願平 8-70137 G02F1/133,550	アクティブマトリクス型液晶表示装置 液晶が正の誘電異方性を有するときに正極性で駆動する場合ならびに液晶が負の誘電異方性を有するときに負極性で駆動する場合にはそれぞれ、画素の突き抜け電圧より補助容量を介して補正される補正電圧の方を大きく設定する手段を有する
	信頼性向上	最適設計：抵抗素子	特開平 11-202289	液晶表示装置
		方式の改良：シフトレジスタ	特開 2000-275608	液晶表示装置
	特殊仕様	方式の改良	特開 2000-3157	映像信号線駆動回路
その他周辺回路	視認性改善	方式の改良：電圧補償	特登 3081888	液晶表示装置
	フリッカ防止	バイアス最適化：補正電圧印加	特開平 5-216442	液晶表示装置
		バイアス最適化：補正電圧印加	特開平 5-210121 92.9.25 特願平 4-256765 G02F1/1368	液晶表示装置 第1の基準電位を中心として所定周期で極性反転する映像信号電圧と同期して第2の基準電位を中心として極性反転する補助電圧を補助容量線に印加する補助電圧発生手段を設け、表示画面のフリッカおよび輝度むらを解消する

＊ 解決手段には、請求項の主要構成要素等のキーワードを表記（「1.4 技術開発の課題と解決手段」参照）

表2.2.4-1 東芝のアクティブマトリクス液晶駆動技術の課題対応保有特許（6/8）

技術要素	課題	解決手段*	特許番号 出願日 公開番号 主IPC 共同出願人	発明の名称 概要
その他周辺回路	焼き付き防止	方式の改良：電圧補償	特開平 9-274469	液晶表示装置
		方式の改良：電圧補償	特開平 9-80384	2端子型非線形抵抗素子を用いた液晶表示装置
	ひずみ改善	方式の改良：回路動作状態検知	特開 2000-193934	表示装置
	動作の安定化	最適設計：金属膜	特開平 7-181512	液晶表示装置
		方式の改良：電圧検知	特開平 11-327515	負荷駆動回路および液晶表示装置
	動作の多様化	方式の改良：複数の電源	特開 2000-2868	平面表示装置
	低消費電力化	方式の改良：電源を分割	特開平 11-194316	表示装置
		方式の改良：電圧制御	特開平 11-194320	表示装置
	コンパクト化	方式の改良：複数の電源	特登 2672689	液晶表示装置の駆動回路およびそれを用いた液晶表示装置
	信頼性向上	方式の改良：電圧検知	特開 2000-267632	信号線駆動回路
液晶構成要素	視認性改善	最適設計：画素の構成	特開平 9-236788	液晶表示装置
		最適設計：MIM	特開平 8-62576	液晶表示装置の駆動方法
		配線構造：外部回路との接続	特開平 11-224076	液晶表示装置
		容量の最適化	特開平 6-82828	液晶表示装置
	フリッカ防止	一画素に複数素子	特開平 9-5789 95.6.23 特願平 7-157910 G02F1/136,500	液晶表示装置 　各表示画素のスイッチ素子を列アドレス線駆動回路によって制御される第2のスイッチ素子を介して信号線に接続することで、行列方向で任意の画素の選択を可能にできるため、部分書換えや、色ごとでの駆動周波数の可変等により、低消費電力化やフリッカの低減を達成できる

* 解決手段には、請求項の主要構成要素等のキーワードを表記（「1.4 技術開発の課題と解決手段」参照）

表2.2.4-1 東芝のアクティブマトリクス液晶駆動技術の課題対応保有特許（7/8）

技術要素	課題	解決手段*	特許番号 出願日 公開番号 主IPC 共同出願人	発明の名称 概要
液晶構成要素	クロストーク防止	回路の改良：電磁シールド	特開平 5-203994 92.9.14 特願平 4-245121 G02F1/1368	液晶表示装置 　画素電極の周縁部の少なくとも一部に重なり、かつ走査線および信号線のうち少なくとも一方に重なるように配設された静電遮蔽性を有するシールド電極をアレイ基板上に具備する
		最適設計：活性層	特開平 6-37316	薄膜トランジスタおよび液晶表示装置
		最適設計：画素の配置	特開 2000-321554	液晶表示装置
		方式の改良：クロック回路	特登 3034515	アレイ基板及びそれを用いた液晶表示素子
	コントラスト改善	タイミング制御：選択時間	特開平 9-258172	液晶表示素子
		最適設計：電極の形状	特開 2001-5029	液晶表示装置
		最適設計：画素の配置	特開平 10-62811	液晶表示素子及び大型液晶表示素子並びに液晶表示素子の駆動方法
		配線構造：配線	特開平 7-84239	表示装置用アレイ基板及び液晶表示装置
	輝度改善	最適設計：画素の構成	特開平 6-11734	液晶表示装置
		配線構造：配線	特登 2547976	液晶表示装置
		方式の改良：セレクタ、スイッチ	特開平 11-271811	液晶表示装置
	高速化	最適設計：透明電極	特開平 8-5990	アクティブ・マトリクス型液晶表示装置およびその駆動方法
	雑音特性向上	一画素に複数素子	特開平 11-101967	液晶表示装置
		回路の改良：電磁シールド	特登 3157186	アクティブマトリクス型液晶表示装置
	ひずみ改善	最適設計：画素の構成	特開平 10-253988	液晶表示装置
		配線構造：配線の配置	特開平 10-307567	表示装置
	動作の安定化	方式の改良：回路の構成	特開平 11-337908	液晶表示装置
	動作の多様化	最適設計：画素の配置	特開平 10-104576	液晶表示装置およびその駆動方法
	低消費電力化	一画素に複数素子	特開平 9-80386	液晶表示装置
		最適設計：電極の形状	特開平 9-21996	アクティブマトリクス型表示装置
		配線構造：配線の構成	特開平 9-243998	表示装置
		容量の最適化	特開平 11-271804	液晶表示装置
	コンパクト化	配線構造：配線の配置	特開平 10-97224	液晶表示装置

* 解決手段には、請求項の主要構成要素等のキーワードを表記（「1.4 技術開発の課題と解決手段」参照）

表2.2.4-1 東芝のアクティブマトリクス液晶駆動技術の課題対応保有特許（8/8）

技術要素	課題	解決手段*	特許番号 出願日 公開番号 主IPC 共同出願人	発明の名称 概要
液晶構成要素	歩留り向上	一画素に複数素子	特開平 10-239708	アクティブマトリクス型液晶表示装置
		回路の改良：冗長構成	特開平 6-67200	液晶表示装置
		最適設計：導電体、電極	特登 3150365	液晶表示装置
		配線構造：外部回路との接続	特開平 11-316389	アレイ基板および液晶表示装置ならびに液晶表示装置の製造方法
		配線構造：配線	特開平 7-20829	液晶表示装置
	低価格化・省資源化	回路の改良：周辺装置組込	特開平 6-95073	液晶表示装置
	信頼性向上	回路の改良：冗長構成	特開平 7-56191	表示装置
		最適設計：他の構成要素との関連	特登 2788444	アクティブマトリクス型表示装置
		最適設計：電極の形状	特開平 8-179351	表示装置用アレイ基板

＊ 解決手段には、請求項の主要構成要素等のキーワードを表記（「1.4 技術開発の課題と解決手段」参照）

2.3 セイコーエプソン

2.3.1 企業の概要

表2.3.1-1 セイコーエプソンの企業概要

商　　　　号	セイコーエプソン株式会社
本 社 所 在 地	長野県諏訪市大和3-3-5
設 立 年 月	1942年（昭和17年）5月
資 　本 　金	125億3,100万円
従 　業 　員	13,358名（2001年3月31日現在）
事 業 内 容	情報関連機器、電子デバイス、精密機器、その他の開発・製造・販売・サービス
売 　上 　高	1999年度　　9,035億円 2000年度　　10,680億円
主 要 製 品	情報機器（パソコン、液晶プロジェクター、液晶カーテレビなど） 電子デバイス（半導体、液晶表示体など） 精密機器（ウォッチなど）

2.3.2 製品例

　セイコーエプソンの液晶カーテレビ本体、オプション品は全国のオートバックス・イエローハットなどのカーショップで購入できる。液晶カラーテレビ、液晶ビデオプロジェクタも提供している。（セイコーエプソンのHPより）

　2000年7月に携帯電話機用の反射型カラー液晶パネル増産のため、280億円を投資し、同社が開発したMD-TFD（Mobile Digital-Thin Film Diode）液晶パネルを量産すると発表した。（日経エレクトロニクスより）

表2.3.2-1 セイコーエプソンの製品例（セイコーエプソンのHPより）

製品名	発売年	概要
car TV DISPLAY ET-S6R	2001年	型：5.6型モニター画面サイズ（幅×高さ／対角）cm：11.3×8.4／14.1 表示パネル：低反射D-TFD 駆動方式：アクティブマトリクス方式 画素数（縦×横）：228,480（238×960個） 使用温度範囲：-5℃〜+40℃
Panel Top PC PET1030000	2001年	CPU：Intel®Celeron®プロセッサAGHz サイズ／方式／最大ドット：16型／TFTカラー／1,280×1,024ドット（SXGA） 表示解像度／最大表示色数：1,280×1,024ドット／1,677万色
ホーム・シアター・プロジェクタ ELP-TS10	2001年	方式：三原色液晶シャッタ式投影方式 液晶パネルサイズ：0.9型ポリシリコンTFT液晶パネル 液晶パネル画素数（横×縦×枚数）：800×600×3枚 色再現性：1,677万色フルカラー
car TV DISPLAY ET-W808	2001年	型：8型ワイド 画面サイズ：17.6×10.0／20.2 駆動方式：アクティブマトリクス方式 画素数：336,960個 使用温度範囲：-10℃〜+60℃

2.3.3 技術開発拠点と研究者

図2.3.3-1と図2.3.3-2にアクティブマトリクス液晶駆動技術のセイコーエプソンの出願件数と発明者数を示す。発明者は明細書の発明者を年次ごとにカウントしたものである。

セイコーエプソンの開発拠点：本社（長野県）

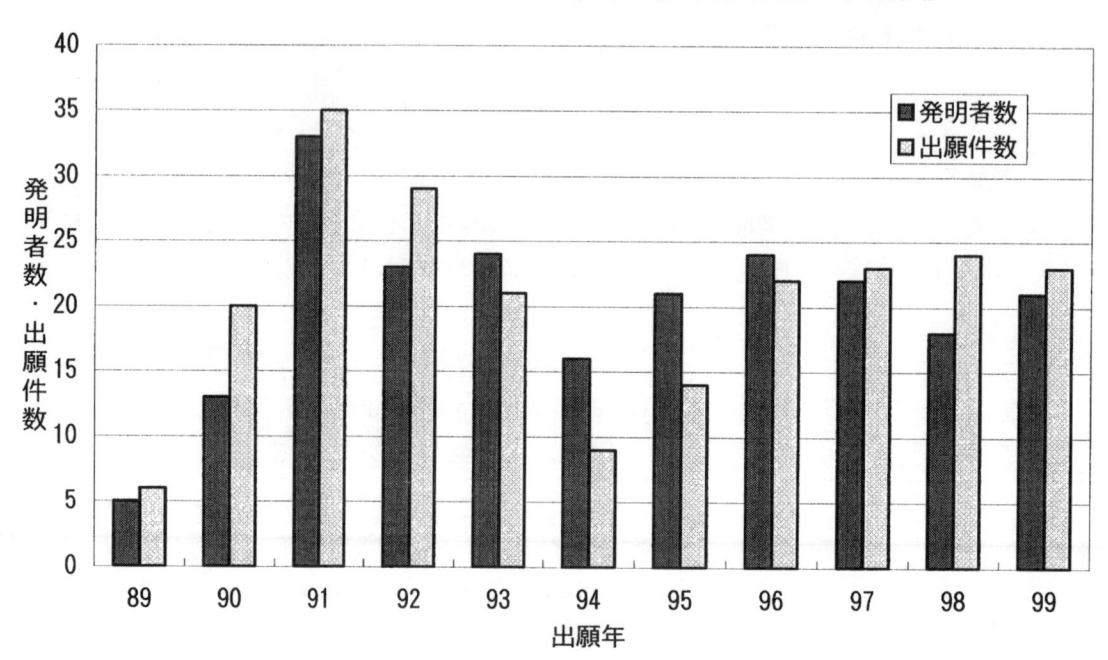

図2.3.3-1 セイコーエプソンの発明者数-出願件数の年次推移

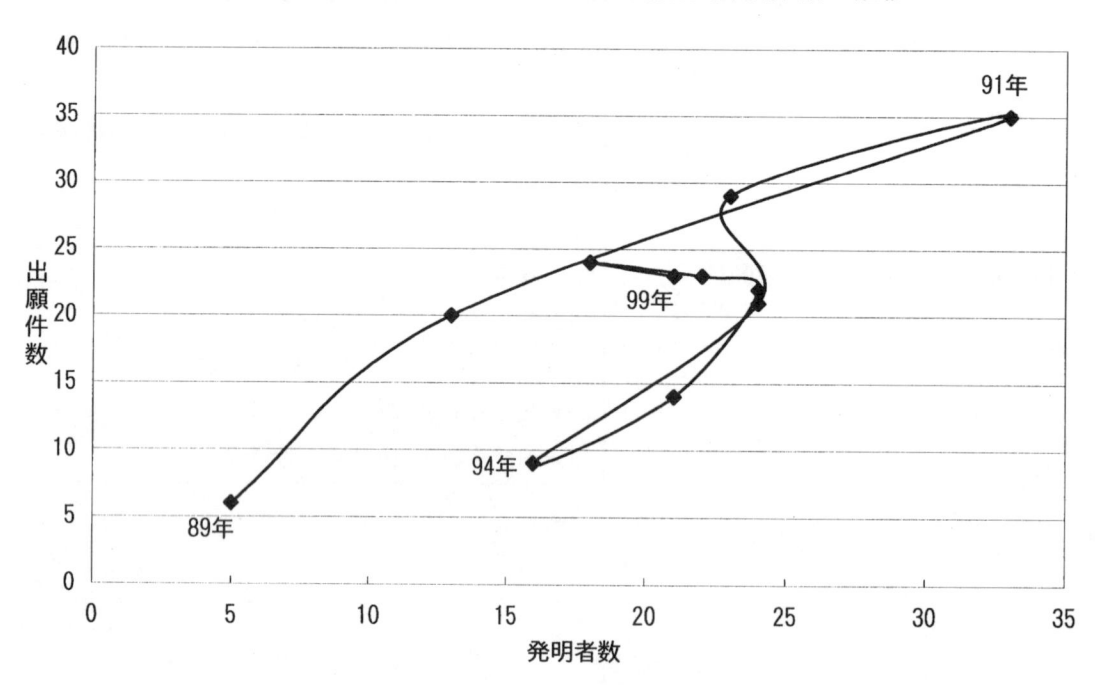

図2.3.3-2 セイコーエプソンの発明者数-出願件数の推移

2.3.4 技術開発課題対応保有特許の概要

図2.3.4-1にアクティブマトリクス液晶駆動技術のセイコーエプソンの技術要素と課題の分布を示す。「表示特性改善」を課題とした特許を多く保有している。

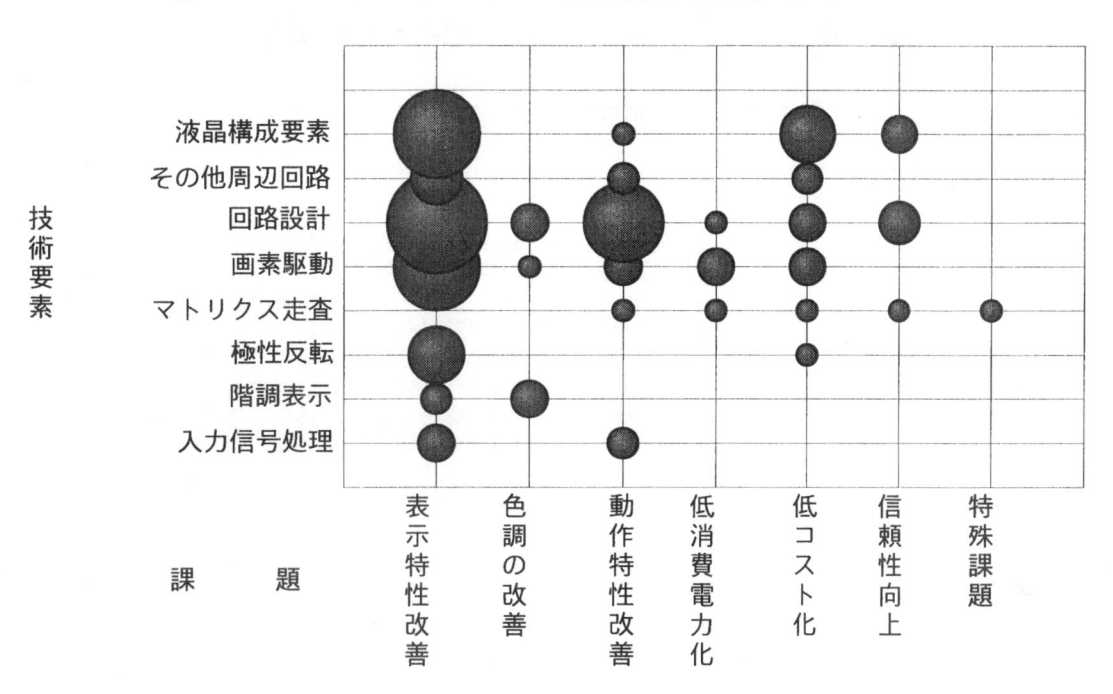

図2.3.4-1 セイコーエプソンの技術要素と課題の分布

表2.3.4-1にセイコーエプソンのアクティブマトリクス液晶駆動技術の課題対応保有特許を示す。出願件数168件のうち、2001年7月現在で審査取下げ、拒絶査定の確定、権利放棄、抹消、満了したものは除いた136件を示す。そのうち、海外出願されかつ指定国数の多い重要特許5件は図と概要入りで示す。

表2.3.4-1 セイコーエプソンのアクティブマトリクス液晶駆動技術の課題対応保有特許
(1/8)

技術要素	課題	解決手段*	特許番号 出願日 公開番号 主IPC 共同出願人	発明の名称 概要
入力信号処理	フリッカ防止	遅延・位相処理	特開平 7-56531	アクティブマトリクス型の液晶表示装置
	コントラスト改善	入力信号：前処理、後処理	特開平 11-65536	画像表示装置、画像表示方法及びそれを用いた電子機器並びに投写型表示装置
	輝度改善	タイミング制御	特開 2000-148065 98.11.16 特願平 10-324298 G09G3/20,611	電気光学装置用基板、電気光学装置、電子機器及び投写型表示装置 電気光学装置用基板において、一時記憶保持した先行デジタルデータに基づく画素駆動動作とその先行デジタルデータから一定時間後に信号電極に到来する同一画素の遅行デジタルデータに対する一時記憶動作とを同時並列的に実行するデジタル記憶手段が画素ごとにそれぞれ対応して設ける
	ひずみ改善	駆動電圧：波形整形	特開平 8-227065	画像表示装置
	動作の多様化	入力信号：D/A、A/D	特開 2001-202064	デジタル/アナログ変換方法並びに変換回路および電気光学装置、アナログ回路の製造方法
階調表示	フリッカ防止	駆動電圧：液晶動作電圧	特開 2001-125526	表示装置
	クロストーク防止	変調手法	特開平 8-36372	マトリクス液晶パネルの駆動波形及び駆動回路
	階調表示	駆動電圧：ビット構成で印加	特開平 11-272242	電気光学装置用のデジタルドライバ回路及びこれを備えた電気光学装置
		変調手法：パルス幅階調	特開平 11-133918	液晶表示パネルの駆動装置、液晶表示装置及び電子機器
	カラー表示	最適設計：一画素を分割	特開平 9-230310	表示装置、アクティブマトリクス型液晶表示装置及び表示方法
極性反転	視認性改善	極性反転：極性反転	特開平 11-85115	液晶装置及びその駆動方法、並びにそれを用いた投写型表示装置及び電子機器
		極性反転：極性反転	特開平 11-295697	液晶表示装置の駆動方法及び電子機器

＊ 解決手段には、請求項の主要構成要素等のキーワードを表記(「1.4 技術開発の課題と解決手段」参照)

表2.3.4-1 セイコーエプソンのアクティブマトリクス液晶駆動技術の課題対応保有特許
(2/8)

技術要素	課題	解決手段*	特許番号 出願日 公開番号 主IPC 共同出願人	発明の名称 概要
極性反転	フリッカ防止	極性反転：H/V	特公平 7-122783	液晶表示装置の駆動方法
		極性反転：H/V	特開平 7-219487	液晶表示装置の駆動方法
	クロストーク防止	極性反転：ライン	特登 2562426	液晶表示装置
	コントラスト改善	極性反転：極性反転	特登 2605584	液晶電気光学装置
	輝度改善	極性反転：極性	特開 2000-221476	電気光学装置の駆動回路、電気光学装置および電子機器
	歩留り向上	極性反転：極性反転	特開平 10-73802	液晶装置の調整方法、液晶装置の駆動方法、液晶装置および投射型表示装置
マトリクス走査	雑音特性向上	方法の改善：順次走査	特開 2000-147464	表示装置
	低消費電力化	入力信号：信号方式変換	特開 2000-181394	電気光学装置及びその駆動方法、並びに電子機器
	コンパクト化	方法の改善：任意方向	特登 3173260	液晶装置の駆動回路及び液晶装置並びにプロジェクター
	信頼性向上	方法の改善：順次走査	特開 2000-147463	表示装置
	特殊仕様	方式の改良：シフトレジスタ	特開 2000-162982	電気光学装置の駆動回路及び電気光学装置並びに電子機器
画素駆動	視認性改善	プリチャージ後に書込	特開平 10-171421	画像表示装置、画像表示方法及び表示駆動装置並びにそれを用いた電子機器
		駆動電圧	特登 3036059	液晶表示装置
	焼き付き防止	バイアス最適化	特開平 9-113877	マトリクス液晶パネル及びその駆動波形
		プリチャージ後に書込	特開平 7-72457	液晶表示装置の駆動方法及び液晶表示装置
		極性反転：信号波形を変形	特開平 6-289364	液晶表示装置
		特定パルス印加：走査線選択期間の始め	特開平 5-333819	液晶表示装置及びその駆動方法
		入力信号：信号電極印加波形	特開平 8-122744	液晶装置の駆動方法と液晶装置
	クロストーク防止	バイアス最適化	特公平 7-66257	液晶表示装置の駆動方法
		プリチャージ後に書込	特開平 11-337910	電気光学装置及び電子機器並びに電気光学装置の駆動方法
		駆動電圧：信号を一時停止	特登 3000637	液晶表示装置の駆動方法
		駆動電圧：複数パルス	特開平 8-184810	マトリクス液晶パネルの駆動波形及び駆動回路
		特定パルス印加：非選択期間にも印加	特登 2576951	画像表示装置

＊ 解決手段には、請求項の主要構成要素等のキーワードを表記(「1.4 技術開発の課題と解決手段」参照)

表2.3.4-1 セイコーエプソンのアクティブマトリクス液晶駆動技術の課題対応保有特許
(3/8)

技術要素	課題	解決手段*	特許番号 出願日 公開番号 主IPC 共同出願人	発明の名称 概要
画素駆動	コントラスト改善	リセット駆動：波形改善	特開平 10-268849	アクティブマトリクス型液晶表示装置の駆動方法
		駆動電圧：走査電極印加波形	特開平 9-269475	液晶素子の駆動方法、液晶装置及び電子機器
	輝度改善	駆動電圧：電極印加波形	特開平 9-101500	液晶装置の駆動方法、液晶装置及び電子機器
	視野角改善	駆動電圧：走査電極印加波形	特開平 11-337907	液晶表示装置の表示調整方法、液晶表示装置および電子機器
		特定パルス印加：走査線選択期間の始め	特開平 5-100637	液晶表示装置の駆動方法
	表示階調	特定パルス印加	特開 2001-100707	電気光学装置の駆動方法、駆動回路および電気光学装置ならびに電子機器
	高速化	入力信号：差分を加算	特開平 11-326868	液晶表示装置
	動作の多様化	タイミング制御	特開平 9-270976	液晶表示装置
		リセット駆動：全電極に印加	特開平 9-270977	液晶表示装置
	低消費電力化	プリチャージ後に書込	特開平 10-11032 96.6.21 特願平 8-181518 G09G3/36	信号線プリチャージ方法、信号線プリチャージ回路、液晶パネル用基板および液晶表示装置 　アクティブマトリクス型表示装置における信号線を画像信号の供給に先だってプリチャージする方法において、あらかじめ異なる第1、第2のプリチャージ用直流電位と、これらの直流電位のいずれかを選択的に前記信号線に接続するためのスイッチとを一本の信号線ごとに用意しておき、前記スイッチを切り換えて前記信号線を前記第1および第2のプリチャージ用直流電位のいずれかに接続する

＊ 解決手段には、請求項の主要構成要素等のキーワードを表記(「1.4 技術開発の課題と解決手段」参照)

表2.3.4-1 セイコーエプソンのアクティブマトリクス液晶駆動技術の課題対応保有特許
(4/8)

技術要素	課題	解決手段*	特許番号 出願日 公開番号 主IPC 共同出願人	発明の名称 概要
画素駆動	低消費電力化	リセット駆動：全電極に印加	特開 2001-125071 00.1.31 特願 2000-22889 G02F1/133,550	電気光学装置及びその駆動方法、液晶表示装置及びその駆動方法、電気光学装置の駆動回路、並びに電子機器 　電気光学装置の駆動方法において、表示領域の走査電極には選択期間に選択電圧を、非選択期間に非選択電圧をそれぞれ印加し、かつ前記表示領域の走査電極の選択期間以外の期間には、全ての走査電極への印加電圧を固定すると共に全ての信号電極への印加電圧を少なくとも所定期間は固定する
		特定パルス印加：非選択期間にも印加	特開平 11-296148	電気光学装置の駆動回路及び駆動方法並びに電子機器
	コンパクト化	駆動電圧：ビット構成で印加	特開平 11-2799	液晶表示装置の駆動回路、液晶表示装置および電子機器
		駆動電圧：走査電極印加波形	特開 2001-100710	電気光学装置、その駆動方法、その走査線駆動回路および電子機器
	歩留り向上	特定パルス印加	特開平 9-258171	液晶表示パネルの駆動方法と液晶表示装置
回路設計	視認性改善	方式の改良：D/A変換	特開平 4-184485	液晶表示装置の駆動回路
		方式の改良：クロック回路	特開平 11-119746	駆動回路、表示装置および電子機器
		方式の改良：シフトレジスタ	特開平 11-202296	電気光学装置の駆動回路、電気光学装置、及び電子機器
		方式の改良：シフトレジスタ	特開平 11-218738	電気光学装置の駆動回路、電気光学装置及び電子機器
		方式の改良：バッファ	特開 2000-137205	電気光学装置の駆動回路及び電気光学装置
		方式の改良：ラッチ	特開 2001-166744	電気光学装置の駆動回路、データ線駆動回路、走査線駆動回路、電気光学装置、および電子機器
		方式の改良：回路の構成	特開平 7-168153	液晶表示装置の駆動回路
		方式の改良：回路の構成	特開平 7-168155	アクティブマトリクス液晶表示装置
	フリッカ防止	リセット駆動：メモリ	特開 2001-33760	液晶装置およびその駆動方法並びに駆動回路
		方式の改良：回路の構成	特開 2001-59957	液晶装置およびその駆動方法並びに投射型表示装置
		方式の改良：駆動方法	特開平 5-93898	アクティブ・マトリクス型液晶表示装置の駆動方法
	焼き付き防止	方式の改良：サンプリングホールド	特開 2000-172234	電気光学装置の駆動回路及び電気光学装置並びに電気光学装置の駆動方法
	クロストーク防止	方式の改良	特開平 4-78895	液晶表示体駆動回路
		方式の改良：ラッチ	特開平 11-282426	電気光学装置の駆動回路、電気光学装置、及び電子機器
		方式の改良：ラッチ	特開 2000-242237	電気光学装置の駆動回路、電気光学装置および電子機器
		方式の改良：回路の配置	特開 2000-171774	電気光学装置および電子機器

* 解決手段には、請求項の主要構成要素等のキーワードを表記(「1.4 技術開発の課題と解決手段」参照)

表2.3.4-1 セイコーエプソンのアクティブマトリクス液晶駆動技術の課題対応保有特許
(5/8)

技術要素	課題	解決手段*	特許番号 出願日 公開番号 主IPC 共同出願人	発明の名称 概要
回路設計	コントラスト改善	方式の改良：駆動方法	特登 2563882	液晶表示装置の駆動方法
		方式の改良：駆動方法	特登 2563883	液晶表示装置の駆動方法
		方式の改良：駆動方法	特登 2674596	液晶装置及びその駆動方法
		方式の改良：駆動方法	特開 2001-166749	電気光学装置の駆動方法、その駆動回路、電気光学装置および電子機器
		方式の改良：複数セル	特開平 7-104709	液晶表示装置
	輝度改善	配線構造：駆動回路との接続	特開平 4-190387	液晶表示装置
	高精細化	方式の改良：シフトレジスタ	特開 2000-227784	電気光学装置の駆動回路および電気光学装置
	階調表示の改善	方式の改良：駆動方法	特開平 8-227283	液晶表示装置、その駆動方法及び表示システム
	色度域	増幅器：非直線増幅	特開平 10-74066	ガンマ補正回路及びそれを用いた画像表示装置
		方式の改良：駆動方法	特開平 5-323278	アクティブマトリクスパネル
	高速化	方式の改良：シフトレジスタ	特開 2000-122622	電気光学装置の駆動回路、電気光学装置およびこれを用いた電子機器
	雑音特性向上	配線構造：駆動回路との接続	特開 2000-356975	駆動回路、電気光学装置、および電子機器
		方式の改良：クロック回路	特開平 7-168154	薄膜トランジスタ回路
		方式の改良：セル駆動	特開平 6-250606	液晶表示装置及びその駆動方法
	ひずみ改善	方式の改良	特開 2000-89728	駆動制御装置及び電気光学装置
	動作の安定化	方式の改良：D/A変換	特開平 11-143434	液晶駆動回路および液晶表示装置
		方式の改良：クロック回路	特登 2596407	液晶表示装置
		方式の改良：クロック回路	特開 2001-188520	電気光学装置の駆動回路、電気光学装置及び電子機器
		方式の改良：回路の構成	特登 2716040	液晶装置
		方式の改良：駆動方法	特登 2630317	液晶装置及びその駆動方法
		方式の改良：駆動方法	特登 2669418	液晶装置及びその駆動方法
		方式の改良：駆動方法	特登 2783265	液晶装置及びその駆動方法
		方式の改良：駆動方法	特開平 5-313609	液晶駆動回路および液晶表示装置
		方式の改良：駆動方法	特開平 11-326867	液晶装置およびその駆動方法
	低消費電力化	方式の改良：回路の構成	特開平 10-111488	液晶表示装置
	コンパクト化	方式の改良：セル駆動	特開平 5-303080	アクティブマトリクスパネルの駆動回路及びアクティブマトリクスパネル
		方式の改良：バッファ	特開平 11-282397	電気光学装置の駆動回路、電気光学装置、及び電子機器
		方式の改良：駆動方法	特開 2001-100709	電気光学装置およびその駆動方法
	信頼性向上	最適設計：画素の構成	特開平 10-288769	液晶素子の駆動方法及び液晶装置及び電子機器
		方式の改良：回路の構成	特公平 8-30799	液晶表示装置
		方式の改良：回路の構成	特開平 10-268254	液晶表示装置
		方式の改良：駆動方法	特登 2554998	アクティブマトリクス型液晶表示装置の駆動方法
その他周辺回路	視認性改善	方式の改良：自動制御	特開平 11-14967	表示制御方法および液晶表示装置、投写型表示装置並びに電子機器
	フリッカ防止	方式の改良：回路動作状態検知	特開平 9-269476	液晶表示装置

＊ 解決手段には、請求項の主要構成要素等のキーワードを表記(「1.4 技術開発の課題と解決手段」参照)

表2.3.4-1 セイコーエプソンのアクティブマトリクス液晶駆動技術の課題対応保有特許
(6/8)

技術要素	課題	解決手段*	特許番号 出願日 公開番号 主IPC 共同出願人	発明の名称 概要
その他周辺回路	クロストーク防止	方式の改良：定電圧制御	特登 2626651	液晶装置
		方式の改良：電圧補償	特開平 8-160392	液晶表示装置
	コントラスト改善	特殊仕様：投射用	特登 2650184	投写式表示装置
	輝度改善	方式の改良：複数の電源	特開 2001-100700	電気光学装置の駆動方法、駆動回路及び電気光学装置並びに電子機器
	雑音特性向上	方式の改良：電圧補償	特開平 10-68929	液晶表示装置及びそれを用いた投写型表示装置
	動作の多様化	方式の改良：回路動作状態検知	特開 2000-172233	液晶表示装置、液晶表示装置の駆動方法および液晶表示装置を備えた電子機器
	コンパクト化	方式の改良：複数の電源	特開 2001-188615	電圧供給装置並びにそれを用いた半導体装置、電気光学装置及び電子機器
	歩留り向上	最適設計：製造時のバラツキ	特開平 6-141269	液晶表示装置及びその駆動方法
液晶構成要素	焼き付き防止	駆動電圧：液晶動作電圧	特開平 4-50922	液晶表示装置
	クロストーク防止	回路の改良：電磁シールド	特開平 11-202367 98.1.9 特願平 10-15149 G02F1/136,500	電気光学装置及び電子機器 　複数の画像信号線のうち第1画像信号線群は基板上でデータ供給手段の一方の側へ引き回され、第2画像信号線群は前記基板上で前記データ信号供給手段の他方の側へ引き回され、前記第1および第2画像信号線群を複数の制御信号線からそれぞれ電気的にシールドする少なくとも1本の導電線を前記基板上にさらに設ける
		配線構造：配線の配置	特登 2961786	液晶表示装置
		方式の改良：回路の配置	特開 2000-112437	電気光学装置の駆動回路及び電気光学装置並びに電子機器

* 解決手段には、請求項の主要構成要素等のキーワードを表記（「1.4 技術開発の課題と解決手段」参照）

表2.3.4-1 セイコーエプソンのアクティブマトリクス液晶駆動技術の課題対応保有特許
(7/8)

技術要素	課題	解決手段*	特許番号 出願日 公開番号 主IPC 共同出願人	発明の名称 概要
液晶構成要素	コントラスト改善	最適設計：遮光層	特登 2624203	投写型表示装置
		配線構造：信号線、走査線の数	特開平 11-174412	液晶表示装置
		配線構造：配線の形状	特登 3187736	アクティブマトリクスパネル及びアクティブマトリクスパネル用駆動回路、ビューファインダー並びに投写型表示装置
		配線構造：配線の配置	特開 2000-206904	電気光学装置および電子機器
		方式の改良：回路の配置	特開平 11-202294	電気光学装置及び電子機器
	輝度改善	最適設計：液晶	特開平 8-29787	液晶表示装置
		最適設計：画素の構成	特公平 8-16750	液晶表示装置
		最適設計：遮光層	特開平 11-316391	液晶表示装置
		最適設計：導電体、電極	特登 3050175	表示装置
		配線構造：配線の配置	特登 2714993	液晶表示装置
		配線構造：配線の配置	特登 3082225	表示装置
		配線構造：配線の形状	特開平 5-307165	アクティブマトリクスパネル
	視野角の改善	最適設計：SBE、STN型	特開平 9-21997	液晶表示装置
	動作の安定化	最適設計：3端子素子	特開平 10-270700	薄膜トランジスタ及びそれを用いた液晶表示装置及びCMOS回路
	コンパクト化	最適設計：導電体、電極	特登 2973204	画像表示装置
		方式の改良：回路の構成	特開平 9-269754	液晶表示装置の信号処理回路
		方式の改良：回路の配置	特開平 9-329811 97.3.10 特願平 9-54889 G02F1/136,500	投写型表示装置 　光源、液晶ライトバルブおよび投写光学手段を有する投写型表示装置において、複数のゲート線およびソース線に接続された複数のトランジスタを有する画素マトリクスと、当該複数のゲート線(またはソース線)に信号を供給するゲート線ドライバー回路(ソース線ドライバー回路)とが配置され、前記画素マトリクスのピッチの整数倍の幅に対応して前記ゲート線ドライバー回路(ソース線ドライバー回路)の単位セルを配置する
		方式の改良：複数の要素	特開平 11-160730	液晶装置及び電子機器
	歩留り向上	回路の改良：周辺装置組込	特開平 8-248926	アクティブマトリクス型液晶表示装置及びその駆動方法
		最適設計：画素の配置	特開平 6-301057	アクティブマトリックス液晶表示装置
		配線構造：配線の配置	特公平 7-52333	アクティブマトリクス型液晶表示装置及びその製造方法

* 解決手段には、請求項の主要構成要素等のキーワードを表記(「1.4 技術開発の課題と解決手段」参照)

表2.3.4-1 セイコーエプソンのアクティブマトリクス液晶駆動技術の課題対応保有特許
(8/8)

技術要素	課題	解決手段*	特許番号 出願日 公開番号 主IPC 共同出願人	発明の名称 概要
液晶要素構成	信頼性向上	最適設計：液晶	特開平 5-333316	液晶表示装置及びその駆動方法
		方式の改良：クロック回路	特開平 5-297345	アクティブマトリクスパネルの駆動回路及びアクティブマトリクスパネル
		容量の最適化	特開平 9-326701	D/A変換器、D/A変換器の設計方法、液晶パネル用基板および液晶表示装置

＊ 解決手段には、請求項の主要構成要素等のキーワードを表記(「1.4 技術開発の課題と解決手段」参照)

2.4 日立製作所

2.4.1 企業の概要

表2.4.1-1 日立製作所の企業概要

商　　　　号	株式会社日立製作所
本社所在地	東京都千代田区神田駿河台4-6
設　立　年　月	1920年（大正9年）2月
資　　本　　金	2,817億円
従　業　員	55,609名（2001年3月）
事　業　内　容	情報・通信システム、電子デバイス、電力・産業システム、デジタルメディア・家電製品の研究、設計開発、製造、販売、ソリューション提供およびこれらに付随するコンサルティング、サービスなど
売　　上　　高	1999年3月　3,781,118百万円 2000年3月　3,771,948百万円 2001年3月　4,015,824百万円
主　要　製　品	情報・エレクトロニクス（交換機、液晶ディスプレイなど） 電力システム（原子力機器など） 産業システム（ポンプなど） 交通システム（鉄道車両など） 家庭電器（冷蔵庫など）

2.4.2 製品例

　15型LCDタッチモニターについては、販売元であるタッチパネル・システムOEM営業部が、企業向けPC FLORAの製品に関する情報はHCAセンターがそれぞれ取扱っている。また、メルコでは15型タッチパネル対応アナログTFT液晶カラーディスプレイを提供している。
（日立製作所のHPより）

表2.4.2-1 日立製作所の製品例（日立製作所のHPより）

製品名	発売年	概要
Super-IPS方式TFT液晶モジュール TX48D11VC0CAAB	2001年	特長：超広視野角、高精細、高色純度、挟額縁、薄型 画面サイズ48cm（19型） 画素数：1,600×1,200（UXGA） 表示色数：16,777,216色
15型LCDタッチモニター （FLORA用）	2001年	高輝度で広い視野角を持つTFT液晶を採用 超音波表面弾性波方式タッチパネルを内蔵し、クリアな鮮明画像を実現
ノートパソコン （FLORA270HX）	2001年	ディスプレイ：15型TFTカラー 表示解像度（表示色）の内蔵LCD：最大1,400×1,050ドット（1,677万色）
15型アナログTFT液晶カラーディスプレイ （FTD-X512A）	2001年	TFT液晶ディスプレイ・アクティブステレオスピーカ内蔵 電源内蔵 オートアジャスト機能搭載
FLORA Prius310N （デジタルエンターテインメントパソコン）	2001年	DVDの高画質・高音質に対応した15型SuperInPlaneSwitching方式TFT液晶ディスプレイ、光デジタルオーディオ出力端子を装備、上下左右に160度の視野角、2,001のコントラスト比、表示色1,677万色

2.4.3 技術開発拠点と研究者

　図2.4.3-1と図2.4.3-2にアクティブマトリクス液晶駆動技術の日立製作所の出願件数と発明者数を示す。発明者は明細書の発明者を年次ごとにカウントしたものである。
　日立製作所の開発拠点：日立研究所（茨城県）
　　　　　　　　　　　　システム開発研究所、生活技術研究所、生産技術研究所、
　　　　　　　　　　　　マイクロエレクトロニクス機器開発研究所、家電研究所、
　　　　　　　　　　　　ストレージシステム事業部（神奈川県）
　　　　　　　　　　　　電子デバイス事業部、茂原工場、ディスプレイグループ
　　　　　　　　　　　　　（千葉県）
　　　　　　　　　　　　中央研究所、映像情報メディア事業部、半導体事業部、
　　　　　　　　　　　　半導体グループ（東京都）

図2.4.3-1 日立製作所の発明者数-出願件数の年次推移

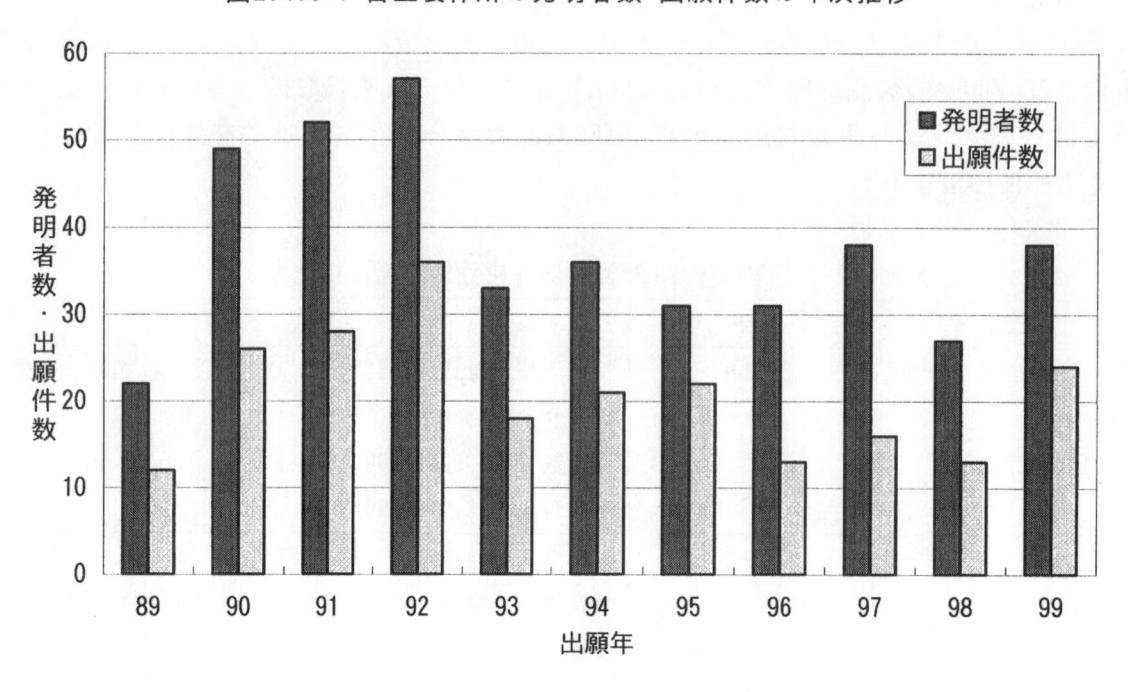

図2.4.3-2 日立製作所の発明者数-出願件数の推移

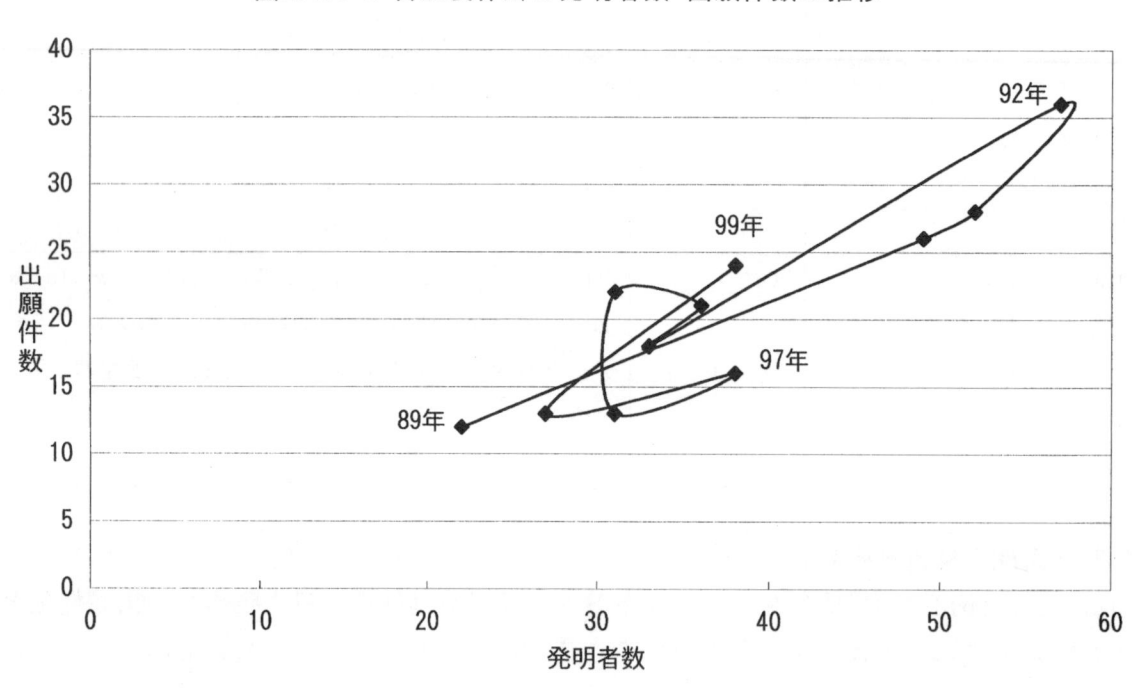

2.4.4 技術開発課題対応保有特許の概要

図2.4.4-1にアクティブマトリクス液晶駆動技術の日立製作所の技術要素と課題の分布を示す。各課題「表示特性改善、動作特性、低コスト化」およびそれに対する技術要素「回路設計、液晶構成要素、画素駆動」については広範囲に出願されている。

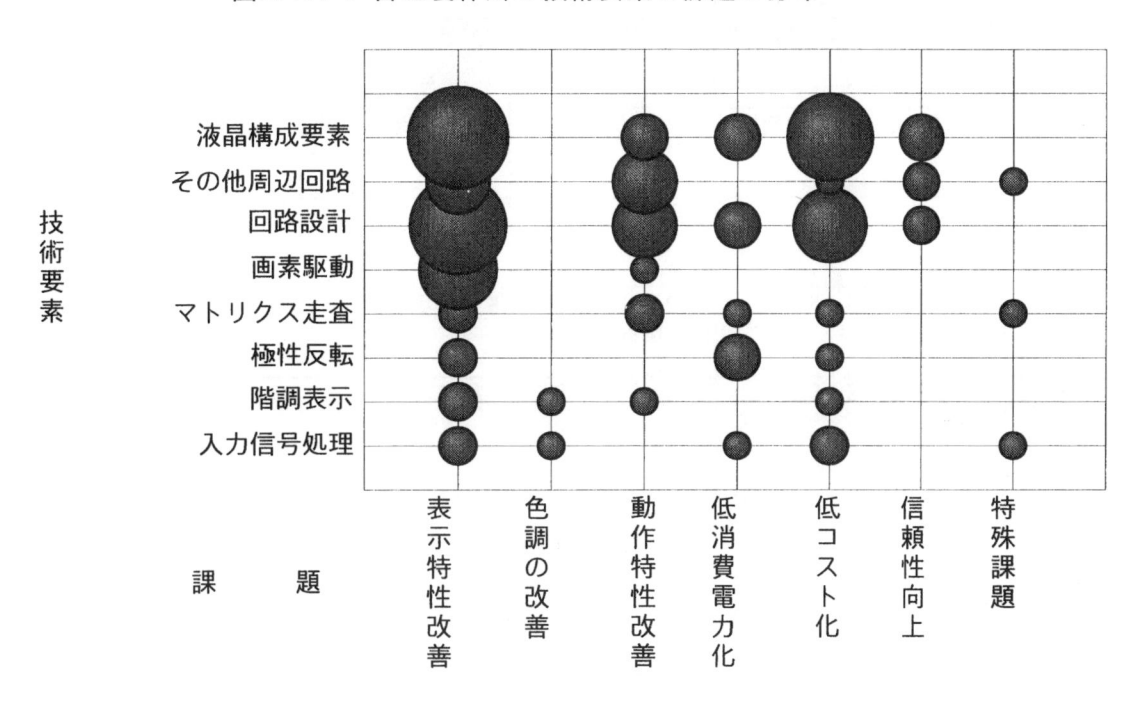

図2.4.4-1 日立製作所の技術要素と課題の分布

表2.4.4-1に日立製作所のアクティブマトリクス液晶駆動技術の課題対応保有特許を示す。出願件数179件のうち、2001年7月現在で審査取下げ、拒絶査定の確定、権利放棄、抹消、満了したものは除いた119件を示す。そのうち、海外出願されかつ指定国数の多い重要特許4件は図と概要入りで示す。

表2.4.4-1 日立製作所のアクティブマトリクス液晶駆動技術の課題対応保有特許（1/7）

技術要素	課題	解決手段*	特許番号 出願日 公開番号 主IPC 共同出願人	発明の名称 概要
入力信号処理	視認性改善	入力信号：前処理、後処理	特開平 10-222134	液晶表示装置および情報処理装置
	焼き付き防止	入力信号：電荷、電界を除去	特登 3004710 日立デバイスエンジニアリング	液晶表示装置
	色度域の改善	入力信号：信号方式変換	特登 3102488	液晶表示装置の駆動方法
	低消費電力化	入力信号	特開平 8-248924 日立デバイスエンジニアリング	液晶表示装置
	コンパクト化	入力信号：P/S、S/P	特開平 8-334743 日立画像情報システム	液晶表示装置
	低価格化・省資源化	入力信号：P/S、S/P	特開 2000-338938	液晶表示装置
	特殊仕様	タイミング制御	特開平 9-50264 日立デバイスエンジニアリング	液晶表示モジュール
階調表示	視野角改善	変調手法：フレーム階調	特開平 4-316087	液晶表示装置
	高精細化	変調手法：パルス幅階調	特開平 6-161385	アクティブマトリクス表示装置
	階調表示	プリチャージ後に書込	特開 2000-193937	液晶表示装置
	動作の多様化	変調手法：パルス幅階調	特開平 6-175621	表示装置と表示制御方法
	コンパクト化	変調手法：パルス幅階調	特開 2001-83484	液晶表示装置およびその駆動方法
極性反転	フリッカ防止	極性反転：極性反転	特開平 10-333118	反射型液晶表示装置
	高精細化	極性反転：フレーム	特開平 7-253767 日立デバイスエンジニアリング	ディスプレイ装置
	低消費電力化	極性反転：ライン	特開平 8-298638	液晶表示装置
		駆動電圧：最大電圧	特開平 6-222741 日立画像情報システム	液晶表示装置の駆動方法および駆動回路
		駆動電圧：パルス波形	特登 3194926	液晶表示装置
	コンパクト化	駆動電圧：パルス波形	特開平 6-161392 日立デバイスエンジニアリング	液晶駆動方法と液晶表示装置
マトリクス走査	視認性改善	方法の改善：走査線数変換	特開 2000-347630	液晶表示装置の駆動方法
		方法の改善：走査線数変換	特開平 8-166776	ディスプレイ装置

＊ 解決手段には、請求項の主要構成要素等のキーワードを表記（「1.4 技術開発の課題と解決手段」参照）

表2.4.4-1 日立製作所のアクティブマトリクス液晶駆動技術の課題対応保有特許 (2/7)

技術要素	課題	解決手段*	特許番号 出願日 公開番号 主IPC 共同出願人	発明の名称 概要
マトリクス走査	動作の多様化	データ保持：メモリ	特開平 9-331490 96.6.11 特願平 8-148986 H04N5/66,102	液晶表示装置 　静止画像を表示するときには、表示した静止画像の状態を書き替えが必要となるまで保持させるようにし、動画像を表示するときには指定の領域にのみ動画像を表示する
		方法の改善：1ラインを複数回書込	特登 2954329	多階調画像表示装置
	低消費電力化	方法の改善：走査順序	特開平 11-65533	画像表示装置及びその駆動方法
	低価格化・省資源化	回路の改良：回路の共通化	特開平 8-248385	アクティブマトリックス型液晶ディスプレイとその駆動方法
	特殊仕様	方法の改善：任意順序	特開平 10-26945	画像表示素子、画像表示装置およびその駆動方法
画素駆動	視認性改善	プリチャージ後に書込	特開平 9-211422	表示装置の駆動方法及びその駆動方法を用いた液晶表示装置
	フリッカ防止	入力信号：差分を加算	特開 2001-125067	液晶表示装置
	クロストーク防止	バイアス最適化：補正電圧印加	特開平 11-249623 日立デバイスエンジニアリング 日立超エルエスアイエンジニアリング	液晶表示装置の駆動方法
		バイアス最適化：補正電圧印加	特開平 11-249624 日立デバイスエンジニアリング 日立超エルエスアイエンジニアリング	液晶表示装置
		特定パルス印加：非選択期間にも印加	特開平 10-301087	液晶表示装置
	輝度改善	駆動電圧：不均等パルス幅	特開平 5-173509	液晶表示装置の駆動方法
		入力信号：平均化した基準電圧	特開平 11-288255	液晶表示装置
	視野角改善	バイアス最適化：補正電圧印加	特開平 7-128638 日立デバイスエンジニアリング	液晶表示駆動回路

＊ 解決手段には、請求項の主要構成要素等のキーワードを表記(「1.4 技術開発の課題と解決手段」参照)

表2.4.4-1 日立製作所のアクティブマトリクス液晶駆動技術の課題対応保有特許（3/7）

技術要素	課題	解決手段*	特許番号 出願日 公開番号 主IPC 共同出願人	発明の名称 概要
画素駆動	大容量表示	プリチャージ後に書込	特開 2001-166741 日立デバイスエンジニアリング 日立超エルエスアイシステムズ	半導体集積回路装置および液晶表示装置
	ひずみ改善	方式の改良：マイクロプロセッサ制御	特開平 9-21995 日立デバイスエンジニアリング	液晶表示装置
回路設計	視認性改善	方式の改良：駆動方法	特開平 7-287209	液晶表示装置
	フリッカ防止	方式の改良：セル駆動	特開 2000-227608 99.2.5 特願平 11-28109 G02F1/136,500	液晶表示装置 　液晶表示装置において、任意の画素の表示データを画像メモリに書き込んだ後、書き込み画素が含まれる1ライン分の表示データを表示部に転送し、表示ラインのアドレスライン変換回路により指示されたラインを選択し1ライン分の表示を書き変えるよう制御する 図 1
	クロストーク防止	方式の改良：複合トランジスタ	特開 2000-250490 日立デバイスエンジニアリング	液晶表示装置
		方式の改良：共通電極駆動	特開 2000-28993	液晶表示装置
	コントラスト改善	方式の改良：D/A変換	特開 2001-67048 日立デバイスエンジニアリング 日立超エルエスアイシステムズ	液晶表示装置
	輝度改善	バイアス最適化：バイアスを変化	特開 2000-338462	液晶表示装置
		方式の改良：駆動方法	特登 3162190	アクティブマトリクス型液晶表示装置及びその駆動方法
		方式の改良：駆動方法	特開平 7-318898	アクティブマトリクス型液晶表示装置およびその駆動方法
		方式の改良：セル駆動	特開 2000-352959	液晶表示装置
		方式の改良：セル駆動	特開平 11-288000	液晶表示装置
		容量の最適化	特開 2001-5037	液晶表示装置
	視野角改善	方式の改良：制御用補助電界生成	特開平 10-319371	アクティブマトリクス型液晶表示装置とその配向膜形成方法および配向膜の配向検証方法

* 解決手段には、請求項の主要構成要素等のキーワードを表記（「1.4 技術開発の課題と解決手段」参照）

表2.4.4-1 日立製作所のアクティブマトリクス液晶駆動技術の課題対応保有特許（4/7）

技術要素	課題	解決手段*	特許番号 出願日 公開番号 主IPC 共同出願人	発明の名称 概要
回路設計	高精細化	方式の改良：セル駆動	特開平 11-305263	液晶表示装置およびそれに用いられる液晶パネル
		方式の改良：クロック回路	特開平 10-133629	液晶表示装置
	高速化	入力信号：電荷、電界を除去	特開平 10-3069	液晶表示装置
		方式の改良：セル駆動	特開 2001-34238	液晶表示装置
	雑音特性向上	方式の改良：駆動方法	特開平 7-271331	液晶表示装置
	ひずみ改善	方式の改良：複数セル	特開平 11-161240	液晶表示装置
	動作の安定化	方式の改良：駆動回路	特開平 8-76147	TFT液晶表示ディスプレイ
	動作の多様化	方式の改良：A/D変換	特開平 10-319429	アクティブマトリクス液晶表示装置
	低消費電力化	重畳駆動：矩形波以外	特開平 8-76726	TFT液晶表示ディスプレイ
		方式の改良：シフトレジスタ	特開平 10-274966	画像表示装置
		容量の最適化	特開 2001-194685	液晶表示装置
	高集積化	方式の改良：D/A変換	特開 2000-227585	駆動回路一体型液晶表示装置
	コンパクト化	配線構造：駆動回路との接続	特登 2680131	マトリクス表示装置の走査回路
		方式の改良：D/A変換	特開平 9-198012 日立デバイスエンジニアリング	液晶表示装置
		方式の改良：D/A変換	特開 2001-34234 日立デバイスエンジニアリング 日立超エルエスアイシステムズ	液晶表示装置
		方式の改良：D/A変換	特開 2001-42839	液晶表示装置
		方式の改良：駆動方法	特開平 8-211852 日立デバイスエンジニアリング	液晶表示パネル
		方式の改良：駆動方法	特開平 10-340070	液晶表示装置
		方式の改良：回路の構成	特開 2000-231365 日立デバイスエンジニアリング	液晶表示パネル用駆動回路及び液晶表示装置
	信頼性向上	方式の改良：複合トランジスタ	特開平 11-133926 日立デバイスエンジニアリング	半導体集積回路装置および液晶表示装置
		方式の改良：複合トランジスタ	特開 2001-194646	アクティブマトリクス液晶表示装置
その他周辺回路	コントラスト改善	方式の改良：電圧検知	特開平 8-5989	液晶マトリクス表示装置とその駆動方法
	輝度改善	方式の改良：電圧補償	特開 2000-250491	液晶表示装置

* 解決手段には、請求項の主要構成要素等のキーワードを表記（「1.4 技術開発の課題と解決手段」参照）

表2.4.4-1 日立製作所のアクティブマトリクス液晶駆動技術の課題対応保有特許（5/7）

技術要素	課題	解決手段*	特許番号 出願日 公開番号 主IPC 共同出願人	発明の名称 概要
その他周辺回路	視野角改善	最適設計：配向状態制御	特開平 8-21984 94.7.8 特願平 6-156870 G02F1/133,550	TFT液晶表示ディスプレイ 複数の薄膜トランジスタ、コモン電極、液晶、TFT液晶表示パネル、ゲート駆動回路、ドレイン駆動回路、およびコモン駆動回路を有するTFT液晶表示ディスプレイにおいて、コモン電極に印加する交流駆動電圧の振幅を変化させる視度調整手段を設ける 図9
		方式の改良：手動制御	特登 2953589	液晶の多階調表示における視角補正方式とそれを用いた多階調液晶表示装置
		方式の改良：手動制御	特登 2994678	多階調液晶表示装置とその駆動電圧発生回路
		方式の改良：自動制御	特登 2951352	多階調液晶表示装置
	ひずみ改善	方式の改良：電圧補償	特開 2001-174784	液晶表示装置
	動作の安定化	方式の改良：回路動作状態検知	特開 2001-92417 日立デバイスエンジニアリング	液晶表示装置
		方式の改良：補償・保護	特開平 10-10493 日立デバイスエンジニアリング	液晶表示装置および液晶表示基板
		方式の改良：補償・保護	特開平 10-10494 日立デバイスエンジニアリング	液晶表示装置
		方式の改良：温度補償	特開平 7-253765	液晶アクティブマトリクス表示装置
	動作の多様化	方式の改良：複数の電源	特開平 6-161391 日立デバイスエンジニアリング	液晶表示装置
	省資源・低価格化	方式の改良：複数の電源	特開平 11-109928 97.10.6 特願平 9-272299 G09G3/36 日立デバイスエンジニアリング	液晶表示装置 (2^n+1)の第1階調電圧を生成し、mビットの表示データの上位nビットのビット値に基づき、この(2^n+1)個の第1階調電圧の中で互いに隣接する第1階調電圧を選択し、さらに、mビットの表示データの下位(m-n)ビットのビット値に基づき、この隣接する第1階調電圧間を2^{m-n}等分する2^{m-n}個の階調電圧の中の1つを第2階調電圧として出力する 図8

* 解決手段には、請求項の主要構成要素等のキーワードを表記（「1.4 技術開発の課題と解決手段」参照）

表2.4.4-1 日立製作所のアクティブマトリクス液晶駆動技術の課題対応保有特許 (6/7)

技術要素	課題	解決手段*	特許番号 出願日 公開番号 主IPC 共同出願人	発明の名称 概要
その他周辺回路	信頼性向上	方式の改良：電圧補償	特開平 8-62577	液晶ライトバルブおよびそれを用いた投射型ディスプレイ
		方式の改良：電圧補償	特開平 8-254969	液晶表示装置
	特殊仕様	入力信号：タッチパネル	特開平 9-159995	アクティブマトリックス型液晶表示装置
液晶構成要素	視認性改善	配線構造：配線の形状	特開平 9-159996	アクティブマトリックス型液晶表示パネル
	フリッカ防止	最適設計：電極の形状	特開平 10-186405	アクティブマトリクス型液晶表示装置
		方式の改良：画素単位回路	特開平 11-160676	液晶表示装置
	焼き付き防止	最適設計：電極の形状	特開平 8-327978	アクティブマトリクス型液晶表示装置
	コントラスト改善	最適設計：遮光層	特登 2875363 日立原町電子工業	液晶表示装置
		配線構造：配線の構成	特開 2001-108965	液晶表示装置
	輝度改善	回路の改良：構成要素との関連	特開 2000-19543	アクティブマトリクス型液晶表示装置
		最適設計：導電体、電極	特開平 8-248387	液晶表示装置
	視野角改善	駆動電圧：最大電圧	特開平 8-62578	アクティブマトリクス型液晶表示装置およびその駆動方法
		最適設計：遮光層	特開平 11-52420	液晶表示装置
		最適設計：誘電異方性	特開平 7-306417	アクティブマトリクス型液晶表示装置
		方式の改良：制御用補助電界生成	特登 3127640	アクティブマトリクス型液晶表示装置
		方式の改良：制御用補助電界生成	特開平 8-286176	液晶表示装置
		方式の改良：制御用補助電界生成	特開平 9-105908	アクティブマトリクス型液晶表示装置
	高精細化	配線構造：信号線、走査線の数	特開平 6-273803	アクティブマトリクス型液晶表示装置
	雑音特性向上	回路の改良：電磁シールド	特開平 8-171082	アクティブマトリクス型液晶表示装置
	ひずみ改善	配線構造：外部回路との接続	特開 2000-171818	液晶表示装置
		配線構造：配線	特開 2000-250010	液晶表示装置
	低消費電力化	一画素に複数素子	特開平 5-113774	液晶表示装置
		最適設計：導電体、電極	特開平 7-261152	液晶表示装置
		最適設計：2端子素子	特開平 11-97694	周辺回路内蔵型液晶表示装置
	高集積化	最適設計：導電体、電極	特開平 7-244296	アクティブ・マトリクス駆動型液晶表示装置
	コンパクト化	回路の改良：周辺装置組込	特開平 8-122745 日立デバイスエンジニアリング	液晶表示装置
		駆動電圧：駆動周波数	特開 2001-83549	液晶表示装置
		最適設計：基板	特開平 8-234237	液晶表示装置
		方式の改良：サンプリングホールド	特開平 11-202291	周辺回路内蔵型液晶表示装置
		方式の改良：画素単位回路	特開平 11-2797	液晶表示装置

＊ 解決手段には、請求項の主要構成要素等のキーワードを表記(「1.4 技術開発の課題と解決手段」参照)

表2.4.4-1 日立製作所のアクティブマトリクス液晶駆動技術の課題対応保有特許 (7/7)

技術要素	課題	解決手段*	特許番号 出願日 公開番号 主IPC 共同出願人	発明の名称 概要
液晶構成要素	歩留り向上	最適設計：遮光層	特開平 8-136950	液晶表示基板
		最適設計：抵抗素子	特登 2515887	マトリクス表示装置
		配線構造：外部回路との接続	特公平 7-23993	アクティブマトリクス液晶表示装置
	低価格化・省資源	回路の改良：回路の共通化	特開 2000-305530	液晶表示装置
		配線構造：配線の配置	特開平 11-271789	液晶表示装置
	信頼性向上	回路の改良：冗長構成	特登 3163637	液晶表示装置の駆動方法
		回路の改良：冗長構成	特開平 9-230361	アクティブマトリクス型液晶表示装置
		最適設計：導電体、電極	特登 2872274	液晶表示装置

* 解決手段には、請求項の主要構成要素等のキーワードを表記(「1.4 技術開発の課題と解決手段」参照)

2.5 松下電器産業

2.5.1 企業の概要

表2.5.1-1 松下電器産業の企業概要

商　　　　号	松下電器産業株式会社
本 社 所 在 地	大阪府門真市大字門真1006
設 立 年 月	1935年（昭和10）年12月
資　　本　　金	2,109億9,457万円（2001年3月31日現在）
従　業　員	44,951名（2001年3月31日現在）
事 業 内 容	映像・音響機器、家庭電化・住宅設備機器、情報・通信機器、産業機器等の開発・製造・販売
売　　上　　高	1999年3月　4,597,561百万円 2000年3月　4,553,223百万円 2001年3月　4,831,866百万円
主 要 製 品	AV機器（カラーテレビ、液晶テレビ、CRT・液晶ディスプレイなど） 電化機器（洗濯機・乾燥機など） 産業機器（電子部品実装システムなど） デバイス（液晶デバイスなど）

2.5.2 製品例

　2001年4月から従来の「民生」、「産業」、「部品」から「AVCネットワーク」、「アプライアンス」、「インダストリアル・イクイップメント」、「デバイス」からなる4つのセグメントに変更された。取扱い部門は、「デバイス」で、TFTカラー液晶として、テレビ用、カーAV用、ビデオカメラ用、携帯情報端末用、携帯電話用など多岐にわたって提供している。（松下電器産業のHPより）

　1998年10月に台湾の半導体メーカーである聯華電子と液晶事業で提携し製造技術を供与し、製品を調達するようになった。一方、自社では低温多結晶ポリシリコンLCDなど次世代型の高付加価値製品に重点を移した。（日経産業新聞より）

表2.5.2-1 松下電器産業の製品例（松下電器産業のHPより）

製品名	発売年	概要
EDTCF08 22型ワイドVGATFT液晶モジュール（テレビ用）	2001年	画素数：854×480pixels 画素ピッチ：0.570×0.570mm 表示数：16,190K色 応答速度：16cd／m^2 輝度：450cd／m^2 視野角：上下；150度　左右；160度 コントラスト比：400：1
EDTCA43QAF 9.0型ワイドTFT液晶モジュール （カーナビモニター／リアエンターテイメント用）	2001年	画素数：480×234pixels 画素ピッチ：0.4125×0.4775mm 表示色：Full Color 輝度：400cd／m^2 消費電力：3.2W、バックライト付
EDTCA08 4.0型TFT液晶モジュール（ビデオカメラ用）	2001年	画素数：480×234pixels 応答速度：34ms 表示色：Full Color
3.5型反射QVGATFT液晶モジュール （携帯情報端末用）	2001年	画素数：320×240pixels 輝度：20cd／m^2 消費電力：0.3W
2.2型反射TFT液晶モジュール （携帯電話用）	2001年	画素数：176×220pixels 画素ピッチ：0.201×0.201mm 応答速度：34ms 消費電力：13mW（静止画）

2.5.3 技術開発拠点と研究者

図2.5.3-1と図2.5.3-2にアクティブマトリクス液晶駆動技術の松下電器産業の出願件数と発明者数を示す。発明者は明細書の発明者を年次ごとにカウントしたものである。

松下電器産業の開発拠点：本社（大阪府）

図2.5.3-1 松下電器産業の発明者数-出願件数の年次推移

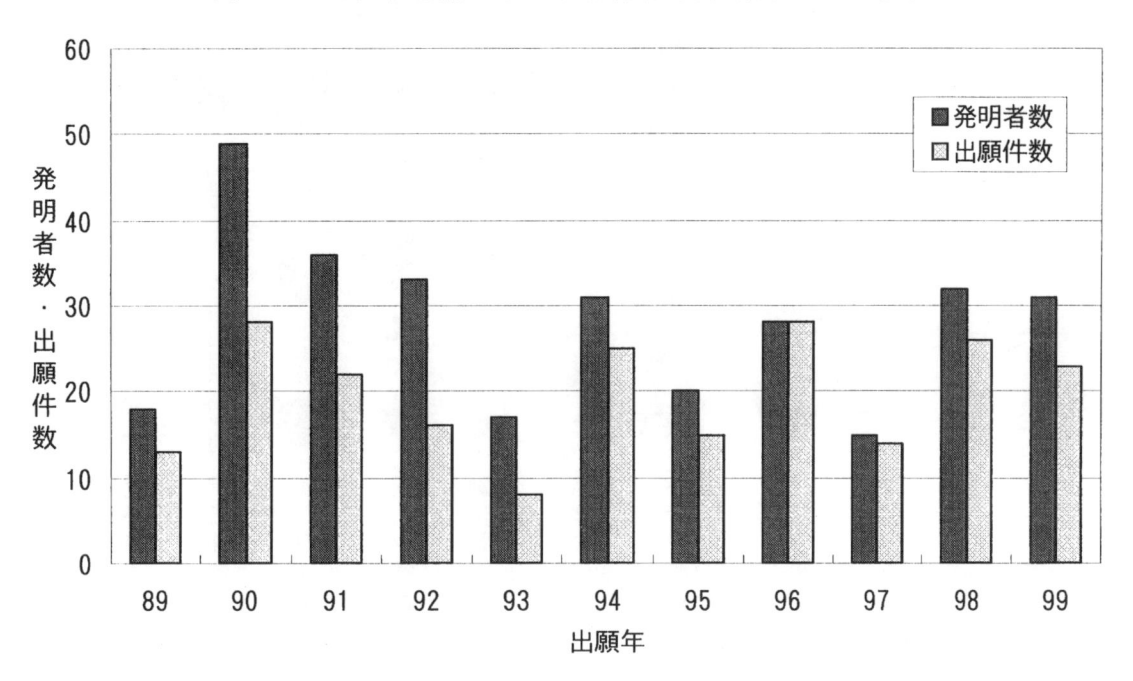

図2.5.3-2 松下電器産業の発明者数-出願件数の推移

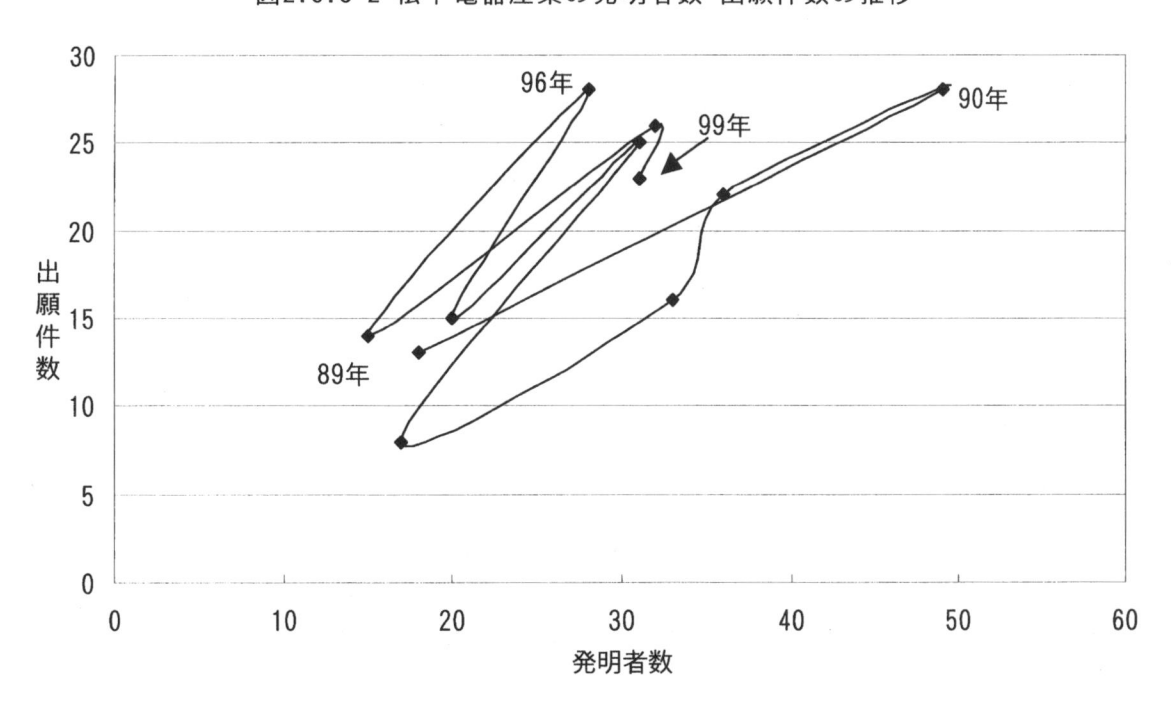

2.5.4 技術開発課題対応保有特許の概要

図2.5.4-1にアクティブマトリクス液晶駆動技術の松下電器産業の技術要素と課題の分布を示す。「表示特性改善」を課題とした特許を多く保有している。

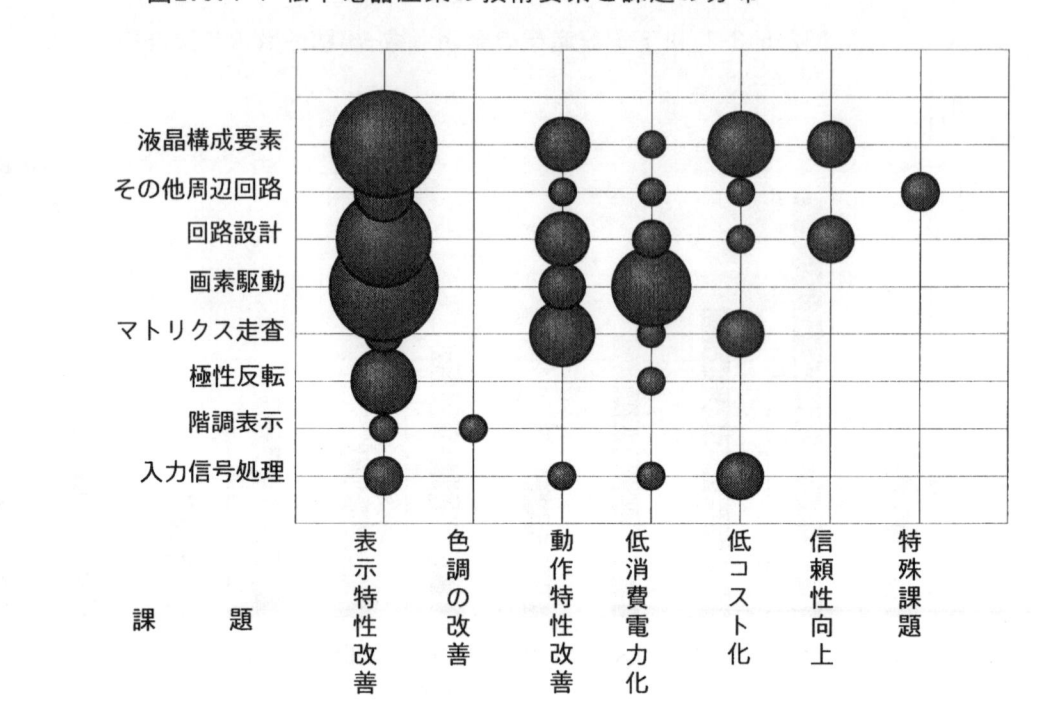

図2.5.4-1 松下電器産業の技術要素と課題の分布

表2.5.4-1に松下電器産業のアクティブマトリクス液晶駆動技術の課題対応保有特許を示す。出願件数165件のうち、2001年7月現在で審査取下げ、拒絶査定の確定、権利放棄、抹消、満了したものは除いた120件を示す。そのうち、海外出願されかつ指定国数の多い重要特許5件は図と概要入りで示す。

表2.5.4-1 松下電器産業のアクティブマトリクス液晶駆動技術の課題対応保有特許 (1/7)

技術要素	課題	解決手段*	特許番号 出願日 公開番号 主IPC 共同出願人	発明の名称 概要
入力信号処理	視認性改善	バイアス最適化	特開 2001-83483	液晶表示装置とその駆動方法及び駆動装置
	クロストーク防止	入力信号：P/S、S/P	特開平 11-194319	アクティブマトリックス表示装置
	動作の多様化	入力信号：P/S、S/P	特開平 11-352463	画像表示装置
	低消費電力化	入力信号：信号方式変換	特開 2000-235374	シフトレジスタとそのシフトレジスタを用いた液晶表示装置およびバイアス電圧発生回路
	コンパクト化	入力信号	特開平 11-352516	アクティブマトリックス型液晶表示パネル
	低価格化省資源・	入力信号	特開平 11-249625	液晶駆動装置
		入力信号	特開平 11-249626	液晶駆動装置
階調表示	焼き付き防止	変調手法：階調数	特開平 8-129365	液晶画像表示装置
	階調表示	変調手法	特開 2001-175216	高階調度表示技術
極性反転	視認性改善	極性反転：ライン	特開平 9-325738	液晶ディスプレイ装置とその駆動方法
	焼き付き防止	極性反転：ライン	特登 2629360	液晶表示装置の駆動方法
	コントラスト改善	極性反転：ライン	特開 2000-330091	液晶表示装置およびその駆動方法
		極性反転：ライン	特開平 8-29750	液晶表示装置の駆動方法
	輝度改善	極性反転：ライン	特開平 10-10553	アクティブマトリックス型液晶表示装置とその駆動方法
		容量の最適化	特開平 11-231343	アクティブマトリックス型液晶表示装置、及びその駆動方法
	低消費電力化	極性反転：極性	特開平 9-6292	画像表示装置
マトリクス走査	輝度改善	方法の改善：マルチライン	特開平 11-212524	表示装置の駆動方法
	高精細化	回路の改良：回路の共通化	特開平 5-257435	画像表示装置の駆動方法
	動作の安定化	方法の改善：点順次	特開平 9-97037	液晶パネル駆動方法および液晶パネル駆動装置
	動作の多様化	リセット駆動：ライン単位	特開平 4-30683	液晶表示装置
		方法の改善：マルチライン	特開平 9-65257	液晶表示装置とその駆動方法
		方法の改善：マルチライン	特開平 9-211423	アクティブマトリックス液晶ディスプレイの駆動方法

* 解決手段には、請求項の主要構成要素等のキーワードを表記(「1.4 技術開発の課題と解決手段」参照)

表2.5.4-1 松下電器産業のアクティブマトリクス液晶駆動技術の課題対応保有特許（2/7）

技術要素	課題	解決手段*	特許番号 出願日 公開番号 主IPC 共同出願人	発明の名称 概要
マトリクス走査	動作様式の多様化	方法の改善：走査線数変換	特開平 10-171418	液晶表示装置
		方法の改善：走査線数変換	特開 2001-195043	アクティブマトリクス液晶表示装置の駆動方法及び装置
	低消費電力化	タイミング制御	特開平 10-198315	液晶表示装置および画像信号整形回路
	コンパクト化	方法の改善：任意順序	特開 2001-21865	液晶パネルの駆動方法
	歩留り向上	方法の改善：任意方向	特登 2643495	液晶ディスプレイ
	省資源・低価格化	方法の改善：特殊な走査	特開平 11-3064	液晶表示装置
画素駆動	視認性改善	プリチャージ後に書込	特開平 9-330061	液晶表示装置およびその駆動方法
	フリッカ防止	タイミング制御：走査波形と信号波形	特登 2806098	表示装置の駆動方法
		駆動電圧	特登 3182350	液晶表示装置の駆動法
		特定パルス印加：非選択期間にも印加	特登 3176846	液晶表示装置の駆動方法
	クロストーク防止	バイアス最適化：補正電圧印加	特開平 11-344959	液晶パネルの駆動方法
		プリチャージ後に書込	特開平 11-153984	液晶表示装置の駆動方法および液晶表示装置
		駆動電圧：走査電極印加波形	特開 2000-20028	アクティブマトリクス表示装置
	コントラスト改善	特定パルス印加：非選択期間にも印加	特開 2000-338936	液晶表示装置
	輝度改善	バイアス最適化：補正電圧印加	特登 3150628	表示装置の駆動方法
		バイアス最適化：補正電圧印加	特開平 10-247079	表示装置の駆動方法
		バイアス最適化：補正電圧印加	特開平 11-212520	液晶表示素子
		プリチャージ後に書込	特開 2000-221932	液晶表示装置およびその駆動方法
		プリチャージ後に書込	特開 2001-51252	液晶表示装置の駆動方法
		駆動電圧：走査電極印加波形	特開 2000-221474	液晶表示装置の駆動方法
	視野角改善	駆動電圧：複数パルス	特開平 10-104578	アクティブマトリクス液晶ディスプレイの駆動方法
		特定パルス印加：非選択期間にも印加	特登 2809950	表示装置の駆動方法
		特定パルス印加：非選択期間にも印加	特開平 7-248745	表示装置の駆動方法
	ひずみ改善	重畳駆動：交流波形	特開 2000-330518	アクティブマトリクス型液晶表示装置

＊ 解決手段には、請求項の主要構成要素等のキーワードを表記（「1.4 技術開発の課題と解決手段」参照）

表2.5.4-1 松下電器産業のアクティブマトリクス液晶駆動技術の課題対応保有特許（3/7）

技術要素	課題	解決手段*	特許番号 出願日 公開番号 主IPC 共同出願人	発明の名称 概要
画素駆動	動作の安定化	駆動電圧：波高値の数	特開平 9-244002	反強誘電性液晶表示器
	動作の多様化	駆動電圧：ビット構成で印加	特登 2743683	液晶駆動装置
	低消費電力化	バイアス最適化：補正電圧印加	特登 3194873	アクティブマトリックス型液晶表示装置およびその駆動方法
		プリチャージ後に書込	特開平 7-319429	液晶画像表示装置の駆動方法および液晶画像表示装置
		特定パルス印加	特開平 10-39277	液晶表示装置およびその駆動方法
		特定パルス印加	特開平 11-64893	液晶表示パネルおよびその駆動方法
		特定パルス印加	特開 2001-83943	液晶表示装置及び駆動方法
		特定パルス印加：走査線選択期間の始め	特登 3140088	液晶表示装置の駆動方法
		特定パルス印加：走査線選択期間の始め	特開平 9-73066 96.6.27 特願平 8-167981 G02F1/133,550	アクティブマトリックス液晶ディスプレイの駆動方法及びその方法に適した液晶ディスプレイ 走査信号をオフ電圧、オン電圧、このオフ電圧に関して前記オン電圧と逆極性の補償電圧の3種類の電圧で構成することにより、電源回路等を簡素化する
		特定パルス印加：非選択期間にも印加	特登 3064702	アクティブマトリックス型液晶表示装置
		特定パルス印加：非選択期間にも印加	特登 3069280	アクティブマトリックス型液晶表示素子及びその駆動方法
回路設計	視認性改善	方式の改良：駆動方法	特開 2001-91973	液晶表示素子および液晶表示素子の駆動方法
		方式の改良：複合トランジスタ	特開平 10-319921	液晶表示装置
		方式の改良：複数セル	特開平 8-146925	液晶パネル駆動装置
	フリッカ防止	方式の改良：カウンタ	特開平 10-161086	液晶表示装置用駆動回路
		方式の改良：駆動方法	特開平 10-161084	液晶表示装置およびその駆動方法
	クロストーク防止	配線構造：駆動回路との接続	特開 2000-352958	アクティブマトリックス型液晶表示装置
		方式の改良：サンプリングホールド	特開平 10-31458	液晶表示部の駆動回路
		方式の改良：サンプリングホールド	特開平 10-149141	液晶表示装置
		方式の改良：共通電極駆動	特登 2960268	アクティブマトリックス液晶パネル及びその製造方法と駆動方法並びにアクティブマトリックス液晶ディスプレイ
		方式の改良：駆動方法	特開 2000-35593	アクティブマトリックス型液晶表示装置及びその駆動方法

＊ 解決手段には、請求項の主要構成要素等のキーワードを表記（「1.4 技術開発の課題と解決手段」参照）

表2.5.4-1 松下電器産業のアクティブマトリクス液晶駆動技術の課題対応保有特許 (4/7)

技術要素	課題	解決手段*	特許番号 出願日 公開番号 主IPC 共同出願人	発明の名称 概要
回路設計	輝度改善	方式の改良:マルチプレックス	特開 2000-293141	液晶表示装置の駆動方法
		方式の改良:駆動回路	特開 2001-5429	液晶表示装置の駆動回路
	視野角改善	方式の改良:駆動方法	特開平 7-248746	表示装置の駆動方法
	ひずみ改善	タイミング制御	特登 2979655 91.1.14 特願平 3-2640 特開平 4-241326 G02F1/136,500	アクティブマトリクス基板の駆動方法 一画素単位のp型とn型の薄膜トランジスタのそれぞれのドレイン電極が画素電極を介して共通接続され、同一フィールド期間内にp型とn型の薄膜トランジスタは一度以上走査され、前記p型とn型の薄膜トランジスタのゲート電極にそれぞれの異なるパルスを印加する
	動作の安定化	増幅器:差動増幅	特開 2001-85988	信号レベル変換回路および信号レベル変換回路を備えたアクティブマトリクス型液晶表示装置
		方式の改良:外部メモリ	特登 2692343	表示装置とその制御方法およびドライブ回路
		方式の改良:駆動回路	特登 3167274	アクティブマトリクス型液晶表示装置
	低消費電力化	方式の改良:駆動方法	特開平 8-146384	アクティブマトリックス型液晶表示素子
		方式の改良:駆動方法	特登 2730286	表示装置の駆動方法
	低価格化・省資源	方式の改良:サンプリングホールド	特開平 10-268840	液晶表示装置
	信頼性向上	方式の改良	特開 2001-85989	信号レベル変換回路および信号レベル変換回路を備えたアクティブマトリクス型液晶表示装置
		方式の改良:駆動方法	特開平 4-282610	アクティブマトリクス表示装置
		方式の改良:複合トランジスタ	特開平 9-230372	アクティブマトリクス基板
その他周辺回路	クロストーク防止	方式の改良:リップル除去	特開平 11-183874	液晶表示装置およびその駆動方法
		方式の改良:定電圧制御	特登 2630012	液晶表示装置
		方式の改良:電位変動抑制	特登 3060936	液晶画像表示装置
	輝度改善	方式の改良:電圧制御	特開 2000-314870	液晶表示装置
	大容量表示	方式の改良:制御回路	特登 2553713	液晶制御回路および液晶パネルの駆動方法
	動作の安定化	方式の改良:検知	特開平 10-269020	座標検出機能付液晶表示装置とその駆動回路
	低消費電力化	方式の改良:制御回路	特登 2674484	アクティブマトリクス液晶表示装置

* 解決手段には、請求項の主要構成要素等のキーワードを表記(「1.4 技術開発の課題と解決手段」参照)

表2.5.4-1 松下電器産業のアクティブマトリクス液晶駆動技術の課題対応保有特許 (5/7)

技術要素	課題	解決手段*	特許番号 出願日 公開番号 主IPC 共同出願人	発明の名称 概要
その他周辺回路	コンパクト化	方式の改良：電圧制御	特開 2000-20033	液晶表示装置
	特殊仕様	入力信号：光入力	特開平 11-6991	画像読み取り機能付き液晶表示装置、および画像読み取り方法
		入力信号：光入力	特開平 11-6992	画像読み取り機能付き液晶表示装置、および画像読み取り方法
液晶構成要素	フリッカ防止	配線構造：配線	特開 2001-75127	アクティブマトリックス型液晶表示素子及びその製造方法
	焼き付き防止	入力信号：電荷、電界を除去	特開平 11-258572	アクティブマトリクス型液晶表示装置
	クロストーク防止	極性反転：ライン	特登 3162332	液晶パネルの駆動方法
	コントラスト改善	一画素に複数素子	特開 2000-330524	液晶表示装置の駆動方法
		最適設計：導電体、電極	特登 2814752	液晶表示装置およびそれを用いた投写型表示装置
		最適設計：導電体、電極	特登 2868323	反射型液晶表示デバイス
		方式の改良：制御用補助電界生成	特開 2001-91974 00.7.18 特願 2000-216801 G02F1/1368	液晶表示装置、その駆動方法、及びその製造方法 一対の基板のうち他方の基板上に電界制御電極が設けられ、この制御電極は対向基板上に形成されたソース配線のエッジ部を覆うように配置して間隙部に垂直電界を発生させる
	輝度改善	バイアス最適化	特開 2001-109018	液晶表示装置およびその駆動方法
		一画素に複数素子	特開平 11-84417	アクティブマトリックス型液晶表示素子及びその駆動方法
		最適設計	特開平 7-325287	液晶表示装置
	視野角改善	最適設計：一画素を分割	特開平 8-179341	液晶表示装置およびその駆動方法
		最適設計：遮光層	特開平 8-160455	液晶表示装置
		最適設計：配向部材	特開 2000-155301	液晶表示素子
		最適設計：反強誘電性液晶	特開平 9-244000	アクティブ・マトリクス液晶表示装置
		容量の最適化	特登 2943665	液晶表示装置

* 解決手段には、請求項の主要構成要素等のキーワードを表記（「1.4 技術開発の課題と解決手段」参照）

表2.5.4-1 松下電器産業のアクティブマトリクス液晶駆動技術の課題対応保有特許（6/7）

技術要素	課題	解決手段*	特許番号 出願日 公開番号 主IPC 共同出願人	発明の名称 概要
液晶構成要素	視野角改善	容量の最適化	特登 3011072 95.9.21 特願平 7-242901 特開平 8-146465 G02F1/136,500	液晶表示装置およびその駆動方法 画素内部の表示電極を分割するかまたは隣接する画素における補助容量と寄生容量を異なった値として液晶電圧を異ならしめることにより画面全体の視野角を拡大する
液晶構成要素	高速化	バイアス最適化	特開 2001-83552 00.3.13 特願 2000-69501 G02F1/139	液晶表示装置の駆動方法 一対の基板にバイアス電圧を重畳した交流電圧を印加して、これを連続印加することにより、または一対の基板に、バイアス電圧を重畳した交流電圧を印加する工程とオープン状態もしくは低電圧を印加する工程を交互に繰り返すことによりスプレイ配向からベンド配向への転移を確実にかつ短時間に完了する
性能向上	雑音特性改善	配線構造：配線	特登 2968035	液晶パネル
	ひずみ改善	配線構造：外部回路との接続	特開平 9-166773	アクティブマトリクス方式液晶表示装置
	動作の安定化	配線構造：配線の構成	特開平 11-311804	液晶表示装置
	低消費電力化	最適設計：一画素を分割	特登 2993384	薄膜トランジスタ液晶表示装置およびその駆動法
	高集積化	方式の改良：D/A変換	特開平 11-218739	アクティブマトリクス型液晶表示装置の駆動回路

＊ 解決手段には、請求項の主要構成要素等のキーワードを表記（「1.4 技術開発の課題と解決手段」参照）

表2.5.4-1 松下電器産業のアクティブマトリクス液晶駆動技術の課題対応保有特許（7/7）

技術要素	課題	解決手段*	特許番号 出願日 公開番号 主IPC 共同出願人	発明の名称 概要
液晶構成要素	コンパクト化	回路の改良：周辺装置組込	特開平 10-124012	液晶表示装置及び駆動回路
		配線構造：配線の構成	特開平 11-204795	薄膜トランジスタ回路およびこれを用いた駆動回路を有する液晶パネル
		方式の改良：回路の構成	特開平 11-160729	画像読み取り機能付き液晶表示素子及び画像読み取り方法
	歩留り向上	回路の改良：冗長構成	特開平 11-295761	表示装置及びその製造方法
	省資源・低価格化	回路の改良：周辺装置組込	特登 2883291	液晶表示装置
	信頼性向上	回路の改良：サージ保護	特開平 6-186592	液晶表示装置
		最適設計：画素の構成	特開平 11-223831	表示装置およびその製造方法
		最適設計：抵抗素子	特開平 11-38385	液晶表示装置

＊ 解決手段には、請求項の主要構成要素等のキーワードを表記（「1.4 技術開発の課題と解決手段」参照）

2.6 富士通

2.6.1 企業の概要

表2.6.1-1 富士通の企業概要

商　　　　号	富士通株式会社
本社所在地	東京都千代田区丸の内1-6-1（本社事務所）
設 立 年 月	1935年（昭和32年）6月
資　本　金	314,924,081,536円（2001年12月31日現在）
従　業　員	42,010名（2001年3月20日現在）
事 業 内 容	通信システム、情報処理システムおよび電子デバイスの製造・販売ならびにこれらに関するサービスの提供
売　上　高	1999年3月　3,191,146百万円 2000年3月　3,251,275百万円 2001年3月　3,382,218百万円
主 要 製 品	各種サーバ(UNIXサーバなど) 情報システムを構成する周辺装置(ディスクアレイなど) 専用端末装置(現金自動預払機など) 伝送システム(光伝送システムなど) 携帯電話、ロジックIC(システムLSIなど) メモリIC(フラッシュメモリなど) 液晶ディスプレイパネル

2.6.2 製品例

　2000年10月に、LCDを高性能化する技術を台湾最大のパソコンメーカーであるエイサーグループにライセンスを供与した。「MVA」と呼ぶ独自方式で、基板表面の微小な突起に対し垂直に液晶分子を並べ、ほこりが生じやすいラピング工程が不要なため工程も簡素化でき、広視野角、高コントラストに高性能化できる技術である。（日経産業新聞より）

表2.6.2-1 富士通の製品例（富士通のHPより）

製品名	発売年	概要
カラー液晶ディスプレイ VL-1710SS	2001年	17.4型（44cm）液晶パネル：TFTカラー液晶（MVAパネル）採用で高画質と上下左右170度の広視野角を実現、画素数1,280×1,024ドット、画素ピッチ0.27mm×0.27mm、表示色最大1,677万色、輝度240cd／m^2、コントラスト400:1
携帯電話機 ドコモ ムーバF671i	2001年	最大4,096色表示の約2インチカラー大画面、さらにTFTカラー液晶なのでどこでもハッキリ美しく見やすい
投写型フルカラー液晶プロジェクタ PJ-X3000	2001年	パネル構成：1.3型×3パネル（ノーマリホワイト） 駆動方式：ポリシリコンTFTアクティブマトリクス方式 画素数／配列：1,024×768正方配列、786,432画素（1,024×768）×3枚、総画素数2,359,296

2.6.3 技術開発拠点と研究者

図2.6.3-1と図2.6.3-2にアクティブマトリクス液晶駆動技術の富士通の出願件数と発明者数を示す。発明者は明細書の発明者を年次ごとにカウントしたものである。

富士通の開発拠点：本店（神奈川県）

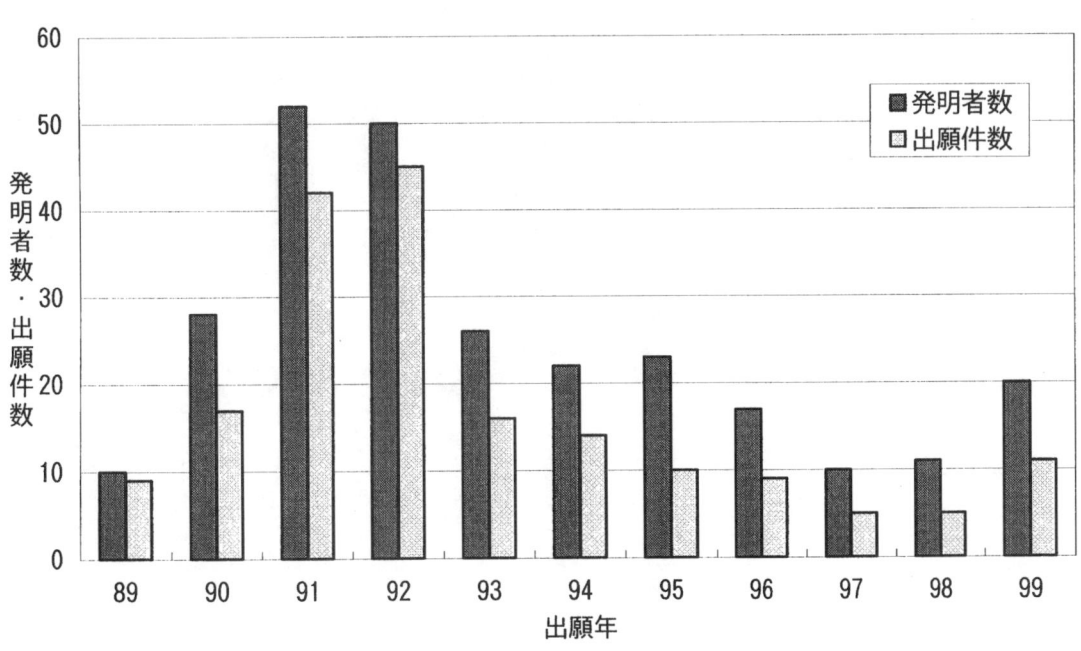

図2.6.3-1 富士通の発明者数-出願件数の年次推移

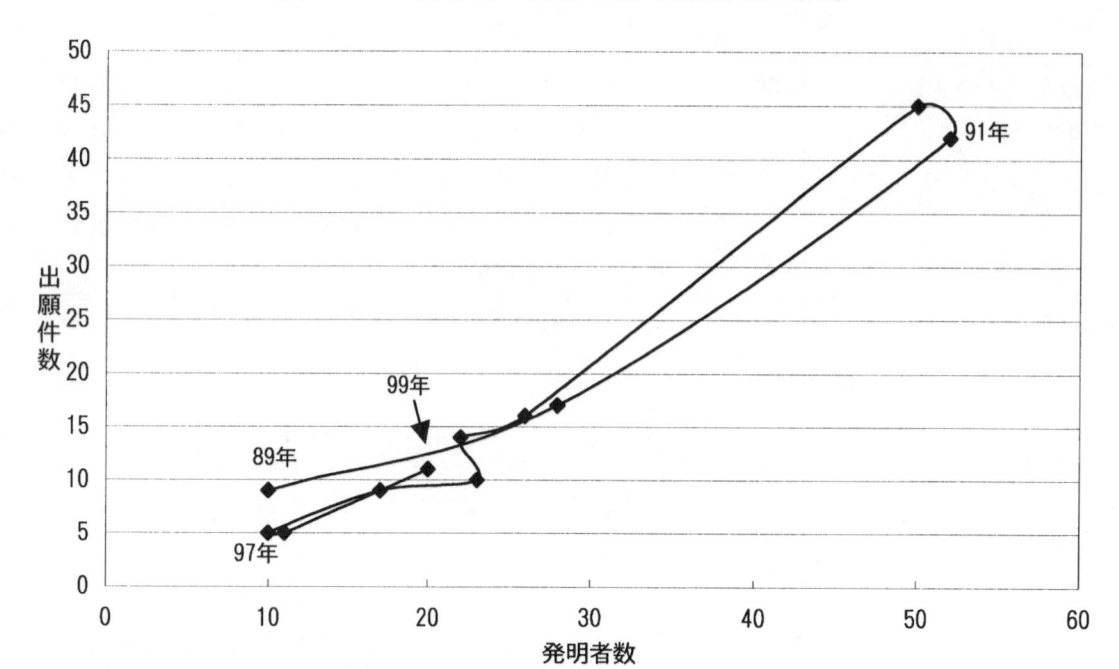

図2.6.3-2 富士通の発明者数-出願件数の推移

2.6.4 技術開発課題対応保有特許の概要

図2.6.4-1にアクティブマトリクス液晶駆動技術の富士通の技術要素と課題の分布を示す。「表示特性改善」を課題とした特許を多く保有している。

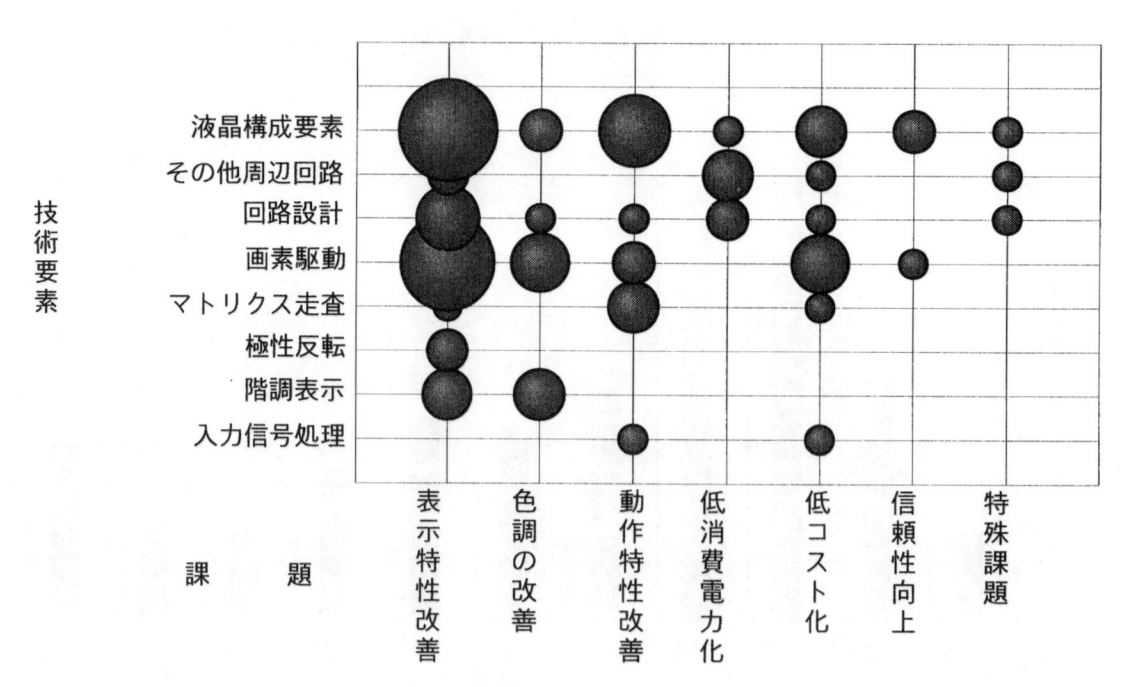

図2.6.4-1 富士通の技術要素と課題の分布

表2.6.4-1に富士通のアクティブマトリクス液晶駆動技術の課題対応保有特許を示す。出願件数148件のうち、2001年7月現在で審査取下げ、拒絶査定の確定、権利放棄、抹消、満了したものは除いた82件を示す。そのうち、海外出願されかつ指定国数の多い重要特許3件は図と概要入りで示す。

表2.6.4-1 富士通のアクティブマトリクス液晶駆動技術の課題対応保有特許（1/5）

技術要素	課題	解決手段*	特許番号 出願日 公開番号 主IPC 共同出願人	発明の名称 概要
入力信号処理	雑音特性向上	入力信号	特開平 9-90911	液晶表示装置
	歩留り向上	駆動電圧：波形整形	特開 2001-125069	液晶表示装置
階調表示	フリッカ防止	変調手法：フレーム階調	特開平 8-69264 94.8.30 特願平 6-205199 G09G3/36	液晶表示装置及びその駆動方式 　通常の表示パターンでは第1の平均化パターンを用いてフレーム変調を行い、この平均化パターンではフリッカ等の不具合が発生するような特定の表示パターンデータが入力された場合には、表示データ検出部によりその特定の表示パターンでは不具合が発生しない第2の平均化パターンに切り換える
		変調手法：階調数	特登 3142068	液晶表示装置の駆動方法
	焼き付き防止	変調手法：フレーム階調	特開平 8-136897	液晶表示装置および液晶表示用の電圧制御装置
	階調表示	変調手法：階調数	特開平 5-158446	多階調液晶表示装置
		方式の改良：複数の電源	特登 2659473	表示パネル駆動回路
		方式の改良：複数の電源	特開平 6-161389	液晶駆動装置及び多階調駆動方法
極性反転	クロストーク防止	極性反転：フレーム	特登 2597034	アクティブマトリクス型表示装置及びその制御方法
		極性反転：ライン	特開平 7-219484	液晶表示装置

＊ 解決手段には、請求項の主要構成要素等のキーワードを表記(「1.4 技術開発の課題と解決手段」参照)

表2.6.4-1 富士通のアクティブマトリクス液晶駆動技術の課題対応保有特許（2/5）

技術要素	課題	解決手段*	特許番号 出願日 公開番号 主IPC 共同出願人	発明の名称 概要
マトリクス走査	高精細化	方法の改善：走査線数変換	特開平 11-265173	液晶表示装置及びその制御回路並びに液晶表示パネル駆動方法
	動作の多様化	リセット駆動：全電極に印加	特開平 10-240195	液晶表示装置
		方式の改良：アドレスデコーダ	特登 2923656	マトリクス型表示装置のデータドライバ
		方法の改善：マルチライン	特開平 11-153980	液晶表示装置
	省資源・低価格化	方法の改善：マルチライン	特登 3091300	アクティブマトリクス型液晶表示装置及びその駆動回路
画素駆動	フリッカ防止	駆動電圧：複数パルス	特登 3057587 91.10.5 特願平 3-258198 特開平 5-100209 G02F1/1365	アクティブマトリクス型表示装置 　複数のスキャンバスライン、これらのバスラインと平行に設けられた基準電圧バスライン、マトリクス状に配置された画素電極、および当該画素に対応するスイッチング素子を一方の絶縁基板上に設け、かつ、他方の絶縁基板上に前記画素電極対と電気光学素子を挟んで対向し前記画素電極対に共通の対向電極および当該対向電極に接続されたデータバスラインを設ける
		重畳駆動：交流波形	特公平 7-60228	液晶表示パネルの駆動方法
	焼き付き防止	特定パルス印加	特登 2881030	液晶表示装置
	クロストーク防止	バイアス最適化：補正電圧印加	特開平 6-194622	液晶表示装置およびその駆動方法
		特定パルス印加：非選択期間に不印加	特開平 9-81089	アクティブマトリクス型液晶表示装置及びその駆動方法
		方法の改善：前後の走査線の関係	特開平 8-221038	液晶表示装置
	輝度改善	バイアス最適化：補正電圧印加	特開平 6-175612	液晶駆動装置
		プリチャージ後に書込	特開平 10-133175	液晶表示装置
		リセット駆動：波形改善	特開 2000-214828	液晶表示装置
	視野角改善	バイアス最適化：補正電圧印加	特開平 6-4046	アクティブマトリクス型液晶パネル用駆動回路
		バイアス最適化：補正電圧印加	特開平 6-89073	アクティブマトリクス型液晶表示装置

* 解決手段には、請求項の主要構成要素等のキーワードを表記（「1.4 技術開発の課題と解決手段」参照）

表2.6.4-1 富士通のアクティブマトリクス液晶駆動技術の課題対応保有特許（3/5）

技術要素	課題	解決手段*	特許番号 出願日 公開番号 主IPC 共同出願人	発明の名称 概要
画素駆動技術	階調表示の改善	バイアス最適化	特開平 8-87248	液晶表示パネル、その制御方法及び液晶表示装置
		バイアス最適化：補正電圧印加	特開平 5-341732	アクティブマトリクス型液晶表示装置
		バイアス最適化：補正電圧印加	特開平 10-186325	液晶パネル
	色度域の改善	バイアス最適化：補正電圧印加	特登 2509017	アクティブマトリクス型液晶表示装置
	高速化	リセット駆動：全電極に印加	特開平 8-106271	液晶表示装置
	ひずみ改善	タイミング制御：走査波形と信号波形	特開 2001-92422	液晶表示装置の駆動方法及びそれを用いた液晶表示装置
	コンパクト化	駆動電圧：ビット構成で印加	特開平 9-6278	表示制御方法、装置、その製造方法及び画像表示装置
		方式の改良：D/A変換	特開平 6-149182	液晶表示装置
		方式の改良：D/A変換	特登 3144909	液晶表示装置の基準電源回路
		方式の改良：D/A変換	特登 3203835	液晶表示装置
	信頼性向上	タイミング制御：走査波形と信号波形	特開平 10-39276	液晶パネル
回路設計	視認性改善	方式の改良：サンプリングホールド	特登 3171950	液晶表示装置のデータドライバ
	フリッカ防止	方式の改良：回路の構成	特開平 9-114420 95.10.18 特願平 7-270228 G09G3/36	液晶表示装置及びデータライン・ドライバ 　少なくともデータ入力部および出力部を有し、液晶パネルに配列された各データラインを駆動するデジタル方式のデータライン・ドライバにおいて、データ入力部と出力部がそれぞれ外部からのデータ切り換え制御信号に基づいて、前記各データラインの異なるチャンネル間でデータの入れ換えを行うデータクロス機能を有する
	コントラスト改善	方式の改良：サンプリングホールド	特開平 11-119734	液晶表示装置の駆動回路、及び液晶表示装置

＊ 解決手段には、請求項の主要構成要素等のキーワードを表記（「1.4 技術開発の課題と解決手段」参照）

表2.6.4-1 富士通のアクティブマトリクス液晶駆動技術の課題対応保有特許（4/5）

技術要素	課題	解決手段*	特許番号 出願日 公開番号 主IPC 共同出願人	発明の名称 概要
回路設計	輝度改善	方式の改良：サンプリングホールド	特開平 11-95727	サンプルホールド回路並びにこれを用いたデータドライバ及びフラットパネル型表示装置
		方式の改良：バッファ	特開 2000-194323	アナログバッファ回路及び液晶表示装置
	表示階調	方式の改良：D/A変換	特開平 7-225566	表示用駆動装置及び多階調駆動方法
	動作の安定化	最適設計：液晶	特開 2000-180827	液晶表示装置
	低消費電力化	バイアス最適化：基準電圧を固定	特開平 7-64516	アクティブマトリックス型液晶表示装置
		方式の改良：回路の構成	特開平 9-251281	アクティブマトリックス型液晶表示装置
	コンパクト化	方式の改良：D/A変換	特開平 8-65164	D/Aコンバータ
	特殊仕様	データ保持：メモリ	特開平 9-114422	表示装置の駆動回路、表示装置ならびに表示装置の駆動方法
その他周辺回路	クロストーク防止	方式の改良：電圧補償	特登 2509024	アクティブマトリクス型液晶表示装置
	輝度改善	方式の改良：電圧補償	特開平 10-68928	液晶表示装置
	低消費電力化	方式の改良：電圧可変	特開平 11-175028	液晶表示装置、液晶表示装置の駆動回路、および液晶表示装置の駆動方法
		方式の改良：電圧検知	特開平 9-185346	マトリクス型表示装置
		方式の改良：電源回路	特開 2001-57518	レベルシフト回路
	省資源・低価格化	方式の改良：電源回路	特開平 9-120053	表示装置および表示装置の駆動方法
	特殊仕様	特殊仕様：センサ素子	特開平 9-230307	アクティブマトリクス型液晶表示装置
液晶構成要素	視認性改善	駆動電圧：駆動周波数	特開平 10-111491	液晶表示装置
	フリッカ防止	一画素に複数素子	特開 2000-275609	アクティブマトリクス型液晶表示装置
		最適設計：一画素を分割	特登 3119686	液晶表示パネル
	焼き付き防止	配線構造：配線	特登 3059291	アクティブマトリクス液晶表示装置
	クロストーク防止	最適設計：画素の構成	特開 2000-267141	液晶表示装置及び液晶表示装置の駆動方法
		配線構造：配線	特登 2516462	アクティブマトリクス型液晶表示装置
	輝度改善	最適設計：セル構造の限定	特開 2001-166331	液晶表示装置
		最適設計：画素の構成	特登 2836146	アクティブマトリクス型液晶表示装置とその駆動方法
		最適設計：電極の形状	特開平 10-123568	液晶パネル
		容量の最適化	特登 3102819	液晶表示装置及びその駆動方法
		容量の最適化	特開平 8-106078	液晶表示装置

＊ 解決手段には、請求項の主要構成要素等のキーワードを表記（「1.4 技術開発の課題と解決手段」参照）

表2.6.4-1 富士通のアクティブマトリクス液晶駆動技術の課題対応保有特許（5/5）

技術要素	課題	解決手段*	特許番号 出願日 公開番号 主IPC 共同出願人	発明の名称 概要
液晶構成要素	視野角改善	最適設計：配向部材	特開平 9-15606	液晶表示装置
	表示階調	最適設計：一画素を分割	特登 3098112	液晶表示装置
	カラー表示	一画素に複数素子	特登 3160337	アクティブマトリックス液晶表示方法及び装置
	ひずみ改善	駆動電圧：液晶動作電圧	特登 2637835	アクティブマトリクス型表示装置及びその制御方法
	動作の安定化	一画素に複数素子	特開 2000-10072	アクティブマトリクス型液晶表示装置
		一画素に複数素子	特開 2001-51253	液晶表示装置
		最適設計：液晶	特開平 6-266316	液晶表示装置および該液晶表示装置の駆動方法
		最適設計：導電体、電極	特開平 8-43852	液晶表示装置
	動作の多様化	一画素に複数素子	特登 3064680	液晶表示装置
	低消費電力化	一画素に複数素子	特開 2001-133808	液晶表示装置およびその駆動方法
	歩留り向上	一画素に複数素子	特登 2895656	アクティブマトリクス型液晶表示装置
		回路の改良：回路の共通化	特開 2001-147418	液晶表示装置
	低価格化・省資源化	配線構造：配線の構成	特開平 4-368992	液晶表示装置
	信頼性向上	回路の改良：サージ保護	特開 2000-194304	保護回路及びこれを有する液晶表示装置
		最適設計：電界発生抑性層	特開 2001-133748	液晶表示装置
	特殊仕様	回路の改良：周辺装置組込	特開平 8-106358	タブレット機能付き液晶表示装置、アクティブマトリクス型液晶表示装置及びタブレット機能付き液晶表示装置の駆動方法

＊ 解決手段には、請求項の主要構成要素等のキーワードを表記（「1.4 技術開発の課題と解決手段」参照）

2.7 カシオ計算機

2.7.1 企業の概要

表2.7.1-1 カシオ計算機の企業概要

商　　　　号	カシオ計算機株式会社
本 社 所 在 地	東京都渋谷区本町1-6-2
設 立 年 月	1957年（昭和32年）6月
資　　本　　金	415億4,900万円（2000年3月31日現在）
従　業　員	3,456名（2000年3月31日現在）
事 業 内 容	情報機器、通信・映像機器、電子デバイスその他
売　　上　　高	1999年3月　345,426百万円 2000年3月　311,289百万円 2001年3月　341,361百万円
主 要 製 品	コンシューマ（電卓、液晶テレビなど） 時計、MNS（携帯型PCなど） 情報機器（電子レジスターなど） デバイス（液晶表示デバイス）

2.7.2 製品例

　取扱い部門は、デバイス事業部である。2002年に高知カシオの新工場でTFT液晶ラインを稼動し、主にセルラー、デジタルカメラ、携帯情報機器向けに1.6～7.4インチの中・小型TFT液晶パネルの生産出荷を開始した。（カシオ計算機のHPより）

表2.7.2-1 カシオ計算機の製品例（カシオ計算機のHPより）

製品名	発売年	概要
カシオペアE-2000 ポケットPC	2001年	内蔵ディスプレイ：240×320ドット反射型TFTカラー液晶 表示サイズ3.5型
カシオペアMPC-216XL モバイルサイズPC	2001年	内蔵ディスプレイ：800×600ドットTFTカラー液晶 表示サイズ：8.4型
QV-2100 デジタルカメラ	2001年	モニター：1.5型TFTカラー液晶 ドット数：61,600画素（280×220）
TV-570 ポケット液晶TV	2001年	画面寸法：2.5V型、対角6.3cm 駆動方式：TFTアクティブマトリクス方式、高解像度カラーLCD　TN液晶 画素数：61,380画素（279×220）

2.7.3 技術開発拠点と研究者

図2.7.3-1と図2.7.3-2にアクティブマトリクス液晶駆動技術のカシオ計算機の出願件数と発明者数を示す。発明者は明細書の発明者を年次ごとにカウントしたものである。

カシオ計算機の開発拠点：羽村技術センター、東京事業所、八王子研究所、青梅事業所（東京都）

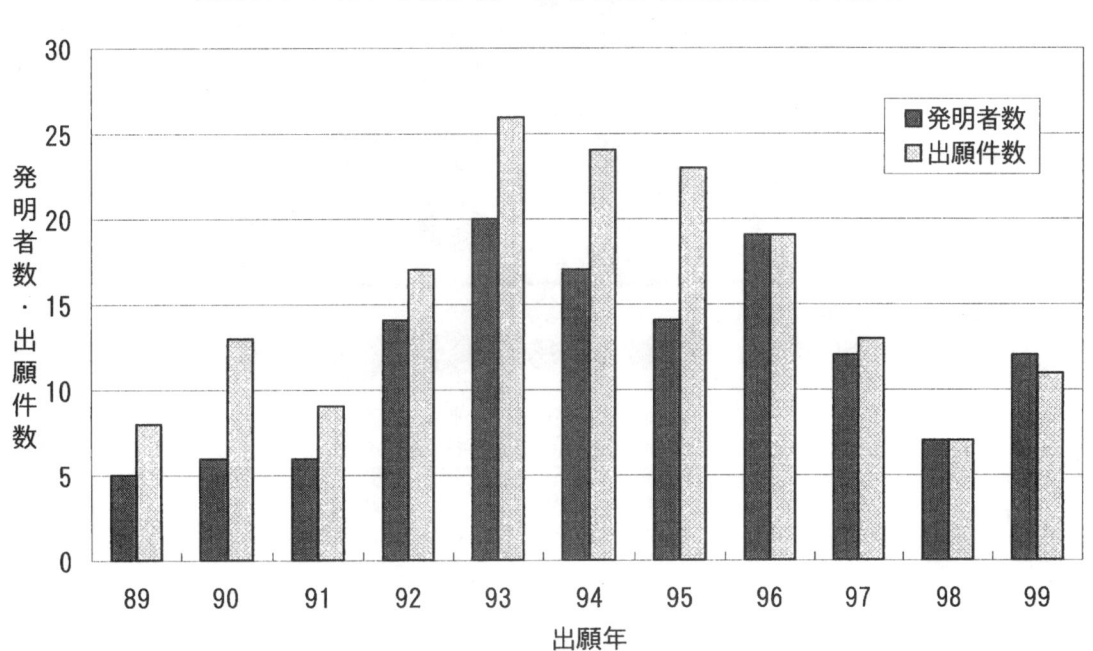

図2.7.3-1 カシオ計算機の発明者数-出願件数の年次推移

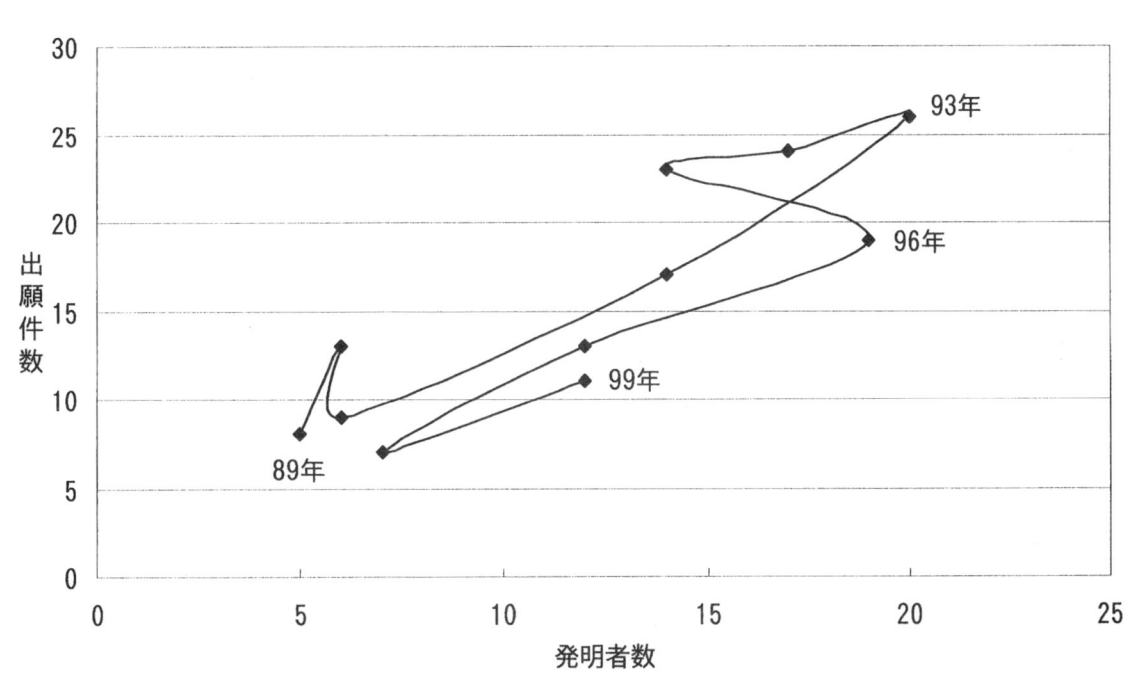

図2.7.3-2 カシオ計算機の発明者数-出願件数の推移

2.7.4 技術開発課題対応保有特許の概要

図2.7.4-1にアクティブマトリクス液晶駆動技術のカシオ計算機の技術要素と課題の分布を示す。「表示特性改善」を課題とした特許を多く保有している。

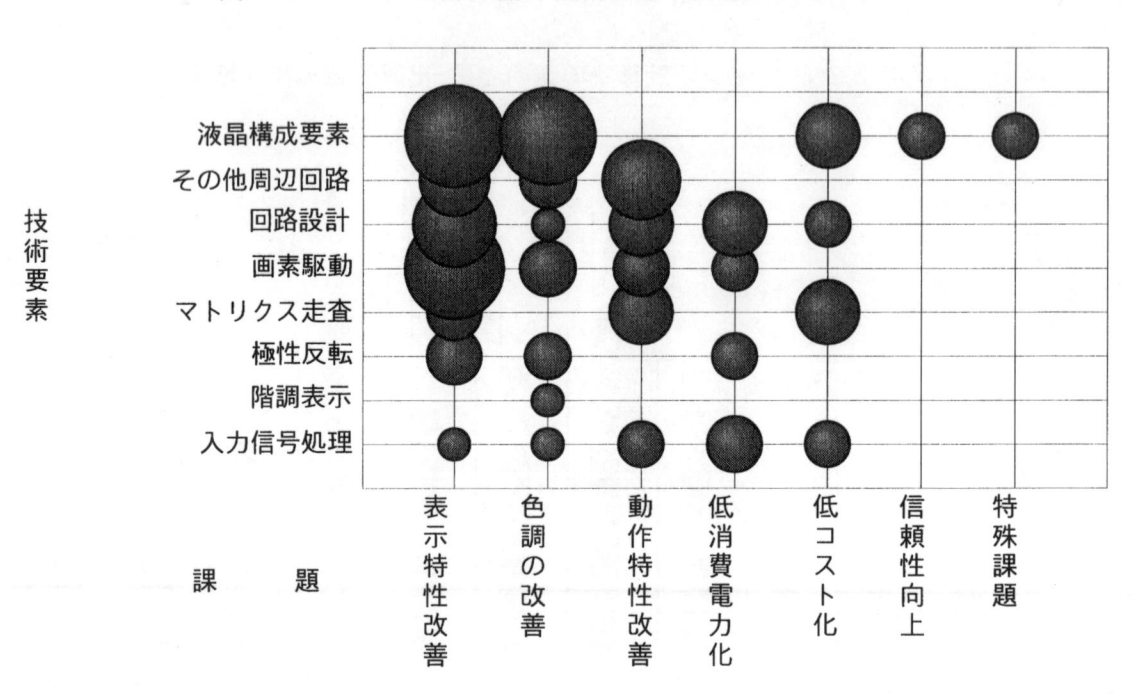

図2.7.4-1 カシオ計算機の技術要素と課題の分布

表2.7.4-1にカシオ計算機のアクティブマトリクス液晶駆動技術の課題対応保有特許を示す。出願件数141件のうち、2001年7月現在で審査取下げ、拒絶査定の確定、権利放棄、抹消、満了したものは除いた105件を示す。そのうち、海外出願されかつ指定国数の多い重要特許3件は図と概要入りで示す。

表2.7.4-1 カシオ計算機のアクティブマトリクス液晶駆動技術の課題対応保有特許（1/6）

技術要素	課題	解決手段*	特許番号 出願日 公開番号 主IPC 共同出願人	発明の名称 概要
入力信号処理	フリッカ防止	タイミング制御	特開平 9-81092	液晶表示装置
	色度域の改善	入力信号	特開平 10-198307	表示装置及びガンマ補正方法
	ひずみ改善	入力信号	特開平 6-318054	液晶表示装置
	動作の多様化	タイミング制御	特開平 6-348224	映像表示装置および映像表示装置の液晶駆動装置
	低消費電力化	データ保持：メモリ	特開平 8-179735	誤差拡散法を用いた液晶表示装置と液晶表示素子の駆動方法
		データ保持：メモリ	特開平 8-179736	液晶表示装置と液晶表示素子の駆動方法
		データ保持：メモリ	特開平 10-222136	表示装置及びその駆動方法
	コンパクト化	入力信号：電荷、電界を除去	特開 2000-200069	液晶駆動装置
	省資源・低価格化	入力信号	特開平 8-304763	表示駆動装置
表示階調	表示階調	変調手法	特開平 6-175101	強誘電性液晶表示素子の駆動方法
極性反転	フリッカ防止	極性反転：極性	特開平 10-124011	液晶表示装置及び液晶駆動方法
	クロストーク防止	入力信号：隣画素と同レベル電圧	特開 2000-250487	液晶駆動装置
	大容量表示	極性反転：フレーム	特開平 10-198311	液晶駆動方法及び液晶表示装置
	表示階調	極性反転：極性	特開平 8-271861	液晶駆動装置

＊ 解決手段には、請求項の主要構成要素等のキーワードを表記（「1.4 技術開発の課題と解決手段」参照）

表2.7.4-1 カシオ計算機のアクティブマトリクス液晶駆動技術の課題対応保有特許（2/6）

技術要素	課題	解決手段*	特許番号 出願日 公開番号 主IPC 共同出願人	発明の名称 概要
極性反転	階調表示	駆動電圧：パルス波形	特開平 5-66735 91.9.5 特願平 3-225967 G09G3/36	液晶表示素子の駆動方法 　能動素子の駆動信号入力端と対向電極との間に選択期間中は画像データに応じた電圧値とパルス幅の正負いずれか一方の極性の選択電圧を印加しほかの画素を選択している非選択期間には前記選択期間より短い周期で電位が変化しかつ信号線と対向電極との一方に供給する走査信号の非選択期間の電位を中心として正側と負側の面積がほぼ等しい波形の電圧を印加する
極性反転	低消費電力化	タイミング制御：走査波形と信号波形	特開平 9-15560	液晶表示装置及び液晶表示素子の駆動方法
極性反転	低消費電力化	極性反転：ビット	特開平 9-16132	液晶駆動装置
マトリクス走査	視認性改善	方法の改善：走査線数変換	特開平 10-161607	液晶表示装置及び液晶表示方法
マトリクス走査	輝度改善	方法の改善：交互に逆方向	特開平 8-30242	液晶駆動装置
マトリクス走査	高精細化	方法の改善：走査線数変換	特開平 8-248927	液晶表示装置及び液晶表示パネルの駆動方法
マトリクス走査	動作の多様化	タイミング制御	特開平 9-16131	液晶表示装置及び液晶表示素子の駆動方法
マトリクス走査	動作の多様化	配線構造：信号線、走査線の数	特開平 9-15558	液晶表示装置
マトリクス走査	動作の多様化	方法の改善：走査順序	特開平 7-199154	液晶表示装置
マトリクス走査	動作の多様化	方法の改善：特殊な走査	特開平 9-127920	表示装置
マトリクス走査	コンパクト化	方法の改善：色フレーム順次	特開平 8-179737	液晶表示装置とその駆動方法
マトリクス走査	コンパクト化	方法の改善：走査線数変換	特開平 10-174025	液晶表示装置及び液晶駆動方法
マトリクス走査	コンパクト化	方法の改善：任意順序	特開平 11-73169	液晶駆動装置及び液晶駆動方法
マトリクス走査	省資源・低価格化	方法の改善：走査順序	特登 2759108	液晶表示装置
画素駆動	視認性改善	入力信号：平均化した基準電圧	特開 2000-276111	液晶表示装置
画素駆動	フリッカ防止	駆動電圧：走査電極印加波形	実開平 7-33075	液晶表示装置

＊ 解決手段には、請求項の主要構成要素等のキーワードを表記（「1.4 技術開発の課題と解決手段」参照）

表2.7.4-1 カシオ計算機のアクティブマトリクス液晶駆動技術の課題対応保有特許（3/6）

技術要素	課題	解決手段*	特許番号 出願日 公開番号 主IPC 共同出願人	発明の名称 概要
画素駆動	焼き付き防止	バイアス最適化：補正電圧	特開平 8-278485	アクティブマトリックスLCDの駆動方法
		バイアス最適化：補正電圧	特開平 9-90913	液晶駆動方法及び液晶表示装置
	コントラスト改善	駆動電圧	特登 3035923	TFTパネルの駆動方式
		特定パルス印加	特開平 7-175453	液晶表示装置
	輝度改善	駆動電圧：電極印加波形	特開平 9-179098	表示装置
		入力信号：差分を加算	特開平 10-198313	液晶表示装置及び液晶駆動方法
	視野角改善	駆動電圧	特開 2001-75073	液晶表示素子の広視野角駆動方法
		駆動電圧：液晶動作電圧	特登 2985125	表示素子及び表示素子装置
	階調表示	駆動電圧	特登 3203688	液晶表示素子の駆動方法
		駆動電圧	特開平 7-64055	強誘電性液晶表示装置及び強誘電性液晶表示素子の駆動方法
	色度域の改善	方式の改良：手動制御	特開平 8-179274	液晶表示装置と液晶表示素子用電源回路
	高速化	プリチャージ後に書込	特開平 8-94999	アクティブマトリックス液晶表示装置
		リセット駆動：波形改善	特開平 8-15671	液晶表示装置と液晶表示素子の駆動方法
	ひずみ改善	駆動電圧	特開 2000-267618	液晶表示装置
	低消費電力化	バイアス最適化：補正電圧	特開平 8-15667 94.6.28 特願平 6-167543 G02F1/133,510	カラー液晶表示装置 複数の画像データのうち出現頻度が高い画像データに対応させて液晶表示素子の各画素に供給される電圧は表示素子に印加する電圧のうちの最も低い電圧を供給し、出現頻度が低い画像データに対応させてそれより高い電圧を供給する
		駆動電圧	特開平 9-15559	アクティブマトリクス液晶表示装置及びアクティブマトリクス液晶表示素子の駆動方法
回路設計	フリッカ防止	方式の改良：回路の構成	特開 2000-206940	液晶表示駆動装置
		方式の改良：駆動方法	特開平 10-197894	液晶表示装置及び液晶表示装置の駆動方法
		容量の最適化	特開 2000-338460	アクティブマトリックス液晶表示素子
	クロストーク防止	データ保持：メモリ	特登 2776073	表示駆動装置および表示装置
		データ保持：メモリ	特登 2780211	液晶駆動回路および液晶表示装置
		方式の改良：回路の構成	特開平 5-281928	表示駆動装置
	高精細化	方式の改良：回路の構成	特開平 7-295523	表示駆動装置

＊ 解決手段には、請求項の主要構成要素等のキーワードを表記（「1.4 技術開発の課題と解決手段」参照）

表2.7.4-1 カシオ計算機のアクティブマトリクス液晶駆動技術の課題対応保有特許（4/6）

技術要素	課題	解決手段*	特許番号 出願日 公開番号 主IPC 共同出願人	発明の名称 概要
回路設計	の色域の改善	回路の改良：冗長構成	特開平 9-318976	液晶表示装置
	雑音特性向上	タイミング制御	特開平 10-161606	液晶表示装置及び液晶駆動方法
		入力信号：信号方式変換	特開平 8-179734	液晶表示装置及び液晶表示素子用駆動回路
	動作の安定化	方式の改良：回路の構成	特登 3149084	表示装置
		方式の改良：回路の構成	特開平 7-199857	表示駆動装置
	低消費電力化	増幅器：平衡増幅	特開平 7-28428	論理回路
		方式の改良：サンプリングホールド	特開平 7-181932	表示駆動装置
		方式の改良：バッファ	特開平 11-249633	表示駆動装置及び表示装置の駆動方法
		方式の改良：共通電極駆動	特開 2000-148101	アクティブマトリックス液晶駆動装置
	低価格化・省資源	方式の改良：回路の構成	特開平 7-181933	表示装置
		容量の最適化	特開平 7-271329	液晶駆動装置
その他周辺回路	視認性改善	方式の改良：温度検知	特開平 9-96796	液晶表示素子
	焼き付き防止	最適設計：配向状態制御	特登 2857976	強誘電相を示す液晶表示装置及び液晶表示素子の駆動方法
	コントラスト改善	最適設計：配向状態制御	特開平 8-15735	カラー液晶表示装置
		最適設計：配向状態制御	特開平 8-95092	強誘電性液晶表示素子
	輝度改善	方式の改良：照明光制御	特開 2000-193936	液晶表示装置
	表示階調	最適設計：配向状態制御	特開平 9-50048	反強誘電性液晶表示素子
		方式の改良：検知	特登 2940482	表示素子装置
	の色域の改善	データ保持：メモリ	特開 2000-199885	液晶表示装置
	高速化	最適設計：配向状態制御	特開平 8-95091	強誘電性液晶を用いた複屈折制御方式のカラー液晶表示素子
		方式の改良：駆動位相同期	特開 2000-293142	液晶表示装置
	雑音特性向上	方式の改良：光源色切替	特開平 8-95526	RGBフィールド順次表示方式のカラー液晶表示装置

＊ 解決手段には、請求項の主要構成要素等のキーワードを表記（「1.4 技術開発の課題と解決手段」参照）

表2.7.4-1 カシオ計算機のアクティブマトリクス液晶駆動技術の課題対応保有特許（5/6）

技術要素	課題	解決手段*	特許番号 出願日 公開番号 主IPC 共同出願人	発明の名称 概要
その他周辺回路	動作の安定化	駆動電圧：液晶動作電圧	特登 2984789 97.6.26 特願平 9-184609 特開平 10-96869 G02F1/133,580	表示素子装置及び表示素子の駆動方法 　対向面電極間に印加される一方の極性の第1の電圧に応じて液晶分子が第1の方向に配列した第1の強誘電相を示す第1の配向状態と、電極間に印加された他方極性の第2の電圧に応じて液晶分子が第2の方向に配列した第2の強誘電相を示す第2の配向状態と、第1の電圧と第2の電圧の間の第3の電圧の印加に応じて液晶分子がそのダイレクタを中間の方向に配向する強誘電相を示すように駆動する
その他周辺回路	動作の多様化	方式の改良：RGB以外の画素	特開 2000-10117	液晶表示素子および液晶表示装置
その他周辺回路	動作の多様化	方式の改良：制御回路	特開平 10-11027	液晶表示装置
液晶構成要素	フリッカ防止	最適設計：画素の構成	特開平 10-282527	液晶表示装置
液晶構成要素	コントラスト改善	配線構造：配線の構成	特開平 11-183876	液晶表示装置及びその駆動方法
液晶構成要素	輝度改善	最適設計：画素の構成	特開平 11-352520	アクティブ駆動装置
液晶構成要素	輝度改善	最適設計：光の透過率	特開平 9-127477	カラー液晶表示素子
液晶構成要素	輝度改善	最適設計：光の透過率	特開平 9-127478	カラー液晶表示素子
液晶構成要素	輝度改善	最適設計：電極の形状	特登 2979458	マトリックス型液晶表示装置
液晶構成要素	輝度改善	最適設計：導電体、電極	特開平 6-289409	アクティブマトリックスパネル
液晶構成要素	輝度改善	配線構造：配線の配置	特開平 7-270825	液晶表示素子
液晶構成要素	輝度改善	容量の最適化	特公平 7-113731	液晶表示素子
液晶構成要素	高精細化	一画素に複数素子	特開 2001-183698	液晶表示素子
液晶構成要素	階調表示	最適設計：一画素を分割	特開平 9-127479	液晶表示装置
液晶構成要素	階調表示	最適設計：2端子素子	特開平 6-22250	液晶表示装置およびそれを用いた機器
液晶構成要素	階調表示	最適設計：液晶の種類	特開平 8-328046	反強誘電性液晶表示素子
液晶構成要素	階調表示	最適設計：液晶の種類	特開平 10-301089	液晶表示素子とその駆動方法
液晶構成要素	階調表示	最適設計：液晶の種類	特開平 10-301091	液晶表示素子とその駆動方法
液晶構成要素	階調表示	最適設計：液晶の種類	特開平 10-307285	液晶表示素子とその駆動方法
液晶構成要素	階調表示	最適設計：液晶の種類	特開平 10-307304	液晶表示素子とその駆動方法
液晶構成要素	階調表示	最適設計：液晶の種類	特開平 10-307306	液晶表示素子とその駆動方法

＊ 解決手段には、請求項の主要構成要素等のキーワードを表記（「1.4 技術開発の課題と解決手段」参照）

2.7.4-1 カシオ計算機のアクティブマトリクス液晶駆動技術の課題対応保有特許 (6/6)

技術要素	課題	解決手段*	特許番号 出願日 公開番号 主IPC 共同出願人	発明の名称 概要
液晶構成要素	表示階調	最適設計：反強誘電性液晶	特開平 9-50050	反強誘電性液晶表示素子
	高集積化	回路の改良：周辺装置組込	特開平 6-18846	入出力デバイスおよび入出力装置
	歩留り向上	最適設計：電界発生抑性層	特開平 9-311314	液晶表示素子
		配線構造：配線	特開平 8-248389	表示パネル
	低価格化・省資源	回路の改良：周辺装置組込	特開 2001-92423	表示駆動制御装置
	信頼性向上	一画素に複数素子	特開平 8-29751	液晶表示装置
		配線構造：配線の配置	特登 3200753	薄膜トランジスタパネル
	特殊仕様	データ保持：メモリ	特開平 10-82994	表示装置およびその駆動方法
		最適設計：光導電体	特登 3139134	液晶表示装置

* 解決手段には、請求項の主要構成要素等のキーワードを表記(「1.4 技術開発の課題と解決手段」参照)

2.8 ソニー

2.8.1 企業の概要

表2.8.1-1 ソニーの企業概要

商　　　　号	ソニー株式会社
本 社 所 在 地	東京都品川区北品川6-7-35
設 立 年 月	1946年(昭和21年)5月
資　本　金	4,720億152万7,657円（2001年3月31日現在）
従 業 員	18,845名（2001年3月31日現在）
事 業 内 容	オーディオ、ビデオ、テレビ、情報・通信、電子デバイス、その他
売 上 高	1999年3月　2,432,690百万円 2000年3月　2,592,962百万円 2001年3月　3,007,584百万円
主 要 製 品	オーディオ（ミニディスク(MD)システムなど） ビデオ（8ミリ／デジタルエイト方式ビデオなど） テレビ（カラーテレビ、パーソナルLCDモニターなど） 情報・通信（コンピューター用ディスプレイなど） 電子デバイス・その他（半導体、液晶ディスプレイ(LCD)、など）

2.8.2 製品例

　営業拠点は、大きく3つのセクター（コンスーマーAVビジネスセクター、インフォメーションテクノロジビジネスセクターおよび情報システムビジネスセクター）に分かれ全国的に商品情報に対する問い合わせに対応している。液晶デバイス関連については、外部の液晶メーカーから購入している。（ソニーのHPより）

表2.8.2-1 ソニーの製品例（ソニーのHPより）

製品名	発売年	概要
2.5型液晶カラーテレビ （FDL-25T）	2000年	11.2万画素の高画質TFT液晶パネル搭載、野外でも画面が見やすいサンシェードやAV入力端子を装備 質量：360g、消費電力：2.8W
メモリースティック対応液晶カラーテレビ （FDL-1500MX1）	2000年	XGA液晶パネル採用、メモリースティック対応によりテレビ番組の静止画録画やその他の機器で記録した画像も楽しめる
パーソナルエンターテインメントオーガナイザー （PEG-T600C）	2001年	薄さ約12.5mmのスマートボディに、65,536色表示可能な320×320ドット高解像度カラー液晶搭載
2.5型液晶モニター搭載デジタルビデオカメラレコーダー （DCR-IP7）	2001年	世界最小・最計量、撮ったその場でダイレクトに映像発信 液晶モニターで電子メールの送受信可能 質量：約310g（本体のみ） 大きさ：幅47×高さ103×奥行き80mm

2.8.3 技術開発拠点と研究者

図2.8.3-1と図2.8.3-2にアクティブマトリクス液晶駆動技術のソニーの出願件数と発明者数を示す。発明者は明細書の発明者を年次ごとにカウントしたものである。

ソニーの開発拠点：本社（東京都）

図2.8.3-1 ソニーの発明者数-出願件数の年次推移

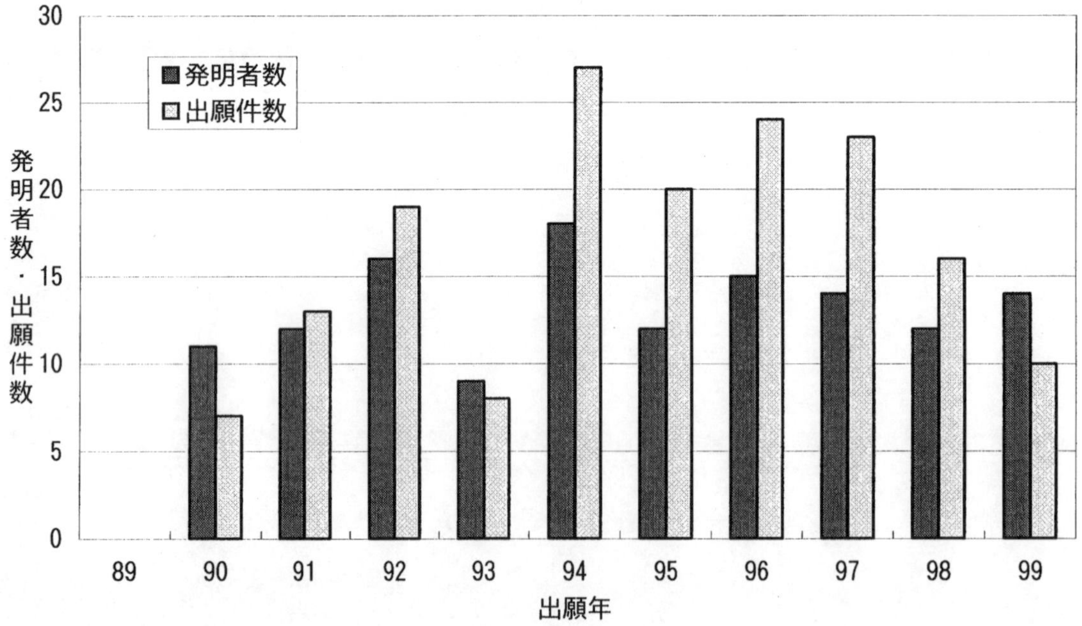

図2.8.3-2 ソニーの発明者数-出願件数の推移

2.8.4 技術開発課題対応保有特許の概要

　図2.8.4-1にアクティブマトリクス液晶駆動技術のソニーの技術要素と課題の分布を示す。技術要素「画素駆動」に出願が多い。その中でも課題「表示特性改善」に特許を多く保有している。

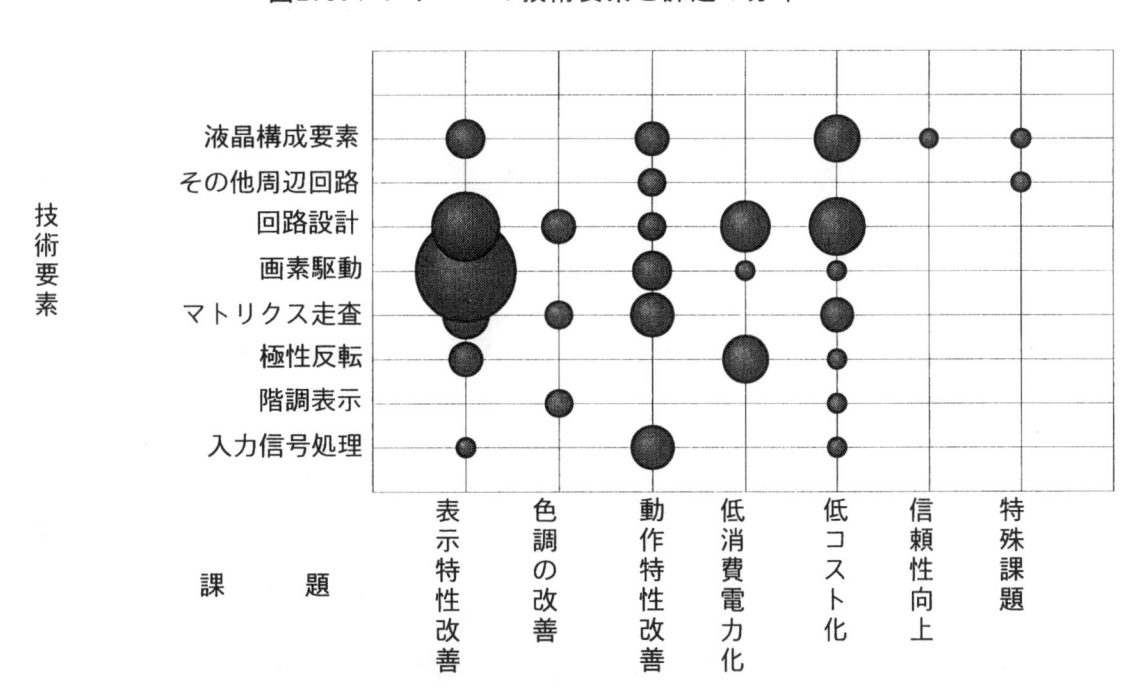

図2.8.4-1 ソニーの技術要素と課題の分布

表2.8.4-1にソニーのアクティブマトリクス液晶駆動技術の課題対応保有特許を示す。出願件数141件のうち、2001年7月現在で審査取下げ、拒絶査定の確定、権利放棄、抹消、満了したものは除いた123件を示す。そのうち、海外出願されかつ指定国数の多い重要特許4件は図と概要入りで示す。

表2.8.4-1 ソニーのアクティブマトリクス液晶駆動技術の課題対応保有特許（1/6）

技術要素	課題	解決手段*	特許番号 出願日 公開番号 主IPC 共同出願人	発明の名称 概要
入力信号処理	視認性改善	入力信号：P/S、S/P	特開平 8-65609	表示装置
	雑音特性向上	増幅器：差動増幅	特開平 8-286642	表示装置
	動作の多様化	タイミング制御	特開平 7-294883	アクティブマトリクス表示装置
		タイミング制御	特開平 9-307840	映像表示システム
		データ保持：メモリ	特開平 7-298171	アクティブマトリクス表示装置
	コンパクト化	方式の改良：シフトレジスタ	特開平 11-202837	液晶表示装置およびその駆動回路
		方式の改良：アドレスデコーダ	特開 2000-89727	液晶表示装置およびそのデータ線駆動回路
階調表示	階調表示	最適設計：配向部材	特開平 8-152654	液晶装置
		変調手法：パルス幅階調	特開平 8-137442	パルス幅変調回路およびそれを使用した電気光学表示装置
	コンパクト化	変調手法：面積階調	特開 2000-338918	表示装置及びその駆動方法
極性反転	フリッカ防止	極性反転：H/V	特開平 11-327518	液晶表示装置
	焼き付き防止	極性反転：フレーム	特開平 8-191421	アクティブマトリクス型表示装置
	コントラスト改善	極性反転：H/V	特開平 11-249629	液晶表示装置
	低消費電力化	バイアス最適化：基準電圧を固定	特開平 10-239661	液晶表示装置
		極性反転：H/V	特開平 11-142815	液晶表示装置
		極性反転：ライン	特開平 10-133174	液晶ディスプレイの駆動装置
		極性反転：ライン	特開 2000-39870	液晶表示装置
		方式の改良：駆動方法	特開 2001-42287	液晶表示装置およびその駆動方法
		方式の改良：複数の電源	特開平 10-170887	液晶駆動装置
	歩留り向上	極性反転：H/V	特開平 11-249627	液晶表示装置
マトリクス走査	視認性改善	方法の改善：走査線数変換	特開平 8-36374	表示装置
		方法の改善：点順次	特開平 7-295522	アクティブマトリクス表示装置
	フリッカ防止	極性反転：極性反転	特開平 8-63130	液晶表示装置及びその駆動方法
		極性反転：極性反転	特開平 8-152866	液晶表示装置

＊ 解決手段には、請求項の主要構成要素等のキーワードを表記（「1.4 技術開発の課題と解決手段」参照）

表2.8.4-1 ソニーのアクティブマトリクス液晶駆動技術の課題対応保有特許（2/6）

技術要素	課題	解決手段*	特許番号 出願日 公開番号 主IPC 共同出願人	発明の名称 概要
マトリクス走査	カラーフリッカ防止	方法の改善：1ラインを複数回書込	特開平 8-313869	アクティブマトリクス表示装置及びその駆動方法
	高精細化	方法の改善：走査線数変換	特開平 8-234702	表示装置
	色域の改善	遅延・位相処理	特登 3082227	液晶カラーディスプレイ装置
		遅延・位相処理	特開平 8-36159	カラー表示システム
	雑音特性向上	方法の改善：マルチライン	特開平 11-175037	液晶表示装置
	動作の安定化	方法の改善：マルチライン	特開平 5-265411	液晶表示装置
	動作の多様化	方法の改善：一定間隔毎	特開平 8-234703	表示装置
		方法の改善：走査線数変換	特開 2001-51643	表示装置およびその駆動方法
		方法の改善：任意順序	特開平 8-294072	液晶表示装置およびその駆動方法
	コンパクト化	タイミング制御	特開平 8-234165	液晶表示装置
		リセット駆動：全電極に印加	特開平 9-325741 96.5.31 特願平 8-161027 G09G3/36	画像表示システム 　解像度に適合した行数および列数の画素を含む画面内の表示領域に画像信号を書き込むと共に、表示領域以外の余白領域に属する画素に黒信号を書き込む画像表示システムにおいて、全信号線に接続可能な黒信号書き込み用の水平補助回路を設け、垂直ブランキング期間中に全信号線に黒信号を出力し、上下余白領域に一斉に黒信号を書き込むことで、解像度の規格が異なる画像信号を適宜表示可能とする
		回路の改良：回路の共通化	特開平 7-287208	表示装置用走査回路および平面表示装置
画素駆動	視認性改善	バイアス最適化：補正電圧印加	特開平 11-85107	液晶表示装置
		バイアス最適化：補正電圧印加	特開平 10-307564	液晶表示装置のデータ線駆動回路
		プリチャージ後に書込	特登 3080053	液晶ディスプレイ装置の点順次駆動方法
		プリチャージ後に書込	特登 3131411	液晶ディスプレイ装置
		プリチャージ後に書込	特開平 10-143113	アクティブマトリクス表示装置およびその駆動方法
		プリチャージ後に書込	特開平 10-143118	アクティブマトリクス表示装置
		プリチャージ後に書込	特開平 10-148811	アクティブマトリクス表示装置
		プリチャージ後に書込	特開平 10-153984	アクティブマトリクス表示装置およびその駆動方法
		リセット駆動：波形改善	特登 3128965	アクティブマトリクス液晶表示装置
		駆動電圧：走査電極印加波形	特開平 9-101502	液晶表示装置およびその駆動方法

＊ 解決手段には、請求項の主要構成要素等のキーワードを表記（「1.4 技術開発の課題と解決手段」参照）

表2.8.4-1 ソニーのアクティブマトリクス液晶駆動技術の課題対応保有特許（3/6）

技術要素	課題	解決手段*	特許番号 出願日 公開番号 主IPC 共同出願人	発明の名称 概要
画素駆動	フリッカ防止	バイアス最適化：補正電圧印加	特開平 7-287553	表示パネル
		駆動電圧：走査電極印加波形	特開平 6-3647	アクティブマトリクス型液晶表示装置の駆動方法
	焼き付き防止	バイアス最適化	特開平 4-299387	液晶表示装置
		バイアス最適化：直流分を除去	特開平 8-179733	液晶表示装置
		駆動電圧：信号を一時停止	特登 3173200 92.12.25 特願平 4-359186 特開平 6-202157 G02F1/1368	アクティブマトリクス型液晶表示装置 　アクティブマトリクス型液晶表示装置において、液晶パネルは信号線に接続する入力端子および共通電極に接続する共通端子を備え、前記入力端子と前記共通端子間に共通電極と画素電極とを互いに同電位に結線する放電手段を設ける
		重畳駆動：高周波の重畳	特開平 8-114783	LCD駆動装置及びLCD駆動方法
		タイミング制御：走査波形と信号波形	特開平 5-216441	固定重複パタン除去機能付水平走査回路
		プリチャージ後に書込	特開平 10-143119	アクティブマトリクス表示装置およびその駆動方法
	クロストーク防止	プリチャージ後に書込	特開 2000-267067 99.3.19 特願平 11-74789 G02F1/133,550	液晶表示装置およびその駆動方法 　画素がマトリクス状に配置されてなる画素部を行ごとに画素単位で順次駆動する液晶表示装置において、映像信号を書き込む前に画素部の各列ごとに配線された信号ラインごとに、黒レベルの、続いて所定レベルのプリチャージ信号を順次書き込む

* 解決手段には、請求項の主要構成要素等のキーワードを表記（「1.4 技術開発の課題と解決手段」参照）

表2.8.4-1 ソニーのアクティブマトリクス液晶駆動技術の課題対応保有特許（4/6）

技術要素	課題	解決手段*	特許番号 出願日 公開番号 主IPC 共同出願人	発明の名称 概要
画素駆動	クロストーク防止	入力信号：平均化した基準電圧	特開平 10-171422 96.12.13 特願平 8-352986 G09G3/36	アクティブマトリクス表示装置及びその駆動方法 アクティブマトリクス表示装置において、一水平期間のうち一行分の画素に映像信号を書き込む為に割り当てられた時間以外の時間に、映像信号の最低レベル以下の電圧を各信号線に印加する電圧印加手段を備え、この電圧印加を一垂直期間に渡って繰り返して全画素の信号リーク量を同程度にそろえる
		方法の改善：前後の走査線の関係	特開平 7-20826	オーバーラップ除去機能付双方向走査回路
	コントラスト改善	プリチャージ後に書込	特開平 7-295520	アクティブマトリクス表示装置及びその駆動方法
		プリチャージ後に書込	特開平 7-295521	アクティブマトリクス表示装置及びその駆動方法
		プリチャージ後に書込	特開平 8-286639	アクティブマトリクス表示装置
		プリチャージ後に書込	特開 2000-321553	液晶表示装置およびその駆動方法
		駆動電圧	特開平 8-286641	アクティブマトリクス表示装置
	輝度改善	バイアス最適化：バイアスを変化	特開平 9-113875	液晶表示装置およびその駆動方法
		プリチャージ後に書込	特開平 11-44891	液晶表示装置
	視野角改善	プリチャージ後に書込	特登 3080054	液晶ディスプレイ装置
	高速化	プリチャージ後に書込	特開平 9-50263	アクティブマトリクス表示装置及びその駆動方法
		プリチャージ後に書込	特開平 10-198321	アクティブマトリクス表示装置
	ひずみ改善	バイアス最適化：補正電圧印加	特開 2000-10073	液晶表示装置
	動作の多様化	駆動電圧：不均等パルス幅	特開平 8-123359	映像表示装置
	低消費電力化	入力信号：信号電極印加波形	特開 2000-98976	信号線駆動回路およびそれを用いた液晶駆動回路
	歩留り向上	特定パルス印加	特開平 9-152573	アクティブマトリクス表示装置
回路設計	視認性改善	方式の改良：サンプリングホールド	特開平 8-286640	アクティブマトリクス表示装置
		方式の改良：サンプリングホールド	特開平 9-325742	映像表示システム

* 解決手段には、請求項の主要構成要素等のキーワードを表記（「1.4 技術開発の課題と解決手段」参照）

表2.8.4-1 ソニーのアクティブマトリクス液晶駆動技術の課題対応保有特許 (5/6)

技術要素	課題	解決手段*	特許番号/出願日/公開番号/主IPC/共同出願人	発明の名称/概要
回路設計	視認性改善	方式の改良：サンプリングホールド	特開 2000-267616	液晶表示装置およびその駆動方法
		方式の改良：サンプリングホールド	特開 2000-298457	液晶表示装置およびその駆動方法
		方式の改良：シフトレジスタ	特開平 5-241536	水平走査回路
		方式の改良：セレクタ、スイッチ	特開平 10-143114	液晶表示装置
		方式の改良：バッファ	特開平 9-33893	液晶表示装置
	焼き付き防止	増幅器：帰還回路	特開平 8-263011	アクティブマトリックス型液晶表示パネルの駆動方法および液晶表示装置
		方式の改良：アクティブアドレス	特開平 7-311562	電気光学表示装置
		方式の改良：共通電極駆動	特開平 8-82785	液晶ディスプレイ装置
	クロストーク防止	方式の改良：セレクタ、スイッチ	特開平 10-221676	液晶表示装置およびその駆動方法
	コントラスト改善	方式の改良：アクティブアドレス	特開平 11-24040	プラズマアドレス型液晶表示装置の駆動装置
		方式の改良：共通電極駆動	特開平 8-263021	液晶表示装置
	階調表示	増幅器：非直線増幅	特開平 9-305149	アクティブマトリクス表示装置
		方式の改良：デコーダ	特開平 11-136130	デコーダおよびこれを用いたデジタルアナログ変換回路並びにマトリクス型液晶表示装置の駆動回路
		方式の改良：バッファ	特開平 11-73165	ソースフォロワ回路およびこれを用いた液晶表示装置の出力回路
	高速化	方式の改良：シフトレジスタ	特開平 11-134893	シフトレジスタおよびこれを用いたマトリクス型液晶表示装置の駆動回路
	動作の安定化	方式の改良：シフトレジスタ	特開平 11-249620	液晶表示装置
	低消費電力化	バイアス最適化：補正電圧	特開平 11-73164	液晶表示装置の駆動回路
		方式の改良：D/A変換	特開平 10-161602	液晶表示装置
		方式の改良：D/A変換	特開平 10-161603	液晶表示装置
		方式の改良：サンプリングホールド	特開平 8-292417	表示装置
		方式の改良：サンプリングホールド	特開平 10-143117	アクティブマトリクス表示装置
		方式の改良：シフトレジスタ	特開平 10-177369	アクティブマトリクス表示装置
		方式の改良：バッファ	特開平 11-184443	バッファ回路及び表示装置
	コンパクト化	回路の改良：回路の共通化	特開 2000-112440	液晶表示装置
		方式の改良：D/A変換	特開平 7-261714	アクティブマトリクス表示素子及びディスプレイシステム
		方式の改良：D/A変換	特開平 11-64825	表示装置
		方式の改良：シフトレジスタ	特開 2000-75840	液晶表示装置
		方式の改良：セレクタ、スイッチ	特開平 11-3068	表示装置
		方式の改良：セレクタ、スイッチ	特開平 11-296142	液晶表示装置
		方式の改良：バッファ	特開 2000-310765	液晶表示装置
		方式の改良：複数セル	特開平 10-161612	マルチ画面液晶表示装置
	歩留り向上	方式の改良：セレクタ、スイッチ	特開平 9-230835	アクティブマトリクス表示装置

＊ 解決手段には、請求項の主要構成要素等のキーワードを表記（「1.4 技術開発の課題と解決手段」参照）

表2.8.4-1 ソニーのアクティブマトリクス液晶駆動技術の課題対応保有特許（6/6）

技術要素	課題	解決手段*	特許番号 出願日 公開番号 主IPC 共同出願人	発明の名称 概要
その他周辺回路	動作の安定化	方式の改良：温度補償	特登 3182816	液晶表示装置
		方式の改良：自動制御	特登 2924073	LCD装置
	特殊仕様	方式の改良：手動制御	特開平 11-184439	表示装置
液晶構成要素	視認性改善	回路の改良：装置の構成	特登 3044805	画像表示装置
	コントラスト改善	最適設計：画素の構成	特開 2000-284304	液晶表示装置
		配線構造：外部回路との接続	特開平 11-119736	液晶表示装置
	輝度改善	最適設計：画素の配置	特開 2000-10123	カラー表示装置
	雑音特性向上	配線構造：信号線、走査線の数	特開平 4-83483	液晶ディスプレイ装置
		方式の改良：駆動回路	特開平 9-230834	アクティブマトリクス表示装置
	ひずみ改善	配線構造：配線	特開平 10-206823	XYアドレス型表示装置
	コンパクト化	回路の改良：回路の共通化	特開平 7-318902	表示用半導体装置
		配線構造：信号線、走査線の数	特開平 11-338438	液晶表示装置
		配線構造：配線	特開平 11-215002	デコーダ回路およびこれを用いた液晶表示装置、並びにデコーダ回路の製造方法
	歩留り向上	回路の改良：サージ保護	特開平 9-90411	アクティブマトリクス表示装置
		回路の改良：冗長構成	特開平 8-62581	表示素子
	低価格化 省資源	最適設計：他の構成要素との関連	特開 2000-181413	表示装置及び表示装置の駆動方法
	信頼性向上	方式の改良：電源回路	特開平 10-198306	液晶表示装置
	特殊仕様	最適設計：画素の配置	特開平 10-149139	画像表示装置

* 解決手段には、請求項の主要構成要素等のキーワードを表記（「1.4 技術開発の課題と解決手段」参照）

2.9 半導体エネルギー研究所

2.9.1 企業の概要

表2.9.1-1 半導体エネルギー研究所の企業概要

商　　　　号	株式会社半導体エネルギー研究所
本 社 所 在 地	神奈川県厚木市長谷398
設 立 年 月	1980年7月
資　本　金	498百万円
従 業 員	300名
事 業 内 容	結晶系薄膜集積回路、液晶ディスプレイおよびELディスプレイ、半導体薄膜トランジスタの研究開発およびこれらに係わる特許取得ならびに権利行使
売 上 高	－
主 要 製 品	－

2.9.2 製品例

　半導体エネルギー研究所は1980年に設立され研究開発のみを行い、製品の製造はしない。1998年1月にCGS（連続粒界結晶シリコン）技術をシャープと共同開発し発表した。2.6型CG（連続粒界結晶）シリコンTFT液晶パネルを採用した60型液晶ハイビジョンリアプロジェクタ「LC-R60HD」がシャープから発売された。（半導体エネルギー研究所のHPより）

2.9.3 技術開発拠点と研究者

図2.9.3-1と図2.9.3-2にアクティブマトリクス液晶駆動技術の半導体エネルギー研究所の出願件数と発明者数を示す。発明者は明細書の発明者を年次ごとにカウントしたものである。

半導体エネルギー研究所の開発拠点：本社（神奈川県）

図2.9.3-1 半導体エネルギー研究所の発明者数-出願件数の年次推移

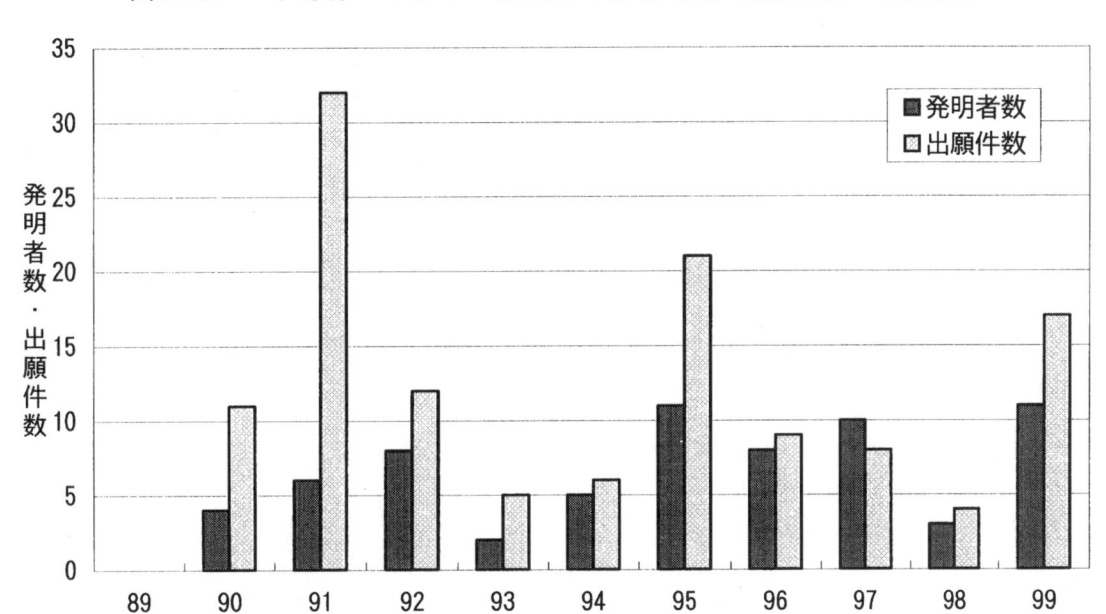

図2.9.3-2 半導体エネルギー研究所の発明者数-出願件数の推移

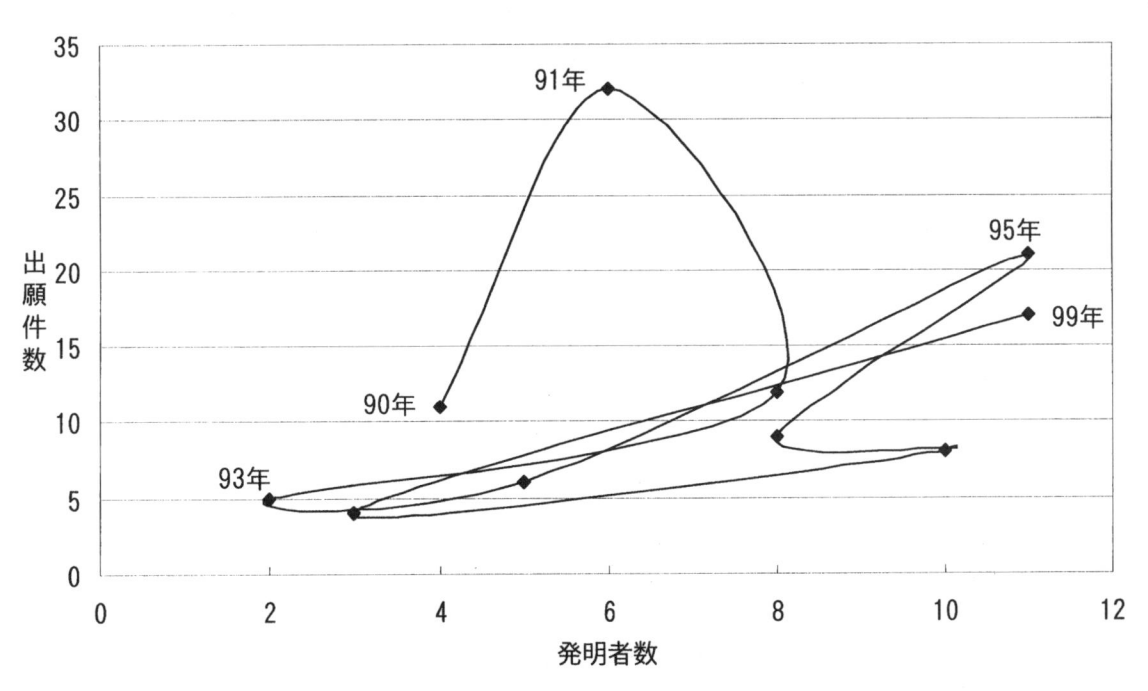

2.9.4 技術開発課題対応保有特許の概要

図2.9.4-1にアクティブマトリクス液晶駆動技術の半導体エネルギー研究所の技術要素と課題の分布を示す。技術要素「液晶構成要素、階調表示」に出願が多い。その中でも課題「表示特性改善、色調の改善」に特許を多く保有している。

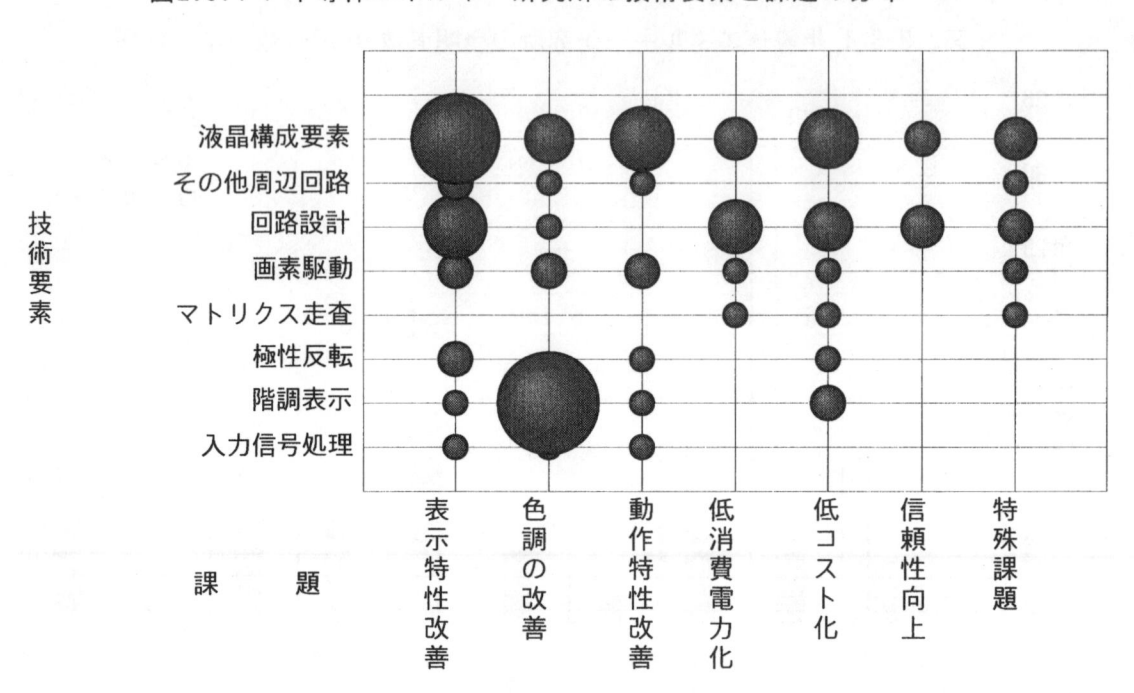

図2.9.4-1 半導体エネルギー研究所の技術要素と課題の分布

表2.9.4-1に半導体エネルギー研究所のアクティブマトリクス液晶駆動技術の課題対応保有特許を示す。出願件数121件のうち、2001年7月現在で審査取下げ、拒絶査定の確定、権利放棄、抹消、満了したものは除いた108件を示す。そのうち、海外出願されかつ指定国数の多い重要特許4件は図と概要入りで示す。

表2.9.4-1 半導体エネルギー研究所のアクティブマトリクス液晶駆動技術の課題対応保有特許
(1/5)

技術要素	課題	解決手段*	特許番号 出願日 公開番号 主IPC 共同出願人	発明の名称 概要
入力信号処理	高精細化	回路の改良：回路の共通化	特開平 11-45076	アクティブマトリクス型表示装置
	階調表示	データ保持：メモリ	特登 2799805	画像表示方法
	高速化	入力信号	特開平 8-211363	アクティブマトリックスパネル
階調表示	コントラスト改善	変調手法	特開平 11-194321	半導体表示装置およびその駆動方法
	階調表示	駆動電圧：複数パルス	特登 3054219 91.2.16 特願平 3-77320 特開平 6-202080 G02F1/133,575	液晶表示装置 　アクティブマトリクス型液晶表示装置において、任意の画素に書き込む単位時間tと1画面を書き込む時間Fに関係される表示タイミングを有する表示装置の階調表示を、前記時間Fを変更すること無しに前記時間tの書き込み時間中の信号を時分割とし、分割の割合に応じた階調を表示可能とする
		変調手法	特開 2000-347636	液晶表示装置
		変調手法：パルス幅階調	特登 2562745	電気光学装置の画像表示方法
		変調手法：パルス幅階調	特登 2592382	液晶表示装置の画像表示方法
		変調手法：パルス幅階調	特登 2639763	電気光学装置およびその表示方法
		変調手法：パルス幅階調	特登 2639764	電気光学装置の表示方法
		変調手法：パルス幅階調	特登 2676092	電気光学装置
		変調手法：パルス幅階調	特登 2722284	電気光学装置の画像表示方法
		変調手法：パルス幅階調	特登 2731985	電気光学装置の駆動方法
		変調手法：パルス幅階調	特登 2754290	電気光学装置およびその駆動方法
		変調手法：パルス幅階調	特登 2754291	電気光学装置の駆動方法
		変調手法：パルス幅階調	特登 2754293	電気光学装置の駆動方法
		変調手法：パルス幅階調	特登 2838338	電気光学装置の駆動方法
		変調手法：パルス幅階調	特登 3062299	電気光学装置の画像表示方法
		変調手法：パルス幅階調	特登 3062300	電気光学装置の画像表示方法
		変調手法：パルス幅階調	特登 3119898	電気光学装置
		変調手法：パルス幅階調	特登 3119899	電気光学装置
		変調手法：パルス幅階調	特登 3175845	電気光学装置
	動作の多様化	変調手法	特開 2000-310980	表示装置

＊ 解決手段には、請求項の主要構成要素等のキーワードを表記（「1.4 技術開発の課題と解決手段」参照）

表2.9.4-1 半導体エネルギー研究所のアクティブマトリクス液晶駆動技術の課題対応保有特許
(2/5)

技術要素	課題	解決手段*	特許番号 出願日 公開番号 主IPC 共同出願人	発明の名称 概要
階調表示	コンパクト化	変調手法	特開平 10-198312	表示装置及び表示装置の駆動方法
	コンパクト化	変調手法	特開 2001-27891	表示装置
極性反転	視認性改善	極性反転：フレーム	特開 2001-174786	半導体表示装置の駆動方法
	輝度改善	極性反転：フレーム	特開平 11-337975	液晶表示装置およびアクティブマトリクス型液晶表示装置およびその駆動方法
	ひずみ改善	タイミング制御：待ち時間	特開平 11-305742	画像表示装置
	コンパクト化	駆動電圧：パルス波形	特登 2791622	アクティブマトリクス回路およびその駆動方法
マトリクス走査	低消費電力化	方法の改善：任意順序	特開平 7-239463	アクティブマトリクス型表示装置の表示方法
	コンパクト化	方式の改良：アドレスデコーダ	特開平 8-106272	表示装置駆動回路
	特殊仕様	入力信号：信号波形の変換	特開 2000-194333	表示装置
画素駆動	コントラスト改善	バイアス最適化：補正電圧印加	特開 2001-100712	表示装置
	高精細化	方法の改善：前後の走査線の関係	特開平 9-114424	表示装置および表示方法
	階調表示の改善	駆動電圧：ビット構成で印加	特開 2000-330527	表示装置
	色度域改善	方式の改良：制御回路	特開平 11-143379	半導体表示装置補正システムおよび半導体表示装置の補正方法
	高速化	プリチャージ後に書込	特開 2001-51661	D/A変換回路および半導体装置
	ひずみ改善	バイアス最適化：補正電圧印加	特開平 11-305743	液晶表示装置
	低消費電力化	重畳駆動：矩形波以外	特開平 8-201852	アクティブマトリクス表示装置
	コンパクト化	プリチャージ後に書込	特開平 11-175041	半導体装置及びその駆動方法
	特殊仕様	駆動電圧：複数パルス	特開平 9-105909	表示装置
回路設計	視認性改善	方式の改良：バッファ	特開平 11-338439	半導体表示装置の駆動回路および半導体表示装置

＊ 解決手段には、請求項の主要構成要素等のキーワードを表記（「1.4 技術開発の課題と解決手段」参照）

表2.9.4-1 半導体エネルギー研究所のアクティブマトリクス液晶駆動技術の課題対応保有特許 (3/5)

技術要素	課題	解決手段*	特許番号 出願日 公開番号 主IPC 共同出願人	発明の名称 概要
回路設計	フリッカ防止	方式の改良：画素単位回路	特開平 9-230311 96.11.13 特願平 8-317140 G02F1/133,550	表示装置 基板面内で電界を印加する表示装置に関し、画素電極とコモン電極とを、互いに噛みあうような渦巻き形状に配置し液晶画素の回路を構成することで、画素電極と他の信号線との干渉を防止し、フリッカを抑える
		方式の改良：駆動方法	特開 2001-92426	表示装置
		方式の改良：複数セル	特開平 8-263023	液晶電気光学装置
	焼き付き防止	リセット駆動：フレームクリア	特開 2001-42290	液晶表示装置
	コントラスト改善	方式の改良：バッファ	特登 2742725 90.11.26 特願平 2-323695 特開平 4-190330 G02F1/136,500	表示装置 アクティブ型表示装置において、それぞれの画素に一対の電源間に接続された相補型のTFTからなるバッファ回路を設け、かつTFTのゲート電極を燐ドープ珪素とその上に積層された金属または金属珪素物の積層構造とすることで、液晶電位の変動を抑え、コントラストを改善する
	輝度改善	方式の改良：バッファ	特開 2000-194276	アクティブマトリクス型表示装置の作製方法
	表示階調	方式の改良：複合トランジスタ	特開平 9-281465	アクティブマトリクス回路および表示装置
	低消費電力化	方式の改良：シフトレジスタ	特開平 8-160387	液晶電気光学装置の周辺駆動回路
		方式の改良：駆動方法	特開平 8-263016 シャープ	アクティブマトリクス型液晶表示装置
		方式の改良：駆動方法	特開平 9-127482 シャープ	マトリクス型表示装置
		方式の改良：駆動方法	特開平 10-31464	アクティブマトリクス型表示装置の駆動方法
		方式の改良：駆動方法	特開 2000-347598	アクティブマトリクス型半導体表示装置

* 解決手段には、請求項の主要構成要素等のキーワードを表記（「1.4 技術開発の課題と解決手段」参照）

表2.9.4-1 半導体エネルギー研究所のアクティブマトリクス液晶駆動技術の課題対応保有特許
(4/5)

技術要素	課題	解決手段*	特許番号 出願日 公開番号 主IPC 共同出願人	発明の名称 概要
回路設計	コンパクト化	方式の改良：デコーダ	特開平 9-127919 シャープ	アクティブマトリクス型表示装置
回路設計	コンパクト化	方式の改良：バッファ	特開平 7-191303	表示装置及びその駆動回路
回路設計	コンパクト化	方式の改良：バッファ	特開平 10-197896	薄膜トランジスタ回路およびそれを用いた液晶表示装置
回路設計	コンパクト化	方式の改良：駆動方法	特開平 9-80387	表示装置
回路設計	信頼性向上	方式の改良：サンプリングホールド	特開平 7-191640	液晶表示装置の信号線駆動回路
回路設計	信頼性向上	方式の改良：サンプリングホールド	特開平 7-191641	液晶表示装置の信号線駆動回路
回路設計	信頼性向上	方式の改良：バッファ	特開平 11-133877 シャープ	表示パネル駆動回路および表示パネル
回路設計	特殊仕様	方式の改良：複数のパネル	特開平 9-101503	表示装置
回路設計	特殊仕様	方式の改良：複数のパネル	特開平 9-114425	表示装置および表示方法
その他周辺回路	フリッカ防止	最適設計：セル透過光	特開平 8-241062	アクティブマトリクス型表示装置の駆動システム及び駆動方法
その他周辺回路	視野角改善	方式の改良：電圧補償	特開平 8-36161	液晶電気光学装置およびその駆動方法
その他周辺回路	カラー表示	特殊仕様：ライトバルブ	特開平 7-327236	テレビ受像機
その他周辺回路	動作の安定化	バイアス最適化：補正電圧印加	特開 2001-75542	補正システムおよびその動作方法
その他周辺回路	特殊仕様	入力信号：タッチパネル	特開平 9-114591	液晶表示装置及びその表示方法
液晶構成要素	視認性改善	一画素に複数素子	特開平 8-110530	アクティブマトリクス型表示装置
液晶構成要素	フリッカ防止	一画素に複数素子	特登 2740886	電気光学装置
液晶構成要素	フリッカ防止	一画素に複数素子	特登 2814161	アクティブマトリクス表示装置およびその駆動方法
液晶構成要素	フリッカ防止	最適設計：導電体、電極	特開平 7-294961	アクティブマトリクス型表示装置
液晶構成要素	クロストーク防止	駆動電圧：最大電圧	特登 2739266	液晶表示装置の駆動方法
液晶構成要素	輝度改善	一画素に複数素子	特登 2707157	表示装置
液晶構成要素	輝度改善	一画素に複数素子	特登 3088834	アクティブマトリクス表示装置およびその駆動方法
液晶構成要素	輝度改善	回路の改良：サージ保護	特開 2000-214438	電気光学装置
液晶構成要素	輝度改善	回路の改良：サージ保護	特開 2000-214491	電気光学装置およびコンピュータ
液晶構成要素	輝度改善	配線構造：配線	特開 2000-193961	アクティブマトリクス型表示装置
液晶構成要素	輝度改善	方式の改良：画素単位回路	特登 3102467	アクティブマトリクス表示装置の作製方法
液晶構成要素	輝度改善	方式の改良：画素単位回路	特登 3160143	液晶表示装置
液晶構成要素	輝度改善	方式の改良：回路の構成	特登 3101178	アクティブマトリクス型表示装置の駆動回路及びその製造方法
液晶構成要素	輝度改善	方式の改良：回路の構成	特開 2000-155304	アクティブマトリクス型表示装置
液晶構成要素	階調表示	一画素に複数素子	特登 2535683	電気光学装置の画像表示方法
液晶構成要素	階調表示	一画素に複数素子	特登 2784615	電気光学表示装置およびその駆動方法

* 解決手段には、請求項の主要構成要素等のキーワードを表記（「1.4 技術開発の課題と解決手段」参照）

表2.9.4-1 半導体エネルギー研究所のアクティブマトリクス液晶駆動技術の課題対応保有特許
(5/5)

技術要素	課題	解決手段*	特許番号 出願日 公開番号 主IPC 共同出願人	発明の名称 概要
液晶構成要素	表示階調	一画素に複数素子	特登 3062297	電気光学装置の画像表示方法
		最適設計：3端子素子	特開 2000-208782	薄膜トランジスタおよび電気光学装置およびその作製方法
	高速化	一画素に複数素子	特登 2651972	液晶電気光学装置
		一画素に複数素子	特開平 8-123373	アクティブマトリクス型液晶表示装置
		最適設計：一画素を分割	特開平 8-211407 95.10.24 特願平 7-299017 G02F1/136,500	液晶表示装置および液晶表示装置の駆動方法 　液晶表示装置において、透明画素電極は走査線、信号線に囲まれた画素領域のほぼ中央に位置する第1の画素電極と第1の画素電極の少なくとも2方向を囲む形状を有する第2の画素電極から成り、第1、第2の画素電極はそれぞれ異なる第1、第2の薄膜トランジスタに接続され、前記第1、第2の薄膜トランジスタはそれぞれ異なる信号線、走査線に接続する
		最適設計：基板	特開平 9-185038	液晶電気光学装置及びその駆動方法
		最適設計：自発分極	特開 2001-166281	電気光学装置およびその駆動方法
	動作の安定化	一画素に複数素子	特登 3000174	表示装置の駆動方法
	動作の多様化	一画素に複数素子	特登 2754292	電気光学装置の画像表示方法
	低消費電力化	一画素に複数素子	特開平 9-189897	アクティブマトリクス型液晶表示装置およびその駆動方法
		一画素に複数素子	特開 2000-147570	インフォメーションディスプレイおよびフラットパネルディスプレイ
		一画素に複数素子	特開 2000-155303	電気光学表示装置
	コンパクト化	一画素に複数素子	特開 2000-147569	表示装置
		一画素に複数素子	特開 2000-147571	表示装置
		最適設計：3端子素子	特登 2852919	液晶表示装置
		容量の最適化	特登 2722291	液晶電気光学表示装置の表示方法
	歩留り向上	一画素に複数素子	特登 2916606	表示装置
		一画素に複数素子	特開 2000-147566	電気光学表示装置
	信頼性向上	回路の改良：周辺装置組込	特開平 8-220560	アクティブマトリクス表示装置
		方式の改良：画素単位回路	特登 3160142	液晶表示装置
	特殊仕様	最適設計：活性層	特開 2000-147574	電気機器
		最適設計：導電体、電極	特登 2775040	電気光学表示装置およびその駆動方法
		最適設計：複数の表示領域	特開平 9-105910	表示装置

＊ 解決手段には、請求項の主要構成要素等のキーワードを表記（「1.4 技術開発の課題と解決手段」参照）

2.10 日本電気

2.10.1 企業の概要

表2.10.1-1 日本電気の企業概要

商　　　　号	日本電気株式会社
本 社 所 在 地	東京都港区芝5-7-1
設 立 年 月	1899年（明治32年）7月
資　本　金	2,447億円（2001年3月末現在）
従　業　員	34,900名（2001年3月末現在）
事 業 内 容	通信機器、コンピュータ、電子デバイス、ソフトウェアなどの研究開発・製造販売を含むインターネット・ソリューション事業
売　上　高	1999年3月　3,686,444百万円 2000年3月　3,784,519百万円 2001年3月　4,099,323百万円
主 要 製 品	通信機器（局用交換機など） コンピュータその他電子機器（パーソナルコンピュータなど） 電子デバイス（メモリ、カラー液晶ディスプレイ） その他（液晶プロジェクタ）

2.10.2 製品例

1990年に、24cm(9.3型)大型TFTカラー液晶の量産を世界に先駆けて開始した。取扱い事業部門は、モジュール製品についてはNECエレクトロンデバイス ディスプレイ事業本部、液晶モニター製品についてはNEC三菱電機ビジュアルシステムズである。(日本電気のHPより)

表2.10.2-1 日本電気の製品例(日本電気のPHより)

製品名	発売年	概要
NL12876BC26-21 カラー液晶ディスプレイモジュール	2001年	マルチメディアPC、パーソナルワイドテレビに最適 画面:15.3型(39cm) 画素:1,280×768 コントラスト比:300:1 駆動方式:アモルファスシリコンTFTアクティブマトリクス 画像ピッチ:水平0.261mm×垂直0.261mm 視野角:上下100度、左右120度 消費電力:21.3W
NL10276AC30-01 モニター用液晶ディスプレイモジュール	2001年	上下／左右170°の超広視野角でCRT17型相当の汎用モニター用 駆動方式:a-Si TFTアクティブマトリクス方式 画素数:1,024×768 画面サイズ:15型(対角38cm) コントラスト:150:1、消費電力24W
NL12876AC39-01 モニター用	2001年	画面サイズ:23型(対角58cm) 駆動方式:a-Si TFTアクティブマトリクス 画素数:1,280×768 上下／左右170°の超広視野角 コントラスト:350:1 消費電力:57.4W

2.10.3 技術開発拠点と研究者

図2.10.3-1と図2.10.3-2にアクティブマトリクス液晶駆動技術の日本電気の出願件数と発明者数を示す。発明者は明細書の発明者を年次ごとにカウントしたものである。

日本電気の開発拠点：本社（東京都）

図2.10.3-1 日本電気の発明者数-出願件数の年次推移

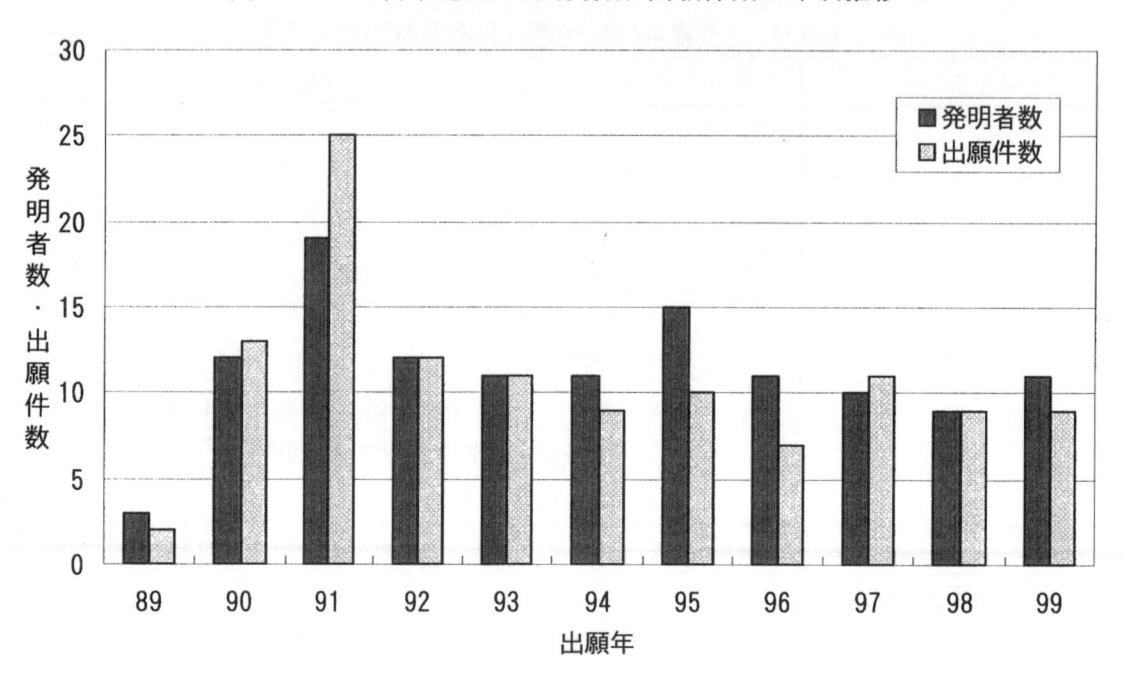

図2.10.3-2 日本電気の発明者数-出願件数の推移

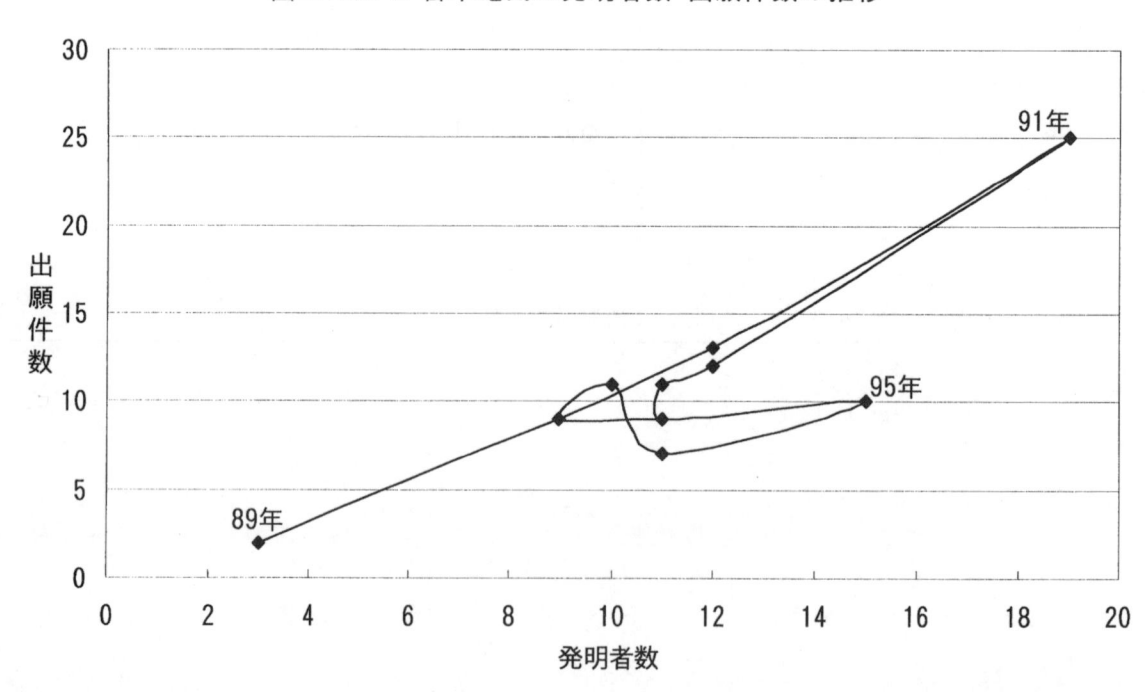

2.10.4 技術開発課題対応保有特許の概要

図2.10.4-1にアクティブマトリクス液晶駆動技術の日本電気の技術要素と課題の分布を示す。課題「表示特性改善」に出願が多い。その中でも技術要素「画素駆動、液晶構成要素」に特許を多く保有している。

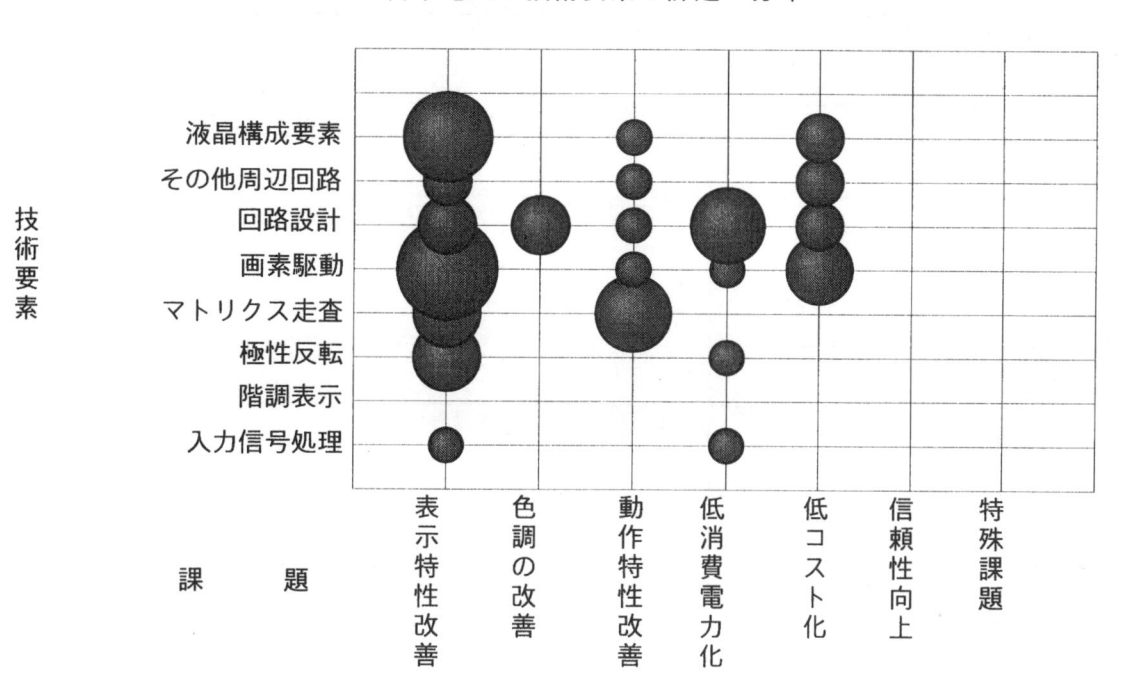

図2.10.4-1 日本電気の技術要素と課題の分布

表2.10.4-1に日本電気のアクティブマトリクス液晶駆動技術の課題対応保有特許を示す。出願件数100件のうち、2001年7月現在で審査取下げ、拒絶査定の確定、権利放棄、抹消、満了したものは除いた60件を示す。そのうち、海外出願されかつ指定国数の多い重要特許2件は図と概要入りで示す。

表2.10.4-1 日本電気のアクティブマトリクス液晶駆動技術の課題対応保有特許（1/4）

技術要素	課題	解決手段*	特許番号 出願日 公開番号 主IPC 共同出願人	発明の名称 概要
入力信号処理	フリッカ防止	タイミング制御	特登 3147104	アクティブマトリクス型液晶表示装置とその駆動方法
	低消費電力化	データ保持：メモリ	特登 2853764	LCDドライバ
極性反転	フリッカ防止	極性反転：H/V	特登 3147867	アクティブマトリクス型液晶表示装置の駆動回路
		極性反転：ライン	特登 3024167	液晶表示駆動装置
	クロストーク防止	極性反転：フレーム	特登 3001317	アクティブマトリクス型液晶表示装置の駆動方法
	高精細化	極性反転：フレーム	特登 2924842	液晶表示装置
	低消費電力化	極性反転：ビット	特登 2743841	液晶表示装置
マトリクス走査	フリッカ防止	極性反転：極性反転	特開 2001-33757	アクティブマトリクス型液晶表示装置
	クロストーク防止	方法の改善：1ラインを複数回書込	特登 2671772	液晶ディスプレイとその駆動方法
	輝度改善	方法の改善：1ラインを複数回書込	特登 3185778	アクティブマトリクス型液晶表示装置、その製造方法及びその駆動方法
		方法の改善：走査線数変換	特登 2820061	液晶表示装置の駆動方法
	雑音特性向上	方法の改善：走査線数変換	特登 2625389	液晶表示装置およびその駆動方法
	動作の多様化	方法の改善：走査線数変換	特登 2776313	液晶表示装置
		方法の改善：走査線数変換	特登 2919283	映像表示装置の駆動回路
		方法の改善：走査線数変換	特登 3129271	ゲートドライバ回路及びその駆動方法、並びにアクティブマトリクス型液晶表示装置
		方法の改善：任意順序	特登 2827990	液晶表示装置
画素駆動	フリッカ防止	バイアス最適化：バイアスを変化	特開 2001-33758	液晶表示装置
		プリチャージ後に書込	特登 3055620	液晶表示装置およびその駆動方法
		駆動電圧：走査電極印加波形	特開 2001-13930	アクティブマトリクス型液晶ディスプレイの駆動制御装置
	焼き付き防止	駆動電圧：液晶セル印加波形	特開 2000-221475	液晶表示装置およびその駆動方法
	輝度改善	リセット駆動：波形改善	特登 2739821	液晶表示装置
		駆動電圧：ビット構成で印加	特登 2674307	液晶表示パネルの駆動方法

＊ 解決手段には、請求項の主要構成要素等のキーワードを表記（「1.4 技術開発の課題と解決手段」参照）

表2.10.4-1 日本電気のアクティブマトリクス液晶駆動技術の課題対応保有特許（2/4）

技術要素	課題	解決手段*	特許番号 出願日 公開番号 主IPC 共同出願人	発明の名称 概要
画素駆動	輝度改善	駆動電圧：走査電極印加波形	特登 2536407	アクティブマトリクス型液晶表示装置
		重畳駆動：交流波形	特開 2001-66572	液晶表示装置
	視野角改善	極性反転：隣接配線間	特登 2677260	アクティブマトリクス液晶表示装置
	高速化	特定パルス印加	特登 2833546	液晶表示装置
	低消費電力化	プリチャージ後に書込	特登 3063670	マトリクス表示装置
	コンパクト化	プリチャージ後に書込	特登 3039404	アクティブマトリクス型液晶表示装置
		特定パルス印加：走査線選択期間の始め	特登 2962338	液晶表示装置の駆動方法を実現するデータ出力回路
	歩留り向上	バイアス最適化	特登 3166668	液晶表示装置
		バイアス最適化：補正電圧印加	特登 2626451	液晶表示装置の駆動方法
回路設計	クロストーク防止	容量の最適化	特登 2797972	アクティブマトリクス型液晶表示装置
	輝度改善	方式の改良：駆動方法	特開 2001-142045	液晶表示装置の駆動回路とその駆動方法
	大容量表示	方式の改良：シフトレジスタ	特登 2903990	走査回路
	階調表示	最適設計：3端子素子	特登 2868118	液晶表示装置
		増幅器：帰還回路	特登 3042493	液晶表示装置およびその駆動方法
		方式の改良：セレクタ、スイッチ	特開平 5-35211 日本電気アイシーマイコンシステム	液晶表示装置の駆動回路
	雑音特性向上	方式の改良：ラッチ	特開 2001-184028	アクティブマトリックス型表示装置
	低消費電力化	最適設計：3端子素子	特登 3024618	液晶駆動回路
		増幅器：平衡増幅	特開平 11-259052	液晶表示装置の駆動回路
		方式の改良：サンプリングホールド	特登 2780530	ソースドライバー回路
		方式の改良：シフトレジスタ	特登 2820131	液晶駆動方法および液晶駆動回路
		方式の改良：回路の構成	特登 2994169	アクティブマトリックス型液晶表示装置
	コンパクト化	方式の改良：シフトレジスタ	特登 2625390	液晶表示装置およびその駆動方法
		方式の改良：複合トランジスタ	特登 2715943	液晶表示装置の駆動回路
その他周辺回路	焼き付き防止	方式の改良：複数の電源	特登 2989952	アクティブマトリクス液晶表示装置
	輝度改善	方式の改良：電圧補償	特登 2848139	アクティブマトリクス型液晶表示装置とその駆動方法
	動作の安定化	方式の改良：温度検知	特登 3068465	液晶表示装置

＊ 解決手段には、請求項の主要構成要素等のキーワードを表記（「1.4 技術開発の課題と解決手段」参照）

表2.10.4-1 日本電気のアクティブマトリクス液晶駆動技術の課題対応保有特許（3/4）

技術要素	課題	解決手段*	特許番号 出願日 公開番号 主IPC 共同出願人	発明の名称 概要
その他周辺回路	コンパクト化	入力信号：タッチパネル	特登 2626595	アクティブマトリクス型液晶ディスプレイ一体型タブレット及びその駆動方法
	省資源・低価格化	入力信号：光入力	特登 2653014	アクティブマトリックス液晶ディスプレイ装置
液晶構成要素	焼き付き防止	容量の最適化	特登 3089675	薄膜電界効果型トランジスタ駆動液晶表示素子アレイ及び駆動方法
	クロストーク防止	最適設計：一画素を分割	特開 2000-241797	アクティブマトリクス型液晶表示装置及びその駆動方法
		最適設計：画素の構成	特登 3006586	アクティブマトリクス型液晶表示装置
		最適設計：電極の形状	特登 3092537	液晶表示装置
	コントラスト改善	バイアス最適化	特登 2770763	アクティブマトリクス液晶表示装置
		最適設計：画素の構成	特開 2001-33825	アクティブマトリクス型液晶表示装置
	輝度改善	最適設計：透明電極	特開平 5-40280 91.8.7 特願平 3-196910 G02F1/136,510	カラー液晶表示パネル 　下部基板、上部基板、この上下部基板に挟まれた液晶とからなり、データ信号を分割してRGBのデータ信号を入力することによりカラー表示を行うカラー液晶表示パネルにおいて、走査電極を前記下部基板に設け、かつ、データ電極を前記上部基板側に透明電極として設ける
	動作の安定化	方式の改良：回路の構成	特登 3130829	液晶表示装置
	歩留り向上	回路の改良：サージ保護	特登 3111944	アクティブマトリクス液晶表示装置

＊ 解決手段には、請求項の主要構成要素等のキーワードを表記（「1.4 技術開発の課題と解決手段」参照）

表2.10.4-1 日本電気のアクティブマトリクス液晶駆動技術の課題対応保有特許（4/4）

技術要素	課題	解決手段*	特許番号 出願日 公開番号 主IPC 共同出願人	発明の名称 概要
液晶構成要素	省資源・低価格化	配線構造：配線の配置	特登 3052873 97.2.6 特願平 9-23834 特開平 10-221713 G02F1/1365	液晶表示装置 データバスラインに沿った方向に並んでいる画素1列に対し、信号を印加するためのデータバスラインが2本以上の組で対応し、かつ前記データバスラインの内の1本は画素1列分の長さであり、残りのデータバスラインの長さはそれより短く、画素電極は薄膜電界効果型トランジスタを介して前記バスラインの組のいずれか1本のデータバスラインに接続され、複数のデータバスラインの内の1本が選択され駆動される

＊ 解決手段には、請求項の主要構成要素等のキーワードを表記（「1.4 技術開発の課題と解決手段」参照）

2.11 三洋電機

2.11.1 企業の概要

表2.11.1-1 三洋電機の企業概要

商　　　　号	三洋電機株式会社
本 社 所 在 地	大阪府守口市京阪本通2-5-5
設 立 年 月	1950年（昭和25年）4月
資　本　金	172,241,294,483円（2001年3月末現在）
従 業 員	20,112名（2001年3月末現在）
事 業 内 容	映像機器、音響機器、電化機器、情報システム・電子デバイス、電池などの研究開発ならびに製造・販売
売 上 高	1999年3月　1,076,584百万円 2000年3月　1,121,579百万円 2001年3月　1,242,857百万円
主 要 製 品	AV機器（カラーテレビ、CDプレーヤーなど） 家電機器（冷蔵庫など） 産業機器（冷凍・冷蔵・冷水ショーケースなど） 情報機器（パーソナルコンピューター、液晶ディスプレイなど） 電池・その他（ニカド電池など）

2.11.2 製品例

　液晶テレビ、液晶プロジェクタ、DVDの取扱い事業部門はマルチメディアカンパニーで、携帯電話などの通信機器については三洋テレコミュニケーションで取扱っている。（三洋電機のHPより）

表2.11.2-1　三洋電機の製品例（三洋電機のHPより）

製品名	発売年	概要
PC対応15型液晶テレビ（C-15LP2）	2001年	画面サイズ：幅304mm・高さ228mm・対角380mm タイプ：TFTアクティブマトリクス駆動方式 解像度／色数：横1,024×縦768ピクセル／約1,677万色（24ビットフルカラー） 視野角：水平170℃、垂直170℃ コントラスト：400：1（標準）、輝度400cd／m^2、応答速度20ms（標準）
データ対応液晶プロジェクタ LP-XU31L	2002年	高開口率XGAポリシリコンTFT液晶アクティブマトリクス駆動方式で、高照度200W UHPランプと高効率光学系により短焦点モバイルタイプながら高輝度1,700ANSIルーメントを実現 サイズ：0.9型×3枚 アスペクト比4：3 画素数：786,432画素（1,024×768）×3枚、総画素2,359,296
携帯電話機 C1001SA	2001年	2インチTFTカラー液晶（最大65,536色）を搭載、海外でも使用できるグローバルケイタイで閉じたままで現在の状態がわかるおしらせディスプレイを装備、写真も遅れる高機能eメール対応（国内のみ）
デジタルカメラ DSC-AZ1	2001年	約11万画素1.8型低温ポリシリコンTFTカラー液晶モニターを搭載 カメラ部有効画素数395万画素 記録画素数：3,264×2,448pixels

2.11.3 技術開発拠点と研究者

図2.11.3-1と図2.11.3-2にアクティブマトリクス液晶駆動技術の三洋電機の出願件数と発明者数を示す。発明者は明細書の発明者を年次ごとにカウントしたものである。

三洋電機の開発拠点：本社（大阪府）

図2.11.3-1 三洋電機の発明者数-出願件数の年次推移

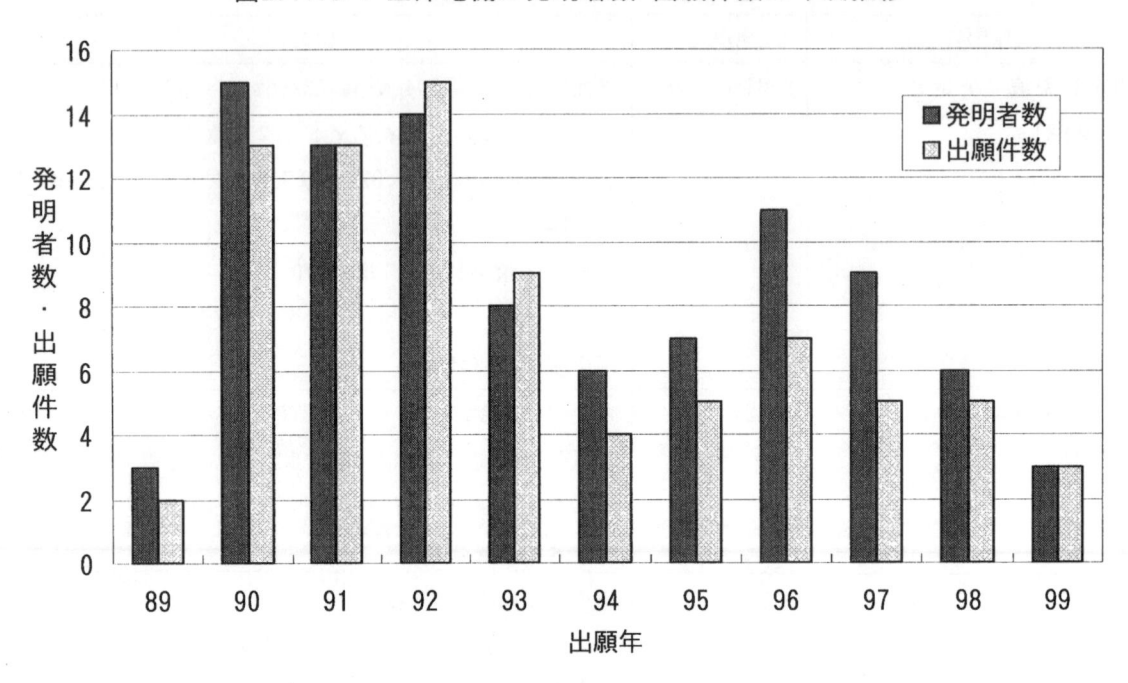

図2.11.3-2 三洋電機の発明者数-出願件数の推移

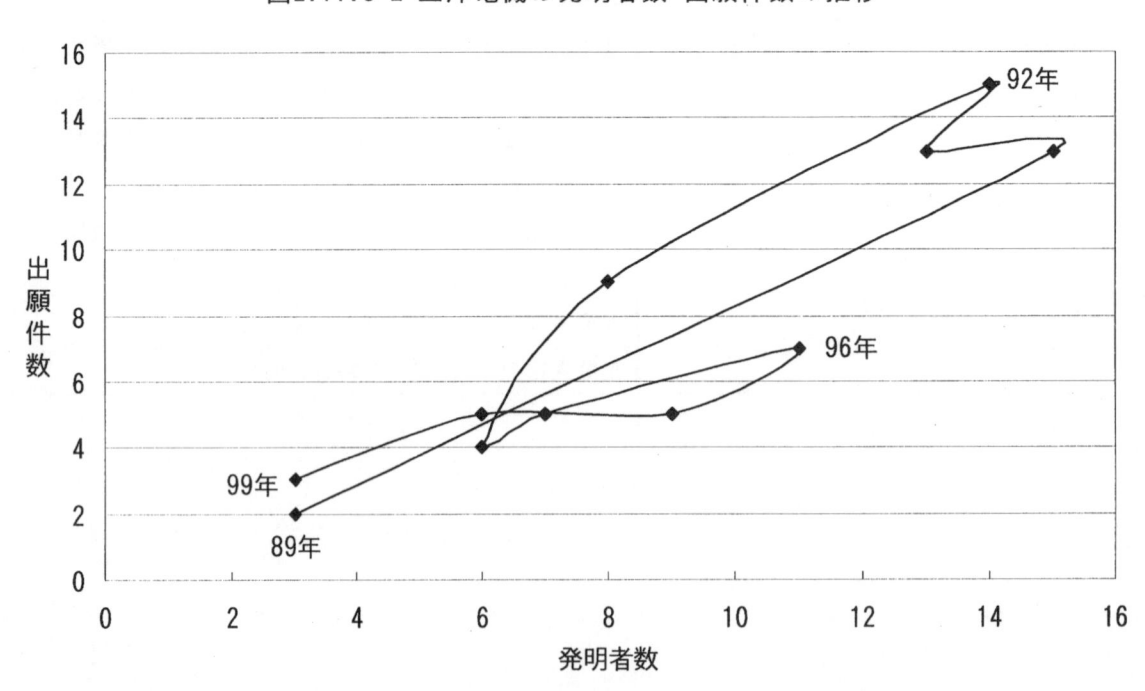

2.11.4 技術開発課題対応保有特許の概要

図2.11.4-1にアクティブマトリクス液晶駆動技術の三洋電機の技術要素と課題の分布を示す。課題「表示特性改善、動作特性改善、低コスト化」に出願が多い。

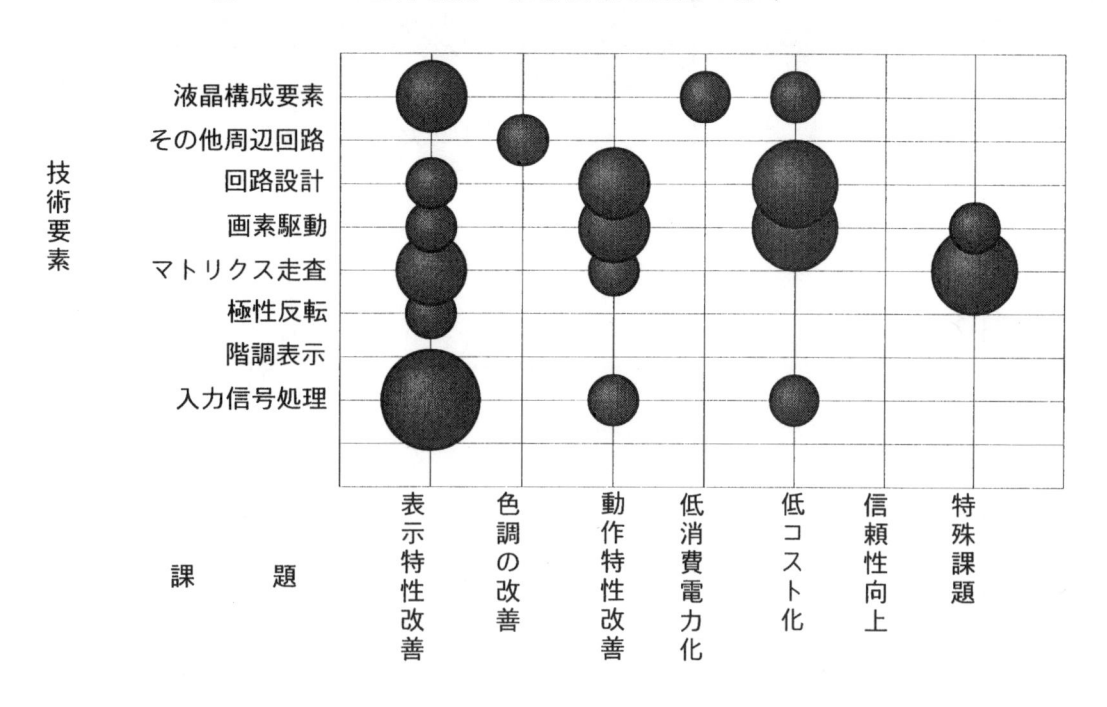

図2.11.4-1 三洋電機の技術要素と課題の分布

表2.11.4-1に三洋電機のアクティブマトリクス液晶駆動技術の課題対応保有特許を示す。出願件数58件のうち、2001年7月現在で審査取下げ、拒絶査定の確定、権利放棄、抹消、満了したものは除いた31件を示す。そのうち、海外出願されかつ指定国数の多い重要特許2件は図と概要入りで示す。

なお、三洋電機は掲載の特許については、開放していない。

表2.11.4-1 三洋電機のアクティブマトリクス液晶駆動技術の課題対応保有特許（1/2）

技術要素	課題	解決手段*	特許番号 出願日 公開番号 主IPC 共同出願人	発明の名称 概要
入力信号処理	コントラスト改善	タイミング制御	特開平 11-85114 97.9.12 特願平 9-248753 G09G3/36	データ線駆動回路 クロック信号に従って順次サンプリングパルスを発生するシフトレジスタ、このレジスタの各段の出力に接続されたバッファ、バッファから出力されるサンプリングパルスに応じてデータ信号をサンプリングするサンプリングスイッチから成り、前記バッファはシフトレジスタの出力を前記クロック信号に同期させるための論理ゲートを有する
		駆動電圧：波形整形	特開平 8-211855	表示装置のドライバ回路および表示装置
		遅延・位相処理	特開平 11-175019	表示装置の駆動回路及び駆動方法
	輝度改善	遅延・位相処理	特開平 7-218896	アクティブマトリックス型液晶表示装置
	動作の安定化	タイミング制御	特開平 11-282433 鳥取三洋電機	液晶表示装置
	歩留り向上	駆動電圧：波形整形	特開平 10-69256	液晶表示装置
極性反転	コントラスト改善	方式の改良：バッファ	特開平 11-231845	表示装置の駆動回路
マトリクス走査	輝度改善	タイミング制御	特開 2000-75264	液晶表示装置の駆動方法
	大容量表示	最適設計：画素の配置	特開 2000-75266	液晶表示装置の駆動方法
	動作の多様化	入力信号：隣画素と同レベル電圧	特開 2001-42836 鳥取三洋電機	液晶表示装置及びその駆動方法
	特殊仕様	方法の改善：任意順序	特開平 11-109924	アクティブマトリクスパネル及び表示装置
		方法の改善：任意方向	特開平 10-74062	双方向シフトレジスタ及び液晶表示装置
		方法の改善：任意方向	特開平 10-96892	液晶表示装置
画素駆動	フリッカ防止	バイアス最適化	特開平 7-36016	液晶表示装置の駆動回路
	高速化	プリチャージ後に書込	特開平 10-105126	液晶表示装置

* 解決手段には、請求項の主要構成要素等のキーワードを表記（「1.4 技術開発の課題と解決手段」参照）

表2.11.4-1 三洋電機のアクティブマトリクス液晶駆動技術の課題対応保有特許（2/2）

技術要素	課題	解決手段*	特許番号 出願日 公開番号 主IPC 共同出願人	発明の名称 概要
画素駆動	動作の安定化	バイアス最適化	特開平 11-109929	液晶表示装置の駆動方法
	コンパクト化	バイアス最適化：バイアスを変化	特登 2632071	液晶表示パネルの駆動装置
	歩留り向上	バイアス最適化：基準電圧を固定	特登 2523054	液晶表示パネル
		入力信号：隣画素と同レベル電圧	実案 2514496	液晶表示装置
	特殊仕様	リセット駆動：波形改善	特開平 9-33890	液晶表示装置の駆動方法
回路設計	コントラスト改善	バイアス最適化	特開平 8-160459 94.12.9 特願平 6-306550 G02F1/136,500	液晶表示装置 　複数の画素電極、複数の薄膜トランジスタ、補助容量電極、および共通電極が設けられた液晶表示装置において、前記補助容量電極は薄膜トランジスタのドレイン電極およびソース電極に対する電圧が前記薄膜トランジスタの閾値以下となる電圧を印加する
	高速化	方式の改良：シフトレジスタ	特開平 11-109926	液晶表示装置
	動作の多様化	方式の改良：セレクタ、スイッチ	特開平 11-249621	表示装置の駆動回路
	コンパクト化	データ保持：メモリ	特開平 7-152345	表示装置の駆動回路
		遅延・位相処理	特開平 8-146910	シフトレジスタ及び表示装置の駆動回路
		方式の改良：クロック回路	特開平 8-211854	表示装置のドライバ回路および表示装置
その他周辺回路	色度域の改善	バイアス最適化：補正電圧印加	特開平 11-223808	液晶表示装置
液晶構成要素	コントラスト改善	タイミング制御：選択時間	特登 2950949	液晶表示装置の駆動方法
	輝度改善	最適設計：画素の配置	特登 2925880	液晶表示装置
	低消費電力化	バイアス最適化	特開 2000-81606	液晶表示素子の駆動方法
	歩留り向上	方式の改良：シフトレジスタ	特開平 7-199876	シフトレジスタ及びアクティブマトリクス方式TFT-LCD並びに駆動回路の駆動方法

＊ 解決手段には、請求項の主要構成要素等のキーワードを表記（「1.4 技術開発の課題と解決手段」参照）

2.12 キヤノン

2.12.1 企業の概要

表2.12.1-1 キヤノンの企業概要

商　　　　号	キヤノン株式会社
本 社 所 在 地	東京都大田区下丸子3-30-2
設 立 年 月	1937年8月
資　本　金	164,796百万円（2000年12月31日現在）
従 業 員	21,200名（2000年12月31日現在）
事 業 内 容	オフィス機器、カメラ、光学機器およびその他の開発・製造・販売・サービス
売 上 高	1998年12月　1,566,768百万円 1999年12月　1,482,393百万円 2000年12月　1,684,209百万円
主 要 製 品	コンピュータ周辺機器（レーザービームプリンタなど） 複写機（オフィス複写機など） カメラ（一眼レフカメラ、デジタルカメラなど） 光学機器他（半導体製造装置など） 情報通信機器（ファクシミリなど）

2.12.2 製品例

　液晶関連では、デジタルカメラ、デジタルビデオカメラ、液晶プロジェクタなどの製品を販売している。TFT液晶パネル自体はシャープなどから調達している。（キヤノンのHPより）

表2.12.2-1 キヤノンの製品例（キヤノンのHPより）

製品名	発売年	概要
PowerShot A50 デジタルカメラ	2001年	液晶ファインダー：2低音ポリシリコンTFT
LV-X1 プロジェクタ	2001年	液晶パネル：0.9型×3 アスペクト比4:3駆動方式：ポリシリコンTFTアクティブマトリクス方式 画素数：786,432（1,024×768）×3枚、総画素数2,359,296画素 配列：ストライプ
FV30KIT デジタルビデオカメラ	2001年	ファインダー：TFTカラー液晶ビューファインダー0.44型約11.3万画素 液晶モニター：2.5型TFTカラー液晶約11.2万画素

2.12.3 技術開発拠点と研究者

図2.12.3-1と図2.12.3-2にアクティブマトリクス液晶駆動技術のキヤノンの出願件数と発明者数を示す。発明者は明細書の発明者を年次ごとにカウントしたものである。

キヤノンの開発拠点：本社（東京都）

図2.12.3-1 キヤノンの発明者数-出願件数の年次推移

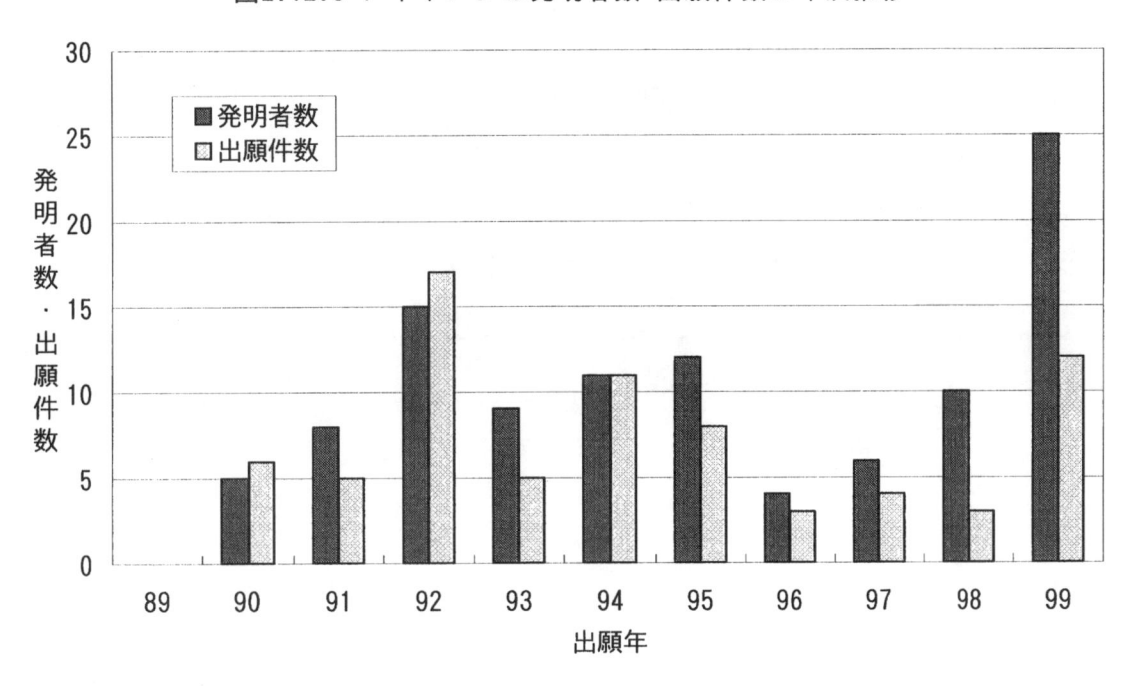

図2.12.3-2 キヤノンの発明者数-出願件数の推移

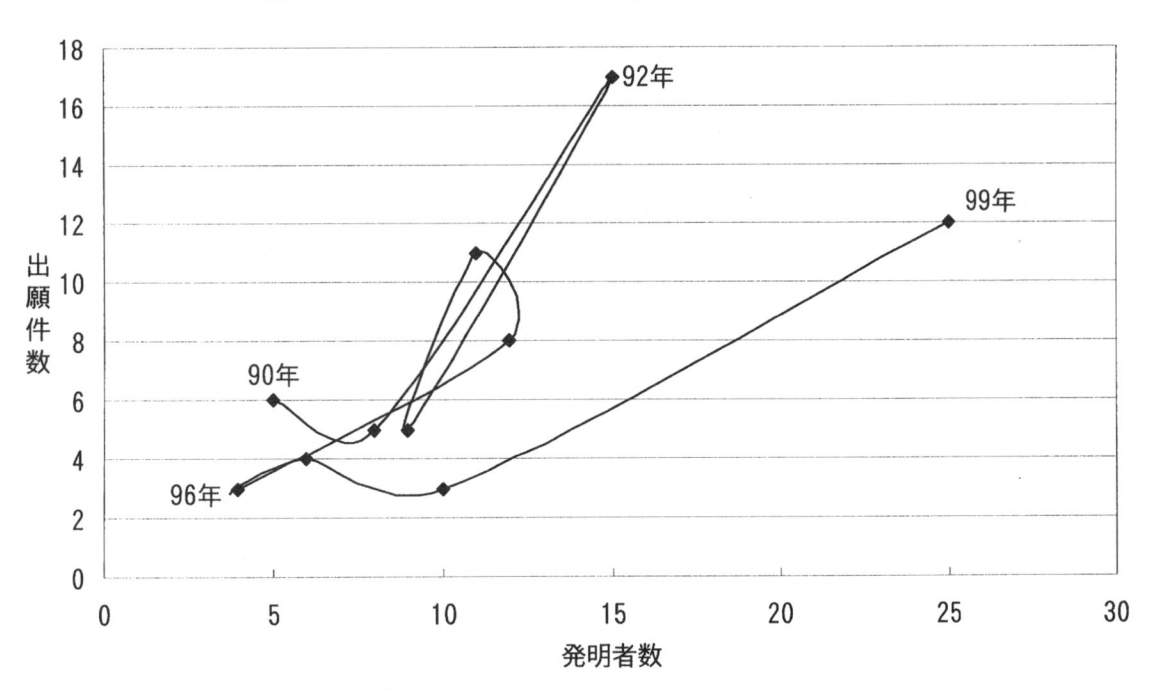

2.12.4 技術開発課題対応保有特許の概要

図2.12.4-1にアクティブマトリクス液晶駆動技術のキヤノンの技術要素と課題の分布を示す。課題「表示特性改善」に出願が多い。その中でも技術要素「液晶構成要素、回路設計、極性反転」に出願が多い。

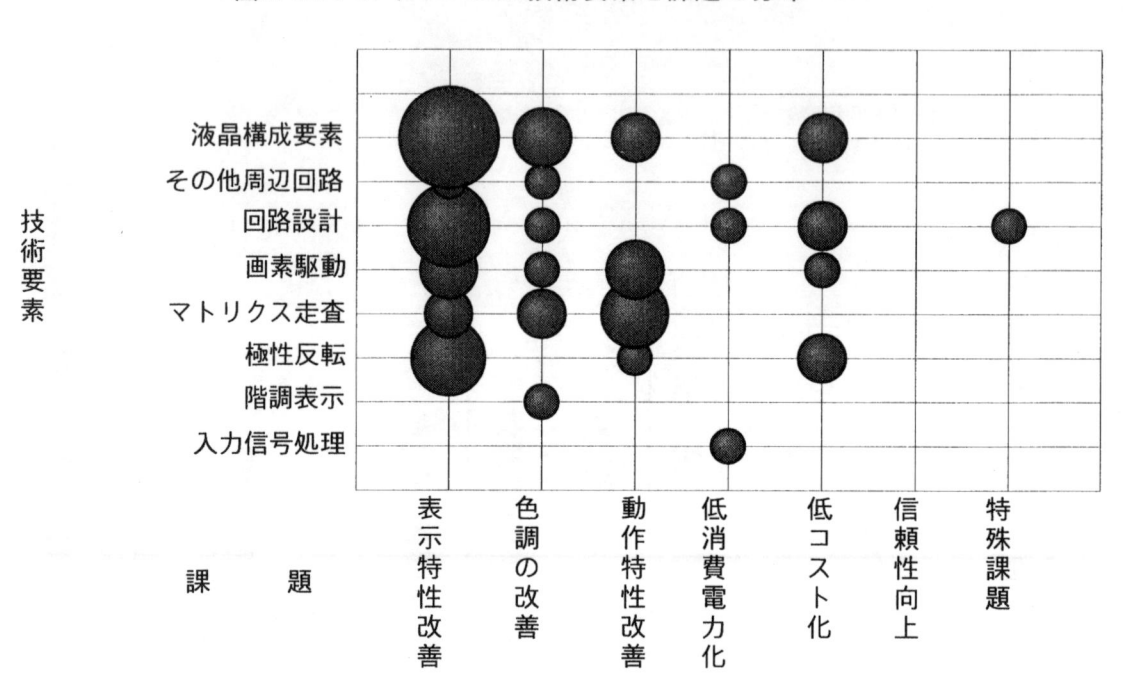

図2.12.4-1 キヤノンの技術要素と課題の分布

表2.12.4-1にキヤノンのアクティブマトリクス液晶駆動技術の課題対応保有特許を示す。出願件数66件のうち、2001年7月現在で審査取下げ、拒絶査定の確定、権利放棄、抹消、満了したものは除いた56件を示す。そのうち、海外出願されかつ指定国数の多い重要特許2件は図と概要入りで示す。

表2.12.4-1 キヤノンのアクティブマトリクス液晶駆動技術の課題対応保有特許（1/3）

技術要素	課題	解決手段*	特許番号 出願日 公開番号 主IPC 共同出願人	発明の名称 概要
信号入力処理	低消費電力化	入力信号：電荷、電界を除去	特登 3127328	表示パネル
表示階調	表示階調	プリチャージ後に書込	特開 2000-275615	表示素子及び液晶素子
極性反転	フリッカ防止	極性反転：フレーム	特開平 11-133376	液晶表示装置と投写型液晶表示装置
		極性反転：極性	特開平 9-325348	液晶表示装置
		極性反転：極性反転	特登 3167078	アクティブマトリックス液晶表示装置とその駆動方法
		極性反転：極性反転	特開平 8-190082	アクティブマトリックス液晶表示装置
	焼き付き防止	極性反転：フレーム	特登 3192574	ディスプレイ
	動作の多様化	最適設計：一画素を分割	特登 3135456	アクティブマトリックス液晶表示装置とその駆動方法
	コンパクト化	極性反転：極性反転	特登 3069930	液晶表示装置
	省資源・低価格化	最適設計：一画素を分割	特開平 7-306662	アクティブマトリックス液晶表示装置とその駆動方法
マトリクス走査	フリッカ防止	方法の改善：一定間隔毎	特登 3148972	カラー表示装置の駆動回路
	高精細化	方法の改善：特殊な走査	特登 2745435	液晶装置
	表示階調	方法の改善：走査順序	特登 2933703	液晶素子およびその駆動法
		方法の改善：特殊な走査	特登 2872428	液晶光学素子
	ひずみ改善	入力信号：差分を加算	特開平 8-160391	表示装置
	動作の多様化	リセット駆動：全電極に印加	特開平 9-9180	液晶表示装置の駆動方法
		方法の改善：走査線数変換	特開平 9-265278	液晶表示装置及びその駆動方法
		方法の改善：特殊な走査	特開 2001-133753	液晶素子の駆動方法
画素駆動	焼き付き防止	リセット駆動：波形改善	特開 2001-59958	液晶素子の駆動方法
	クロストーク防止	駆動電圧：信号を一時停止	特登 3090239	液晶素子の駆動方法および装置
	コントラスト改善	入力信号：信号電極印加波形	特開 2000-105364	液晶装置
	表示階調	プリチャージ後に書込	特開 2000-19485	液晶素子の駆動方法
	高速化	駆動電圧：複数パルス	特開平 11-311770	液晶素子の駆動方法及び該素子を用いた液晶表示装置
		重畳駆動：高周波の重畳	特開 2000-250009	液晶表示装置

＊ 解決手段には、請求項の主要構成要素等のキーワードを表記（「1.4 技術開発の課題と解決手段」参照）

表2.12.4-1 キヤノンのアクティブマトリクス液晶駆動技術の課題対応保有特許（2/3）

技術要素	課題	解決手段*	特許番号 出願日 公開番号 主IPC 共同出願人	発明の名称 概要
画素駆動	動作の多様化	特定パルス印加：非選択期間にも印加	特開 2000-206492	液晶表示装置
	コンパクト化	リセット駆動：波形改善	特開平 8-327979	液晶表示装置
回路設計	視認性改善	方式の改良：共通電極駆動	特開平 8-179364	アクティブマトリックス液晶表示装置とその駆動方法
		方式の改良：駆動方法	特開平 6-202588	シフトレジスタ及びこれを用いた液晶表示装置
	フリッカ防止	リセット駆動：ラインクリア	特登 2673595	アクティブマトリクス液晶素子の駆動法
		リセット駆動：ラインクリア	特登 2727131	アクティブマトリクス液晶素子の駆動法
	輝度改善	リセット駆動：フレームクリア	特登 3175001	液晶表示装置及びその駆動方法
	大容量表示	方式の改良：駆動方法	特登 2525344 95.7.24 特願平 7-207328 特開平 8-54604 G02F1/133,550	マトリクス表示パネル 　表示パネルにおいて、画素群が2分割され、それぞれ独立したゲート線でゲート信号が供給されるようにし、第1の画素群は第2の画素群のサンプルホールドを待たずにゲートをオン状態にして、各画素へ信号を転送し、その間に第2の画素群はゲートをオフ状態として、サンプルホールドを行うようにする
	表示階調	方式の改良：回路の構成	特開平 6-202075	アクティブマトリクス型液晶表示装置
	低消費電力化	配線構造：駆動回路との接続	特開 2001-4980	液晶装置
	低価格化省資源・	方式の改良：駆動方法	特登 3192547	液晶表示装置の駆動方法
		方式の改良：駆動方法	特開平 7-318897	アクティブマトリックス液晶表示装置およびその作製方法
	特殊仕様	方式の改良：複数のパネル	特開平 7-175448	液晶表示装置
その他周辺回路	フリッカ防止	方式の改良：照明光制御	特登 3079402	液晶表示装置
	表示階調	方式の改良：電圧制御	特登 2921577	液晶ライトバルブ装置
	低消費電力化	方式の改良：駆動位相同期	特開 2000-267635	液晶装置の駆動方法

＊ 解決手段には、請求項の主要構成要素等のキーワードを表記（「1.4 技術開発の課題と解決手段」参照）

表2.12.4-1 キヤノンのアクティブマトリクス液晶駆動技術の課題対応保有特許（3/3）

技術要素	課題	解決手段*	特許番号 出願日 公開番号 主IPC 共同出願人	発明の名称 概要
液晶構成要素	視認性改善	回路の改良：冗長構成	特開平 11-125805	マトリクス基板と液晶表示装置とこれを用いた投写型液晶表示装置
		配線構造：配線	特開平 6-202076	アクティブマトリクス型液晶表示装置
		配線構造：配線	特開平 6-202077	アクティブマトリクス型液晶表示装置
	フリッカ防止	バイアス最適化	特登 3109967 94.12.1 特願平 6-298395 特願平 7-234421 G02F1/1368	アクティブマトリクス基板の製造方法 　画素電極とスイッチング素子との間に所定の電位に接続された遮光層を設け、この遮光層と画素電極との間で蓄積容量を形成し、この遮光層の電位をコントロールして液晶印加電圧をバイアスすることで直流成分を低減し、フリッカの発生を解消する
		最適設計：液晶	特開 2001-92421	液晶素子の駆動方法
	焼き付き防止	最適設計：配向状態	特開 2001-133751	液晶素子の駆動方法
	クロストーク防止	最適設計：遮光層	特登 3101780	液晶パネル
	輝度改善	最適設計：誘電異方性型	特開 2000-171776	液晶素子
	高精細化	最適設計：導電体、電極	特開平 8-146386	液晶表示装置およびその表示方法
	階調表示	最適設計：液晶	特登 2805253	強誘電性液晶装置
		最適設計：画素の構成	特登 2872426	液晶光学素子
		最適設計：反強誘電性液晶	特登 3027375	液晶ライトバルブ装置
	高速化	回路の改良：構成要素との関連	特開平 11-133456	マトリクス基板と液晶表示装置とこれを用いた表示装置と液晶プロジェクター装置
		最適設計：一画素を分割	特開 2000-19559	液晶素子
	高集積化	回路の改良：周辺装置組込	特登 3117269	アクティブマトリクス液晶表示装置の製造方法
	コンパクト化	最適設計：画素の構成	特開 2001-142046	液晶表示素子及びそれを用いた液晶表示装置、光学システム

＊ 解決手段には、請求項の主要構成要素等のキーワードを表記（「1.4 技術開発の課題と解決手段」参照）

2.13 沖電気工業

2.13.1 企業の概要

表2.13.1-1 沖電気工業の企業概要

商　　　　号	沖電気工業株式会社
本社所在地	東京都港区虎ノ門1-7-12
設 立 年 月	1949年（昭和24年）11月
資　本　金	67,862,364,568円（2001年3月31日現在）
従　業　員	8,217名（2001年3月31日現在）
事 業 内 容	通信システム、情報システム、伝送システム、測機・制御システム、交換装置、情報通信装置、データ処理装置、半導体・電子部品などの研究・開発・製造・販売
売　上　高	1999年3月　486,625百万円 2000年3月　488,658百万円 2001年3月　534,452百万円
主 要 製 品	データ処理装置（クライアント・サーバシステムなど） 制御装置（ソナー・ソノブイなど） 交換装置（ATM交換装置など） 伝送・無線装置（多重変換装置など） 情報通信装置（CTIシステムなど） 集積回路（LSIなど） 電子部品（光ファイバモジュールなど）

2.13.2 製品例

　取扱い事業部門は、デバイス事業本部内のシリコンソリューションカンパニー八王子地区事業所で取扱っている。（沖電気工業のHPより）

表2.13.2-1 沖電気工業の製品例（沖電気工業のHPより）

製品名	発売年	概要
15型カラー液晶ディスプレイ GD1203	1995年	15型、TFT方式、最大1,024×768画素

2.13.3 技術開発拠点と研究者

図2.13.3-1と図2.13.3-2にアクティブマトリクス液晶駆動技術の沖電気工業の出願件数と発明者数を示す。発明者は明細書の発明者を年次ごとにカウントしたものである。

沖電気工業の開発拠点：本社（東京都）

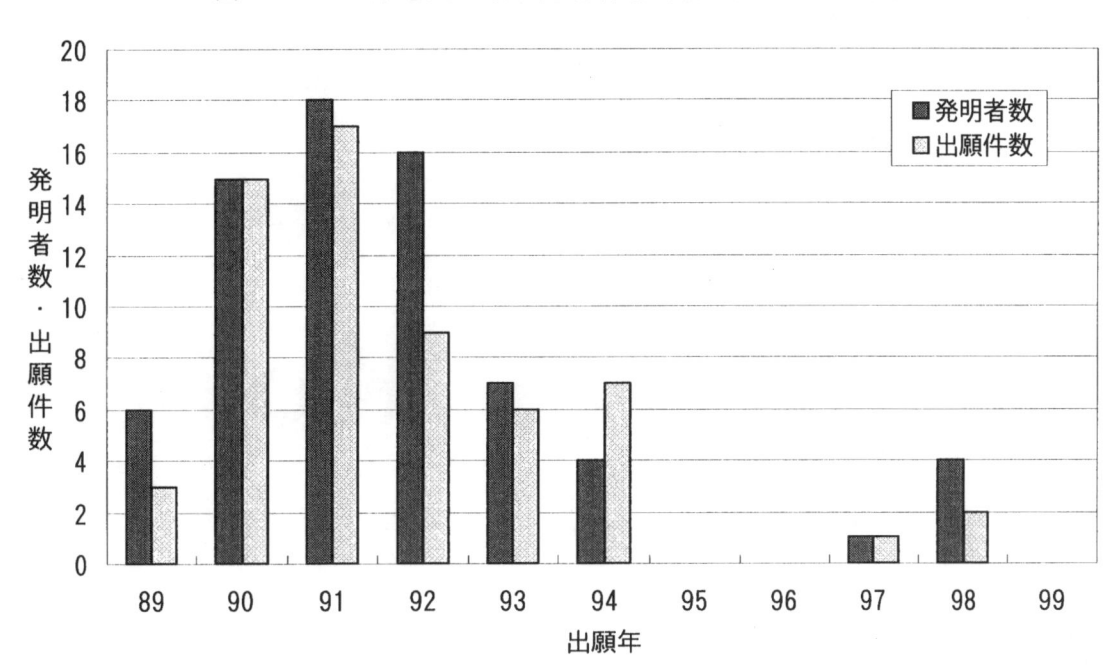

図2.13.3-1 沖電気工業の発明者数-出願件数の年次推移

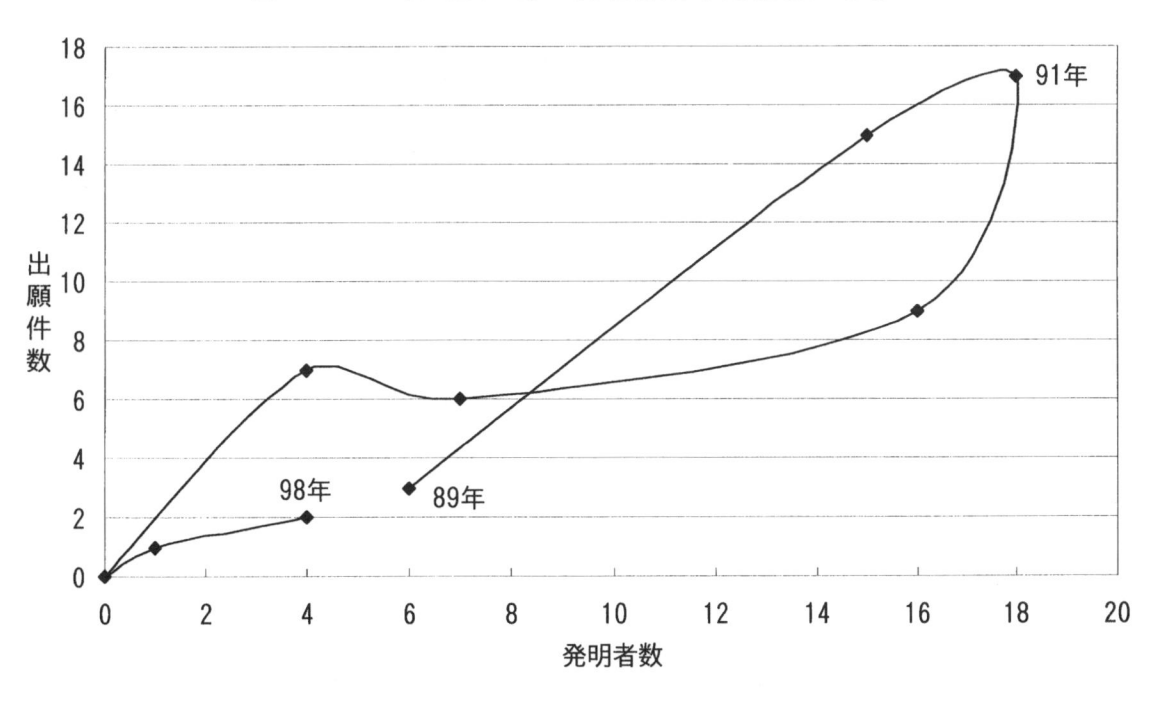

図2.13.3-2 沖電気工業の発明者数-出願件数の推移

2.13.4 技術開発課題対応保有特許の概要

　図2.13.4-1にアクティブマトリクス液晶駆動技術の沖電気工業の技術要素と課題の分布を示す。技術要素「回路設計、階調表示」に出願が多い。その中でも課題「色調の改善、低消費電力」に出願が多い。

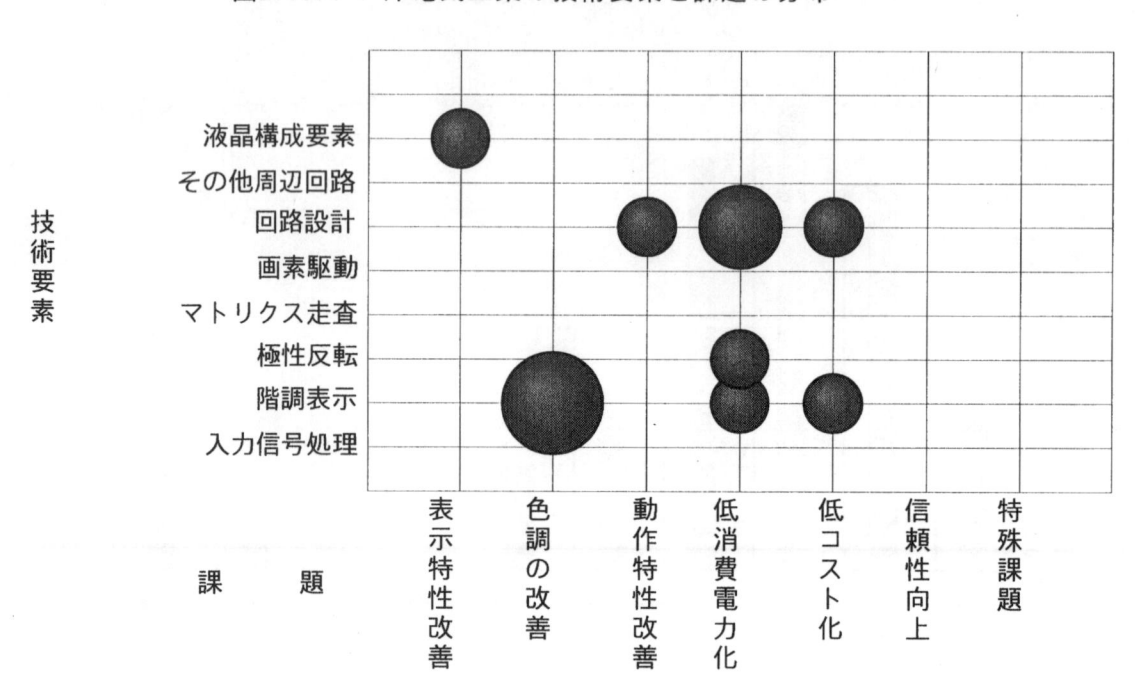

図2.13.4-1 沖電気工業の技術要素と課題の分布

　表2.13.4-1に沖電気工業のアクティブマトリクス液晶駆動技術の課題対応保有特許を示す。出願件数43件のうち、2001年7月現在で審査取下げ、拒絶査定の確定、権利放棄、抹消、満了したものは除いた11件を示す。そのうち、海外出願されかつ指定国数の多い重要特許1件は図と概要入りで示す。

表2.13.4-1 沖電気工業のアクティブマトリクス液晶駆動技術の課題対応保有特許

技術要素	課題	解決手段*	特許番号 出願日 公開番号 主IPC 共同出願人	発明の名称 概要
階調表示	階調表示	特定パルス印加：非選択期間に不印加	特登 2718835 90.12.13 特願平 2-401945 G09G3/36	液晶表示装置 　液晶表示装置において、制御パルスがオンの期間内で一定の割合で電圧が変化する基準階調信号を画素電極に印加し、階調レベルに応じた期間だけ電圧レベルが確定し他の期間にはハイインピーダンス状態となるデータ信号をデータ電極に供給し、各画素ごとの階調レベルが、当該画素の画素電極に対向するデータ電極に印加されるデータ信号の電圧レベルが一定の値に確定される期間で制御される
	階調表示	変調手法：重み付け	特開平 8-6524	液晶表示装置の階調駆動回路
		方式の改良：ラッチ	実案 2598474	アクティブマトリックス型液晶表示装置の階調駆動回路
	低消費電力化	駆動電圧：スムーズ化	特開平 8-101667	アクティブマトリックス型液晶パネルの階調駆動方法
	コンパクト化	タイミング制御	特開平 11-153981	液晶セルの駆動回路
極性反転	低消費電力化	駆動電圧：最大電圧	特開平 7-104704	アクティブマトリクス型液晶ディスプレイの駆動方法及び電源電圧変換回路
回路設計	雑音特性向上	リセット駆動：入力回路	特開平 11-30975	液晶表示装置の駆動回路及びその駆動方法
	低消費電力化	バイアス最適化	特登 3119942	アクティブマトリクス型薄膜トランジスタ液晶パネルの駆動方法
		バイアス最適化	特登 3193462	アクティブマトリクス型薄膜トランジスタ液晶パネルの駆動方法
	コンパクト化	データ保持：メモリ	特開 2000-3159	液晶ディスプレイの階調駆動回路
液晶構成要素	輝度改善	方式の改良：制御用補助電界生成	特登 2665066	アクティブマトリクス駆動型液晶ディスプレイ

＊ 解決手段には、請求項の主要構成要素等のキーワードを表記（「1.4 技術開発の課題と解決手段」参照）

2.14 三菱電機

2.14.1 企業の概要

表2.14.1-1 三菱電機の企業概要

商　　　　号	三菱電機株式会社
本 社 所 在 地	東京都千代田区丸の内2-2-3
設 立 年 月	1921年（大正10年）1月
資　本　金	1,758億円（2000年3月現在）
従 業 員	42,989名
事 業 内 容	エレクトロニクス、エネルギー、宇宙、通信、家電などあらゆる電気機器及びシステム技術の研究・開発・製造・販売
売 上 高	1999年3月　2,770,756百万円 2000年3月　2,705,055百万円 2001年3月　2,932,682百万円
主 要 製 品	重電機器（タービン・水車発電機など） 産業・メカトロニクス機器（FAシステム，など） 情報通信システム・電子デバイス（液晶表示装置など） 家庭電器（カラーテレビなど）

2.14.2 製品例

2000年1月にNECとの合弁会社（NEC三菱電機ビジュアルシステムズ）を設立し、同社でLCDディスプレイモニターおよびその応用製品の開発・設計、製造、販売を担当している。
（NEC三菱ビジュアルシステムズのHPより）

表2.14.2-1 三菱電機の製品例（NEC三菱ビジュアルシステムズのHPより）

製品名	発売年	概要
液晶ディスプレイ RDT184S	2001年	色再現性に優れた高品位な18.1型（46cm）TFT液晶パネル採用、広視野角と高コントラストでプロユースに幅広く対応する高画質大画面、画素ピッチ0.2805mm、最大表示画素数1,280ドット×1,024ライン
液晶ディスプレイ RDT213S	2001年	21.3型（54cm）TFTカラー液晶パネルの大画面で、UXGA対応の高解像度を実現、パネルをタテ位置にできる。画素ピッチ0.27mm、最大表示画素数1,600ドット×1,200ライン

2.14.3 技術開発拠点と研究者

図2.14.3-1と図2.14.3-2にアクティブマトリクス液晶駆動技術の三菱電機の出願件数と発明者数を示す。発明者は明細書の発明者を年次ごとにカウントしたものである。

三菱電機の開発拠点：電子商品開発研究所（京都府）
　　　　　　　　　　材料デバイス研究所（兵庫県）
　　　　　　　　　　本社（東京都）

図2.14.3-1 三菱電機の発明者数-出願件数の年次推移

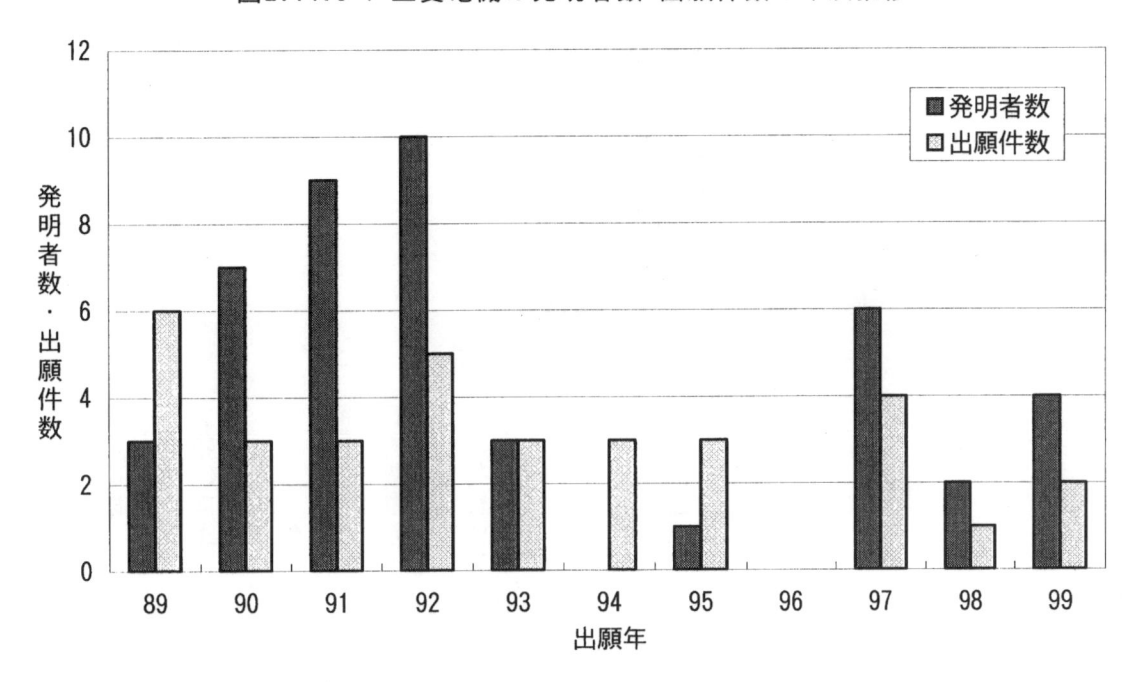

図2.14.3-2 三菱電機の発明者数-出願件数の推移

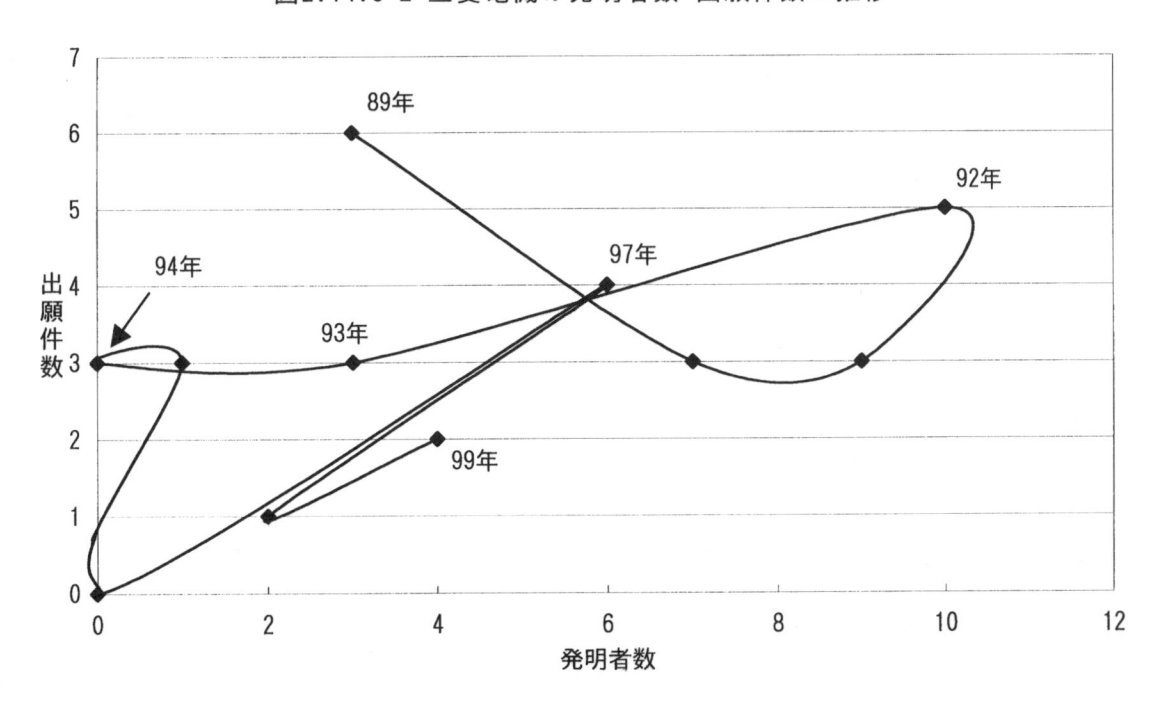

2.14.4 技術開発課題対応保有特許の概要

図2.14.4-1にアクティブマトリクス液晶駆動技術の三菱電機の技術要素と課題の分布を示す。技術要素「液晶構成要素、画素駆動」に出願が多い。その中でも課題「表示特性改善」に出願が多い。

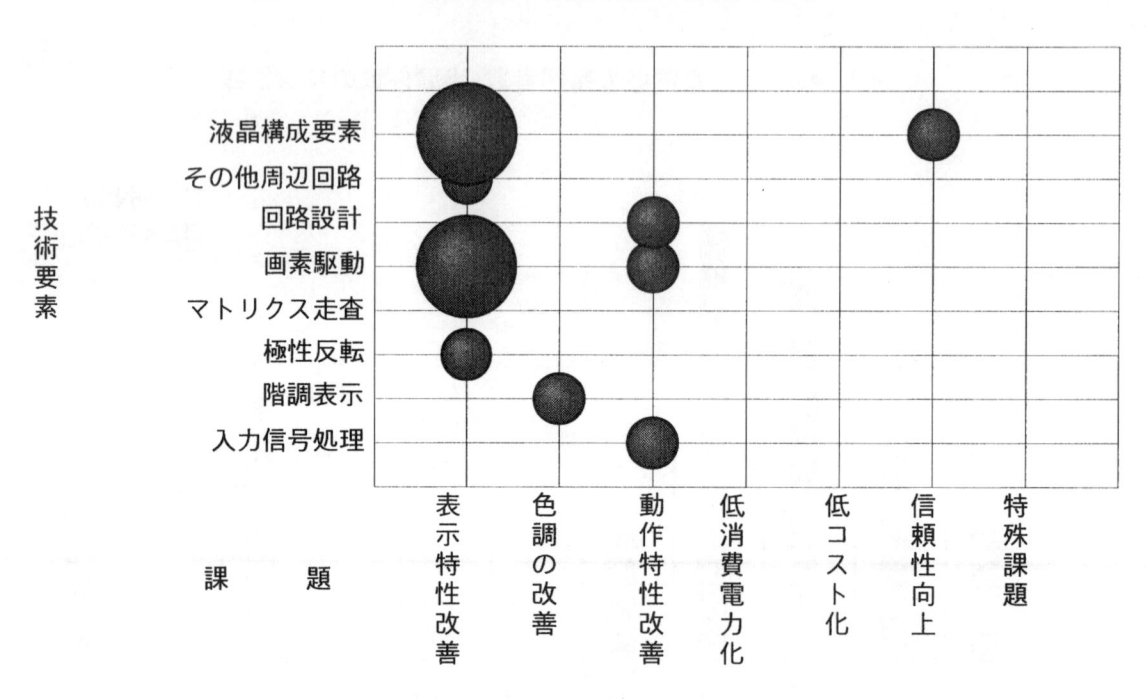

図2.14.4-1 三菱電機の技術要素と課題の分布

表2.14.4-1に三菱電機のアクティブマトリクス液晶駆動技術の課題対応保有特許を示す。出願件数26件のうち、2001年7月現在で審査取下げ、拒絶査定の確定、権利放棄、抹消、満了したものは除いた15件を示す。そのうち、海外出願されかつ指定国数の多い重要特許1件は図と概要入りで示す。

表2.14.4-1 三菱電機のアクティブマトリクス液晶駆動技術の課題対応保有特許 (1/2)

技術要素	課題	解決手段*	特許番号 出願日 公開番号 主IPC 共同出願人	発明の名称 概要
信号入力処理	動作の安定化	リセット駆動：入力回路	特開 2001-75535	液晶表示装置
表示階調	表示階調	入力信号：信号方式変換	特開平 11-231842	液晶表示装置
極性反転	クロストーク防止	増幅器：相関回路	特開平 8-202317	液晶表示装置及びその駆動方法
画素駆動	焼き付き防止	方式の改良：電圧可変	特開平 8-68985 旭硝子	液晶表示装置
画素駆動	クロストーク防止	極性反転：隣接配線間	特開平 8-171369	液晶表示装置およびその駆動方法
画素駆動	輝度改善	バイアス最適化	特開平 8-227067	液晶表示装置及びその駆動方法
画素駆動	輝度改善	バイアス最適化：補正電圧印加	特開平 10-268842	マトリクス型表示装置の駆動回路
画素駆動	雑音特性向上	プリチャージ後に書込	特開平 10-207434	液晶表示装置
回路設計	ひずみ改善	配線構造：駆動回路との接続	特開平 7-13526	液晶表示装置およびその駆動方法
その他周辺回路	輝度改善	最適設計：一画素を分割	特登 3121932	液晶表示装置
液晶構成要素	フリッカ防止	極性反転：極性反転	特登 2983027	液晶表示装置
液晶構成要素	コントラスト改善	配線構造：配線	特開平 11-52928	液晶駆動装置
液晶構成要素	輝度改善	最適設計：絶緑層	特登 2936873	液晶表示装置およびその製造方法
液晶構成要素	輝度改善	遅延・位相処理	特登 2947299	マトリックス型表示装置

＊ 解決手段には、請求項の主要構成要素等のキーワードを表記(「1.4 技術開発の課題と解決手段」参照)

表2.14.4-1 三菱電機のアクティブマトリクス液晶駆動技術の課題対応保有特許（2/2）

技術要素	課題	解決手段*	特許番号 出願日 公開番号 主IPC 共同出願人	発明の名称 概要
液晶構成要素	信頼性向上	回路の改良：冗長構成	特登 2900662 91.10.18 特願平 3-270863 特開平 5-107559 G02F1/136,500	薄膜トランジスタアレイ アクティブマトリクス薄膜トランジスタアレイにおいて、保持容量の電極として走査線方向に1本の共通の保持容量用配線をゲート配線に平行に配置し、ゲート配線と保持容量用配線の接続を表示部の外側の周辺部で電気的に接続する

＊ 解決手段には、請求項の主要構成要素等のキーワードを表記（「1.4 技術開発の課題と解決手段」参照）

2.15 アドバンスト・ディスプレイ

2.15.1 企業の概要

表2.15.1-1 アドバンスト・ディスプレイの企業概要

商　　　　号	株式会社アドバンスト・ディスプレイ
本社所在地	熊本県菊池郡西合志町御代志997
設立年月	1991年（平成3年）4月
資　本　金	239億円
従　業　員	613名
事業内容	TFTカラー液晶ディスプレイモジュールの開発・製造・販売
売　上　高	約600億円
主要製品	ノートブックパソコン用、デスクトップパソコンモニター用、及び産業用TFTカラー液晶ディスプレイ

2.15.2 製品例

　アドバンスト・ディスプレイは三菱電機と旭硝子との合弁会社で、TFTカラー液晶ディスプレイモジュールの開発・製造・販売を行っている。特に三菱電機グループの中でカラー液晶ディスプレイの開発・製造を担当している。用途はノートブックパソコン用、デスクトップパソコンモニター用、および産業用などである。11.3インチおよび12.1インチのSVGAタイプ、また12.1インチのXGAタイプの大型カラーTFT液晶ディスプレイを生産している。（メルコのHPより）

2.15.3 技術開発拠点と研究者

図2.15.3-1と図2.15.3-2にアクティブマトリクス液晶駆動技術のアドバンスト・ディスプレイの出願件数と発明者数を示す。発明者は明細書の発明者を年次ごとにカウントしたものである。

アドバンスト・ディスプレイの開発拠点：本社（熊本県）

図2.15.3-1 アドバンスト・ディスプレイの発明者数-出願件数の年次推移

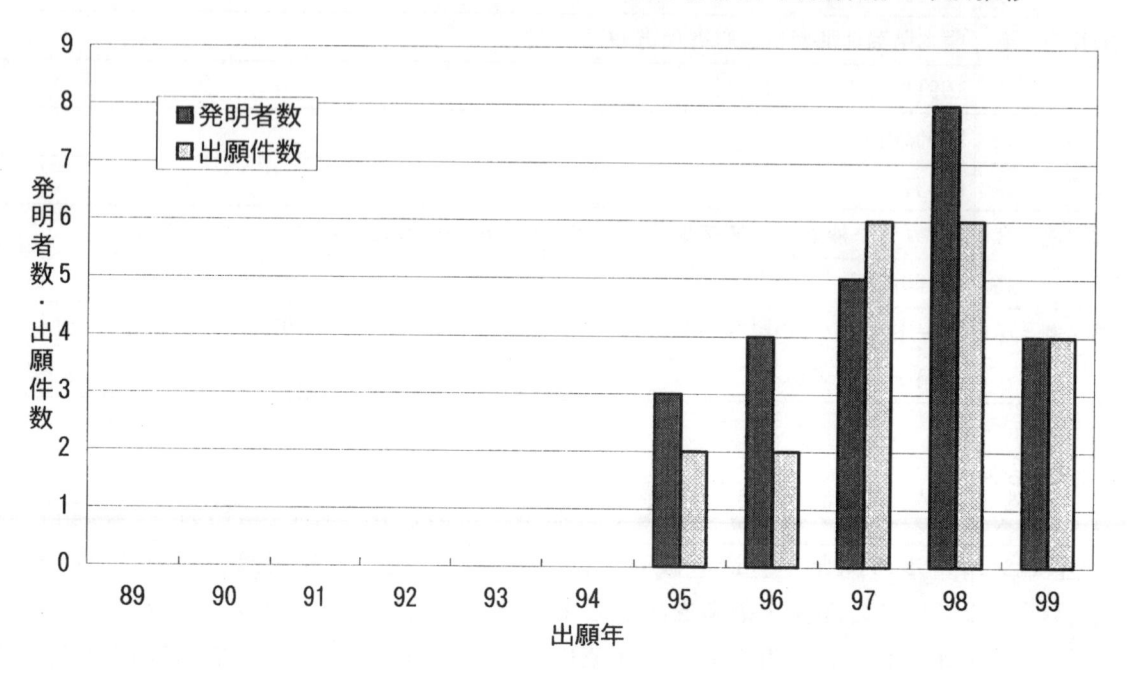

図2.15.3-2 アドバンスト・ディスプレイの発明者数-出願件数の推移

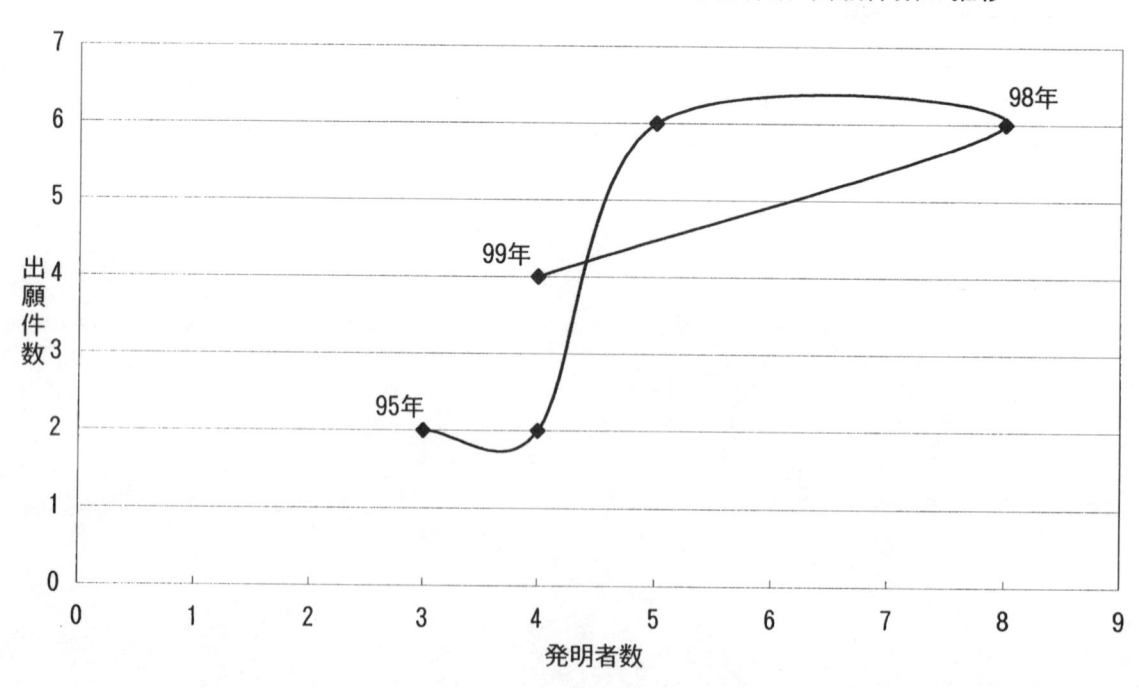

2.15.4 技術開発課題対応保有特許の概要

　図2.15.4-1にアクティブマトリクス液晶駆動技術のアドバンスト・ディスプレイの技術要素と課題の分布を示す。課題「表示特性改善」に出願が多い。その中でも技術要素「液晶構成要素、回路設計、画素駆動」に出願が多い。

図2.15.4-1 アドバンスト・ディスプレイの技術要素と課題の分布

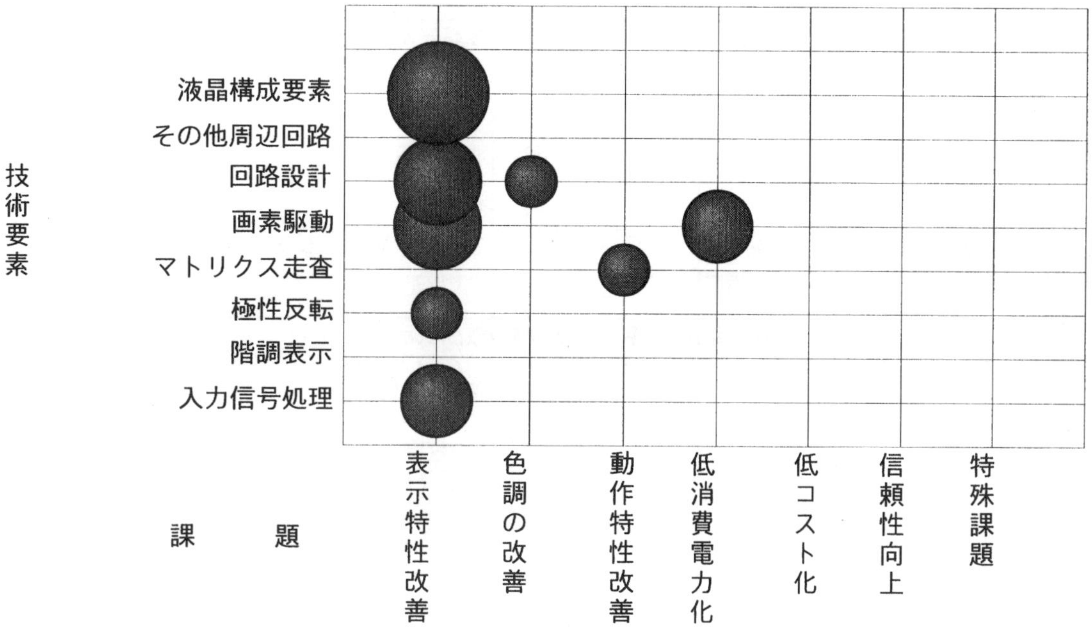

　表2.15.4-1にアドバンスト・ディスプレイのアクティブマトリクス液晶駆動技術の課題対応保有特許を示す。出願件数18件のうち、2001年7月現在で審査取下げ、拒絶査定の確定、権利放棄、抹消、満了したものは除いた16件を示す。そのうち、海外出願されかつ指定国数の多い重要特許1件は図と概要入りで示す。

表2.15.4-1 アドバンスト・ディスプレイのアクティブマトリクス液晶駆動技術の課題対応保有特許
(1/2)

技術要素	課題	解決手段*	特許番号 出願日 公開番号 主IPC 共同出願人	発明の名称 概要
入力信号処理	焼き付き防止	入力信号：電荷、電界を除去	特開 2001-92416	画像表示装置
	コントラスト改善	配線構造：駆動回路との接続	特開平 11-133922	液晶表示装置
極性反転	フリッカ防止	配線構造：駆動回路との接続	特開 2000-20027	液晶表示装置
画素駆動	フリッカ防止	極性反転：隣接配線間	特開平 11-161235	液晶表示装置及びその駆動方法
	クロストーク防止	バイアス最適化：補正電圧印加	特開平 10-268844 97.3.27 特願平 9-75538 G09G3/36	液晶表示装置 アクティブマトリクス液晶表示装置において、あらかじめ補正電圧選択回路でN段階の補正電圧値を設定し、タイミングコントローラICで1ラインごとの画像データにより補正する電圧をN段階から選ぶ信号を作り、この信号で選択された補正電圧は電圧重畳回路に送られDC/DCコンバータからのVref電圧に重畳し、補正後のVref電圧を基準として階調電圧を生成する
	コントラスト改善	タイミング制御：走査波形と信号波形	特開 2000-35559	液晶表示装置およびそのタイミング回路
	低消費電力化	特定パルス印加：非選択期間にも印加	特開平 10-214064	液晶表示パネルの駆動方法およびその制御手段
		特定パルス印加：非選択期間に不印加	特開平 11-338433	液晶駆動装置および方法
回路設計	フリッカ防止	バイアス最適化：補正電圧印加	特開平 11-133919	液晶表示装置
	クロストーク防止	タイミング制御	特開平 10-31201	液晶表示装置およびその駆動方法
		バイアス最適化：補正電圧印加	特開 2000-28992	液晶表示装置
	階調表示	方式の改良：バッファ	特開平 11-338432	液晶駆動IC

* 解決手段には、請求項の主要構成要素等のキーワードを表記（「1.4 技術開発の課題と解決手段」参照）

表2.15.4-1 アドバンスト・ディスプレイのアクティブマトリクス液晶駆動技術の課題対応保有特許 (2/2)

技術要素	課題	解決手段*	特許番号 出願日 公開番号 主IPC 共同出願人	発明の名称 概要
液晶構成要素	フリッカ防止	方式の改良：回路の配置	特開 2000-275607	液晶表示装置
	焼き付き防止	バイアス最適化：補正電圧印加	特開平 11-149279	液晶表示装置
	輝度改善	タイミング制御：選択時間	特開 2001-13480	液晶表示装置
	高精細化	入力信号：信号方式変換	特開 2000-338463	液晶表示装置

＊ 解決手段には、請求項の主要構成要素等のキーワードを表記(「1.4 技術開発の課題と解決手段」参照)

2.16 IBM

2.16.1 企業の概要

表2.16.1-1 IBMの企業概要

商　　　　　号	インターナショナル ビジネス マシーンズ CORP
本 社 所 在 地	New Orchard Road Armonk, NY 10504
設 　立 　年	1911年
資 　本 　金	884億ドル
従 　業 　員	316,303名
事 　業 内 容	情報処理システム、ソフトウェア、その他の製品、サービスによるソリューション（問題解決）を提供
売 　上 　高	2000年　884億ドル
主 　要 製 品	PC・PC周辺機器、サーバー、記憶装置、プリンタシステム、ネットワーク、POS製品、サプライ製品、ソフトウェア、テクノロジー製品（液晶パネル/ディスプレイ）

2.16.2 製品例

　IBMは、TFTディスプレイをシンク・パッド・ノート各シリーズに採用している。（IBMのHPより）

表2.16.2-1 IBMの製品例（IBMのHPより）

製品名	発売年	概要
T560 TFTアクティブマトリクス 液晶モニター	2001年	サイズ：15型 高解像度：1,024×768 有効画面：幅304.1mm×高さ228.1mm 垂直方向±45度 消費電力：30W 画面回転機構を搭載

2.16.3 技術開発拠点と研究者

図2.16.3-1と図2.16.3-2にアクティブマトリクス液晶駆動技術のIBMの出願件数と発明者数を示す。発明者は明細書の発明者を年次ごとにカウントしたものである。

IBMの開発拠点：野洲事業所、大和事業所、東京基礎研究所（神奈川県）

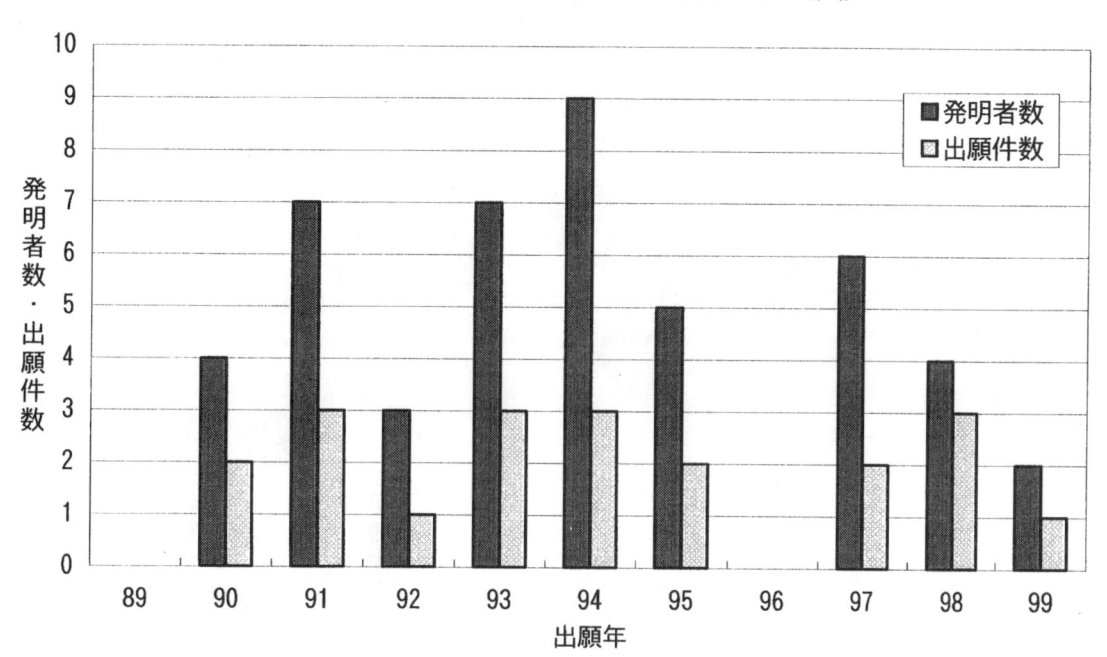

図2.16.3-1 IBMの発明者数-出願件数の年次推移

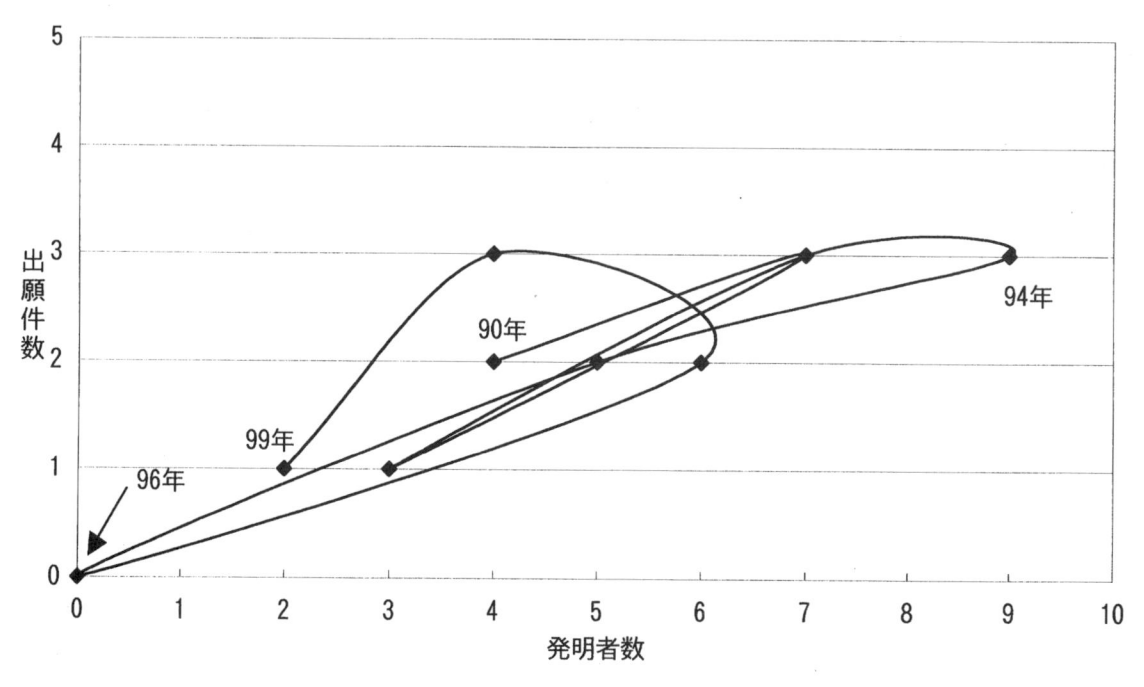

図2.16.3-2 IBMの発明者数-出願件数の推移

2.16.4 技術開発課題対応保有特許の概要

　図2.16.4-1にアクティブマトリクス液晶駆動技術のIBMの技術要素と課題の分布を示す。課題「表示特性改善」に出願が多い。その中でも技術要素「液晶構成要素、その他周辺回路、画素駆動、極性反転」に出願が多い。

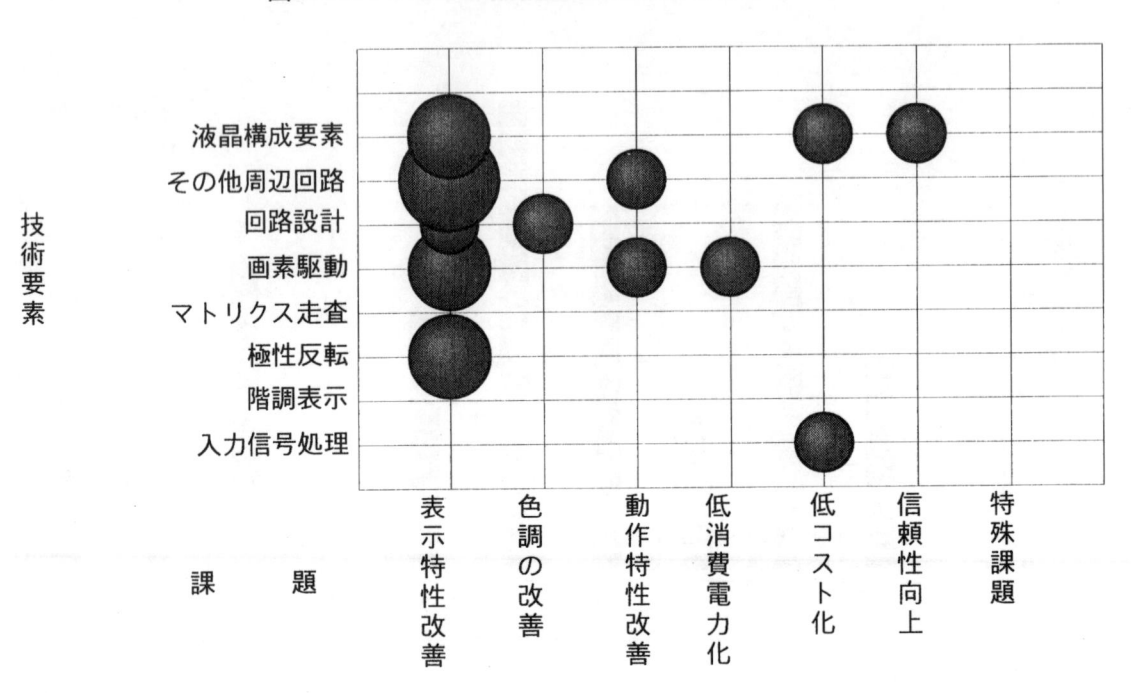

図2.16.4-1 IBMの技術要素と課題の分布

　表2.16.4-1にIBMのアクティブマトリクス液晶駆動技術の課題対応保有特許を示す。出願件数20件のうち、2001年7月現在で審査取下げ、拒絶査定の確定、権利放棄、抹消、満了したものは除いた17件を示す。そのうち、海外出願されかつ指定国数の多い重要特許1件は図と概要入りで示す。

表2.16.4-1 IBMのアクティブマトリクス液晶駆動技術の課題対応保有特許（1/2）

技術要素	課題	解決手段*	特許番号 出願日 公開番号 主IPC 共同出願人	発明の名称 概要
入力信号処理	コンパクト化	方式の改良：回路動作状態検知	特登 2815311	液晶表示装置の駆動装置及び方法
極性反転	焼き付き防止	入力信号：前処理、後処理	特開 2000-105575	液晶表示装置の駆動方法
	クロストーク防止	データ保持：メモリ	特公平 7-109544	液晶表示装置並びにその駆動方法及び駆動装置
画素駆動	フリッカ防止	リセット駆動：全電極に印加	特開 2000-122596	表示装置
	コントラスト改善	駆動電圧：不均等パルス幅	特登 2643100	液晶表示装置の駆動方法及び装置
	高速化	プリチャージ後に書込	特登 3110980 95.7.18 特願平 7-181389 特開平 9-33891 G02F1/133,550	液晶表示装置の駆動装置及び方法 　液晶表示の駆動装置は多数本のデータ線が複数のデータ線群から成り、データ線へのデータ電圧の印加を、データ線群ごとに順にかつゲート線に電圧が印加されている所定期間内に行う
	低消費電力化	バイアス最適化：補正電圧印加	特登 3037886	液晶表示装置の駆動方法
回路設計	クロストーク防止	リセット駆動：ブロック単位メモリ	特開平 11-109921	液晶表示装置における画像表示方法及び液晶表示装置
	階調表示	方式の改良：複合トランジスタ	特登 2669591	データ・ライン・ドライバ
その他周辺回路	焼き付き防止	入力信号：電荷、電界を除去	特開平 10-333642	液晶表示装置
	輝度改善	増幅器：帰還回路	特開 2000-112442	液晶表示装置用ソース・ドライバの出力レベル平準化回路
	視野角改善	方式の改良：複数の電源	特登 2888382	液晶表示装置並びにその駆動方法及び駆動装置

* 解決手段には、請求項の主要構成要素等のキーワードを表記（「1.4 技術開発の課題と解決手段」参照）

表2.16.4-1 IBMのアクティブマトリクス液晶駆動技術の課題対応保有特許 (2/2)

技術要素	課題	解決手段*	特許番号 出願日 公開番号 主IPC 共同出願人	発明の名称 概要
その他周辺回路	動作の安定化	バイアス最適化：補正電圧印加	特登 2667373	アナログ・ビデオ信号補正装置及びTFT液晶表示装置
液晶構成要素	クロストーク防止	最適設計：絶縁層	特登 2635885	薄膜トランジスタ及びアクティブマトリクス液晶表示装置
液晶構成要素	輝度改善	配線構造：配線	特公平 7-119919	液晶表示装置
液晶構成要素	歩留り向上	極性反転：H/V	特開 2000-321600	液晶表示装置及びこれの製造方法
液晶構成要素	信頼性向上	入力信号：平均化した基準電圧	特登 2579427	表示装置及び表示装置の駆動方法

＊ 解決手段には、請求項の主要構成要素等のキーワードを表記(「1.4 技術開発の課題と解決手段」参照)

2.17 シチズン時計

2.17.1 企業の概要

表2.17.1-1 シチズン時計の企業概要

商　　　　号	シチズン時計株式会社
本 社 所 在 地	東京都西東京市田無町6-1-12
設 立 年 月	1930年5月
資　本　金	326億4,800万円（2001年3月31日現在）
従　業　員	2,259名（2001年3月31日現在）
事 業 内 容	腕時計、情報・電子機器、産業用機械・機器の製造・販売
売　上　高	1999年3月　194,773百万円 2000年3月　185,912百万円 2001年3月　196,357百万円
主 要 製 品	腕時計・部分品（アナログ・デジタル・コンビネーションの各種腕時計など） 情報機器（各種プリンタ、液晶表示装置など） 電子機器（液晶テレビ、液晶表示ユニットなど） 産業用機械・機器（小型精密工作機器など）

2.17.2 製品例

　1986年にリング・ダイオード型アクティブマトリクス方式のカラーテレビ開発を行っていたが、現在は単純マトリクス駆動方式のSTN液晶モジュールを主体に提供をしている。独自の強誘電液晶デバイスを搭載した液晶ビューファインダーについては、同社の関連会社ミヨタが取扱っている。TFT液晶モジュールについての製品は見当たらない。（シチズン時計のHPより）

2.17.3 技術開発拠点と研究者

図2.17.3-1と図2.17.3-2にアクティブマトリクス液晶駆動技術のシチズン時計の出願件数と発明者数を示す。発明者は明細書の発明者を年次ごとにカウントしたものである。

シチズン時計の開発拠点：技術研究所（埼玉県）

図2.17.3-1 シチズン時計の発明者数-出願件数の年次推移

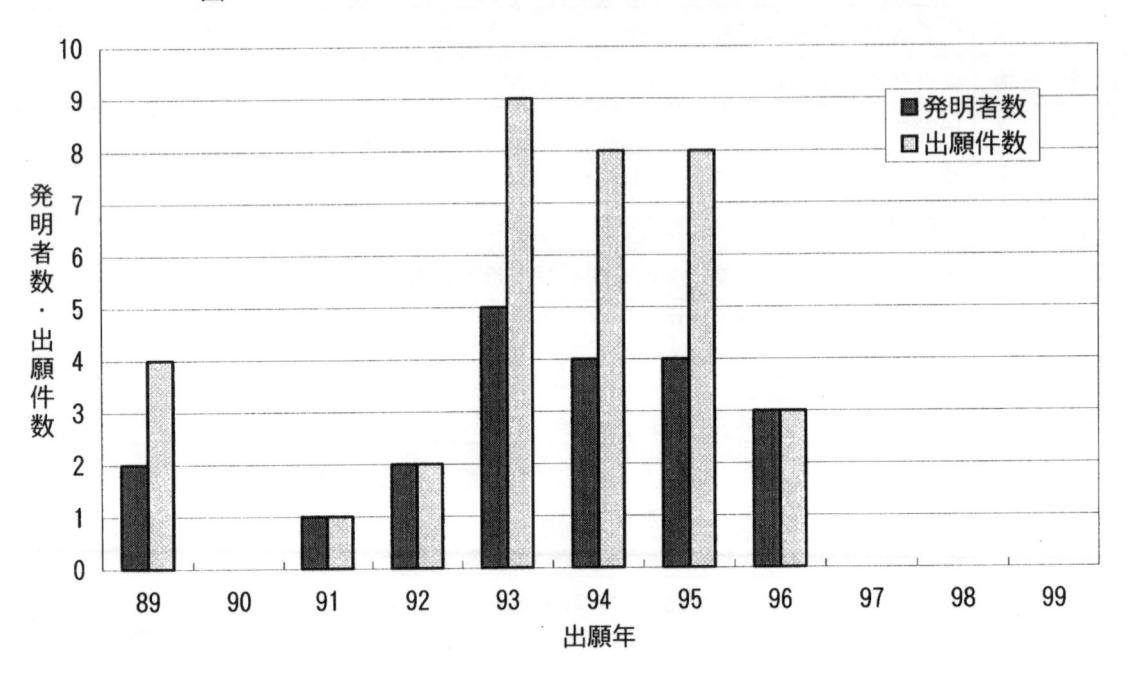

図2.17.3-2 シチズン時計の発明者数-出願件数の推移

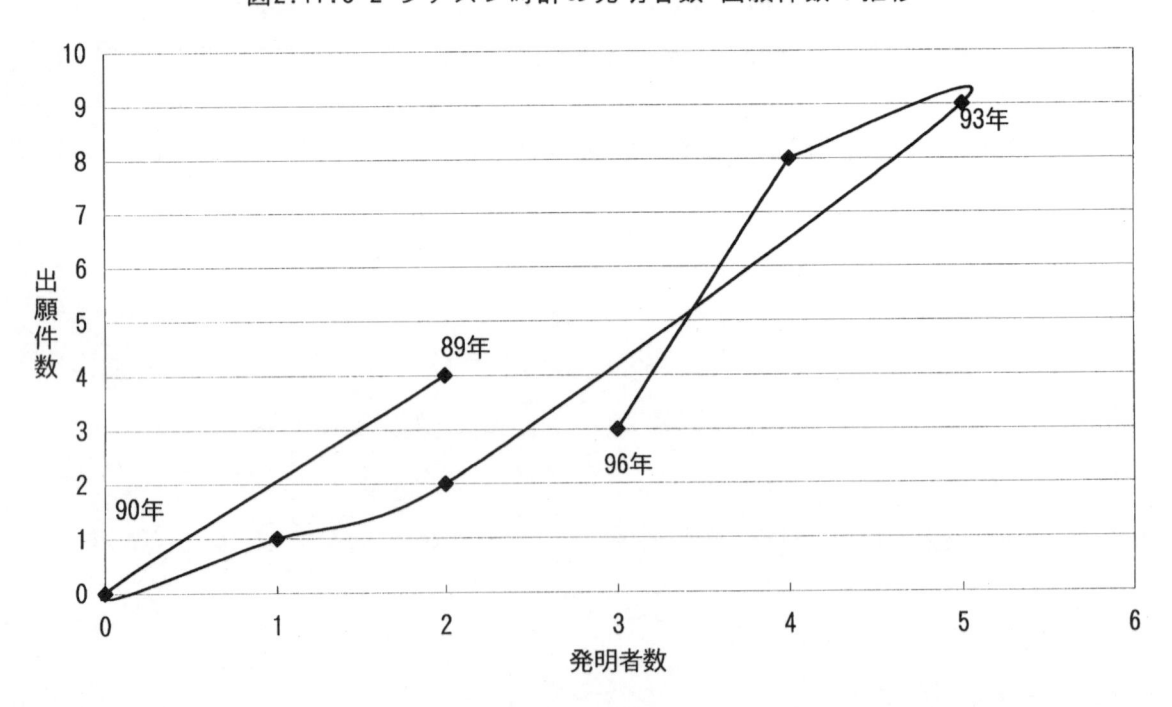

2.17.4 技術開発課題対応保有特許の概要

図2.17.4-1にアクティブマトリクス液晶駆動技術のシチズン時計の技術要素と課題の分布を示す。課題「表示特性改善」に出願が多い。その中でも技術要素「画素駆動」に出願が多い。

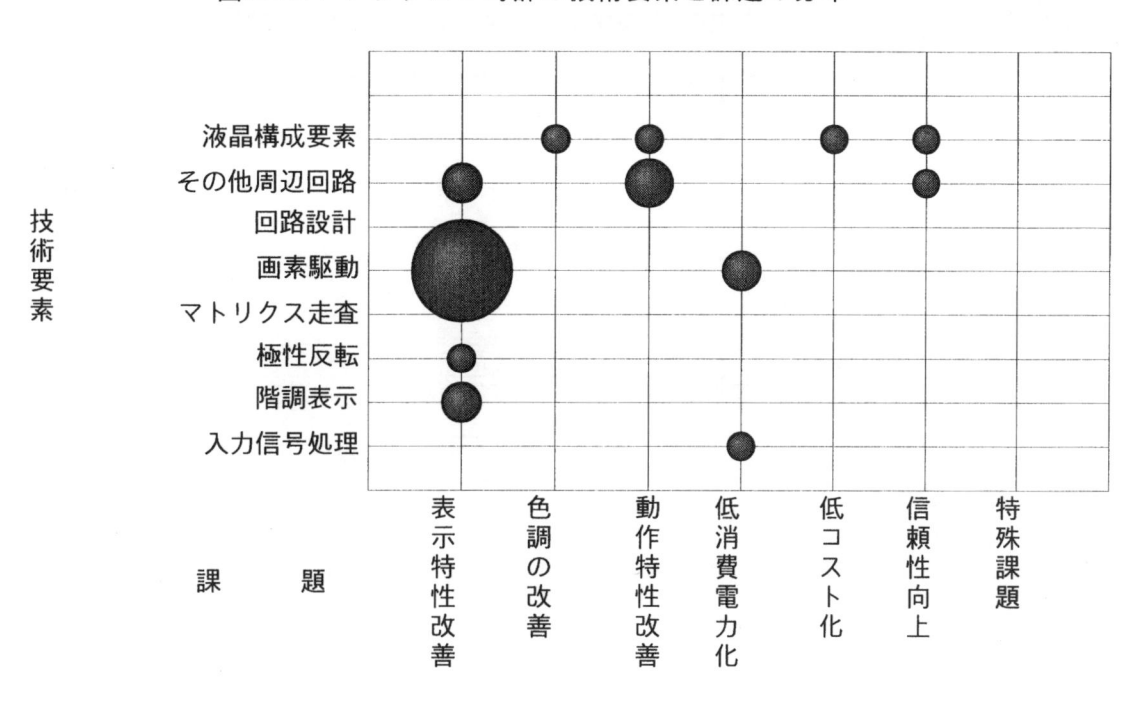

図2.17.4-1 シチズン時計の技術要素と課題の分布

表2.17.4-1にシチズン時計のアクティブマトリクス液晶駆動技術の課題対応保有特許を示す。出願件数33件のうち、2001年7月現在で審査取下げ、拒絶査定の確定、権利放棄、抹消、満了したものは除いた30件を示す。そのうち、海外出願されかつ指定国数の多い重要特許2件は図と概要入りで示す。

表2.17.4-1 シチズン時計のアクティブマトリクス液晶駆動技術の課題対応保有特許（1/2）

技術要素	課題	解決手段*	特許番号 出願日 公開番号 主IPC 共同出願人	発明の名称 概要
入力信号処理	低消費電力化	極性反転：ライン	特登 2851314	2端子型アクティブマトリクス液晶表示装置の駆動方法
階調表示	輝度改善	最適設計：フィルタ	特開平 8-286178	液晶表示装置
	視野角改善	方式の改良：セレクタ、スイッチ	特開平 9-236829	反強誘電性液晶表示素子およびその駆動方法
極性反転	焼き付き防止	駆動電圧：スムーズ化	特開平 5-94157	液晶表示パネルの駆動方法
画素駆動	フリッカ防止	極性反転：信号波形を変形	特登 2845956	アクティブマトリクス液晶表示装置の駆動方法
	焼き付き防止	プリチャージ後に書込	特開平 9-61787	液晶表示装置の駆動方法
		極性反転：信号波形を変形	特開平 8-5988	液晶表示装置の駆動方法
		極性反転：信号波形を変形	特開平 6-123875	TFTアクティブマトリクス液晶表示装置及びその駆動方法
		特定パルス印加：走査線選択期間の始め	特開平 7-114003	液晶表示装置の駆動方法
		特定パルス印加：走査線選択期間の始め	特開平 8-136896	液晶表示装置とその駆動方法
		特定パルス印加：走査線選択期間の始め	特開平 8-137441 94.11.8 特願平 6-273943 G09G3/36	液晶表示装置とその駆動方法 2端子型スイッチング素子を有するマトリクス液晶表示装置において、走査信号は選択期間と選択期間に先立つ電流印加期間と選択期間に続く保持期間を有し、電流印加期間は不連続な複数の小区間からなり、データ信号の走査信号の電流印加期間における電圧極性は電流印加期間の走査信号の電圧極性と逆の電圧極性にする
		特定パルス印加：走査線選択期間の始め	特開平 8-201770	液晶表示装置とその駆動方法
		特定パルス印加：走査線選択期間の始め	特開平 8-201772	液晶表示装置とその駆動方法
		特定パルス印加：走査線選択期間の始め	特開平 9-33889	液晶表示装置の駆動方法
		特定パルス印加：走査線選択期間の始め	特開平 9-96795	液晶表示装置とその駆動方法

＊ 解決手段には、請求項の主要構成要素等のキーワードを表記（「1.4 技術開発の課題と解決手段」参照）

表2.17.4-1 シチズン時計のアクティブマトリクス液晶駆動技術の課題対応保有特許（2/2）

技術要素	課題	解決手段*	特許番号 出願日 公開番号 主IPC 共同出願人	発明の名称 概要
画素駆動	クロストーク防止	駆動電圧：表示電圧印加位置	特開平 9-237066	液晶表示装置
		特定パルス印加：走査線選択期間の始め	特開平 8-292418	液晶表示装置およびその駆動方法
	輝度改善	極性反転：信号波形を変形	特登 2541772	マトリクス表示装置
	低消費電力化	タイミング制御：走査波形と信号波形	特登 2851315	2端子型アクティブマトリクス液晶表示装置の駆動方法
		タイミング制御：走査波形と信号波形	特登 2859313	2端子型アクティブマトリクス液晶表示装置の駆動方法
その他周辺回路	フリッカ防止	バイアス最適化：補正電圧印加	特開平 7-72456	液晶表示装置の調整方法
	焼き付防止	入力信号：信号電極印加波形	特開平 7-318904	液晶表示装置の駆動方法
	動作の安定化	極性反転：信号波形を変形	特開平 6-43493	液晶表示装置の駆動方法
		方式の改良：温度検知	特登 2541773	マトリクス表示装置
		方式の改良：自動制御	実案 2604475	液晶パネルの駆動回路
	信頼性向上	駆動電圧：走査電極印加波形	特開平 7-225368	液晶表示装置の駆動方法
液晶構成要素	階調表示	最適設計：光の透過率	特開平 6-273721 93.3.23 特願平 5-86949 G02F1/133,550	液晶表示パネルの駆動方法 　各液晶画素に非線形抵抗素子が設けられた液晶表示パネルの駆動において、液晶画素に正の電圧を印加して表示データを書き込む時と、負の電圧を印加して表示データを書き込む時でデータ信号の振幅を非線形抵抗素子の非線形特性に応じて個別に設定し、データ信号を3レベルで駆動することで、各階調における正側と負側との光透過率を等しくする
	高速化	方式の改良：制御用補助電界生成	特開平 9-325338	アクティブマトリクス型液晶表示装置
	歩留り向上	配線構造：外部回路との接続	特開平 7-234413	液晶表示装置
	信頼性向上	最適設計：バリスタなど	特登 2667111	マトリクス表示装置

* 解決手段には、請求項の主要構成要素等のキーワードを表記（「1.4 技術開発の課題と解決手段」参照）

2.18 日本ビクター

2.18.1 企業の概要

表2.18.1-1 日本ビクターの企業概要

商　　　　号	日本ビクター株式会社
本 社 所 在 地	神奈川県横浜市神奈川区守屋町3-12
設 立 年 月	1927年（昭和2年）9月
資　本　金	341億1,500万円（2001年3月31日現在）
従 業 員	9,969名（2001年3月31日現在）
事 業 内 容	オーディオ、ビジュアル、コンピュータ関連の民生用・業務用機器、並びに磁気テープ、ディスクなどの研究・開発、製造、販売
売 上 高	1999年3月　592,356百万円 2000年3月　545,842百万円 2001年3月　567,734百万円
主 要 製 品	民生用機器（ビデオデッキなど） 産業用機器（業務用・教育用機器など） 電子デバイス（ディスプレイ用部品など）

2.18.2 製品例

野外でも撮影映像がはっきりと確認できる業界初の高精細ポリシリコンTFT液晶モニターを採用して、18万画素の液晶ポケット・デジタルムービーを1996年10月1日から発売している。（日本ビクターのHPより）

表2.18.2-1 日本ビクターの製品例（日本ビクターのHPより）

製品名	発売年	概要
液晶ポケット・デジタルムービー GR-DVM1	1996年	業界初のポリシリコンTFT液晶パネル採用し、2.5型18万画素、水平解像度400TV本の高精細化、薄型ビルドアップ6層基板、超高密度実装技術により小型・コンパクト化を実現

2.18.3 技術開発拠点と研究者

図2.18.3-1と図2.18.3-2にアクティブマトリクス液晶駆動技術の日本ビクターの出願件数と発明者数を示す。発明者は明細書の発明者を年次ごとにカウントしたものである。

日本ビクターの開発拠点：本社（神奈川県）

図2.18.3-1 日本ビクターの発明者数-出願件数の年次推移

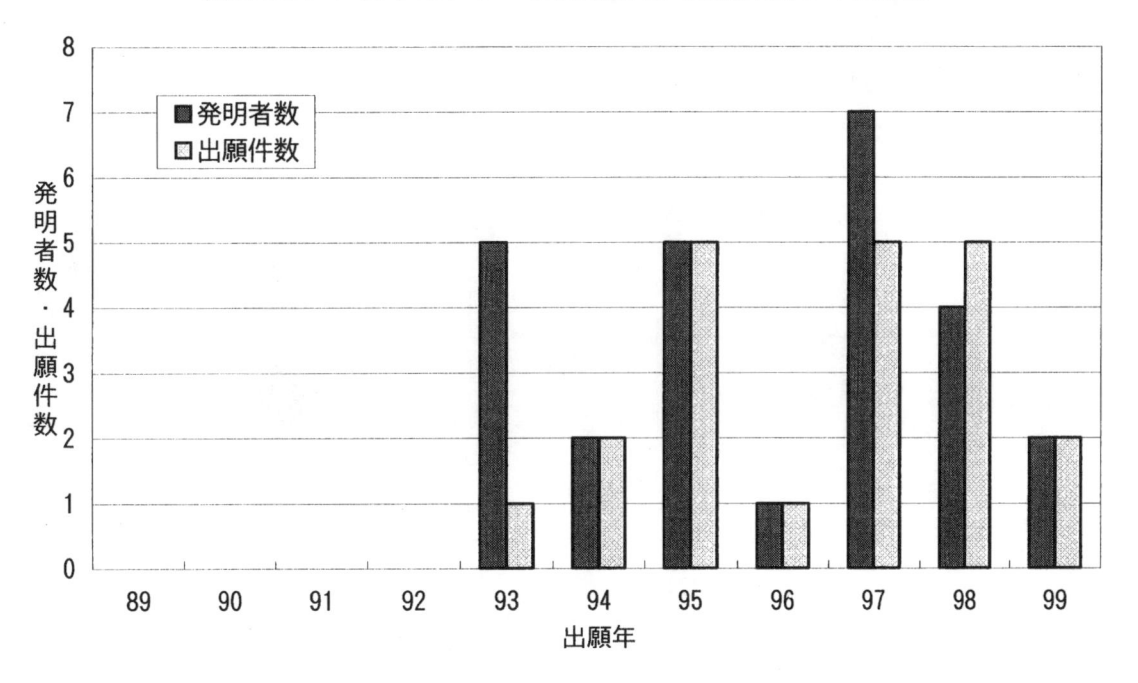

図2.18.3-2 日本ビクターの発明者数-出願件数の推移

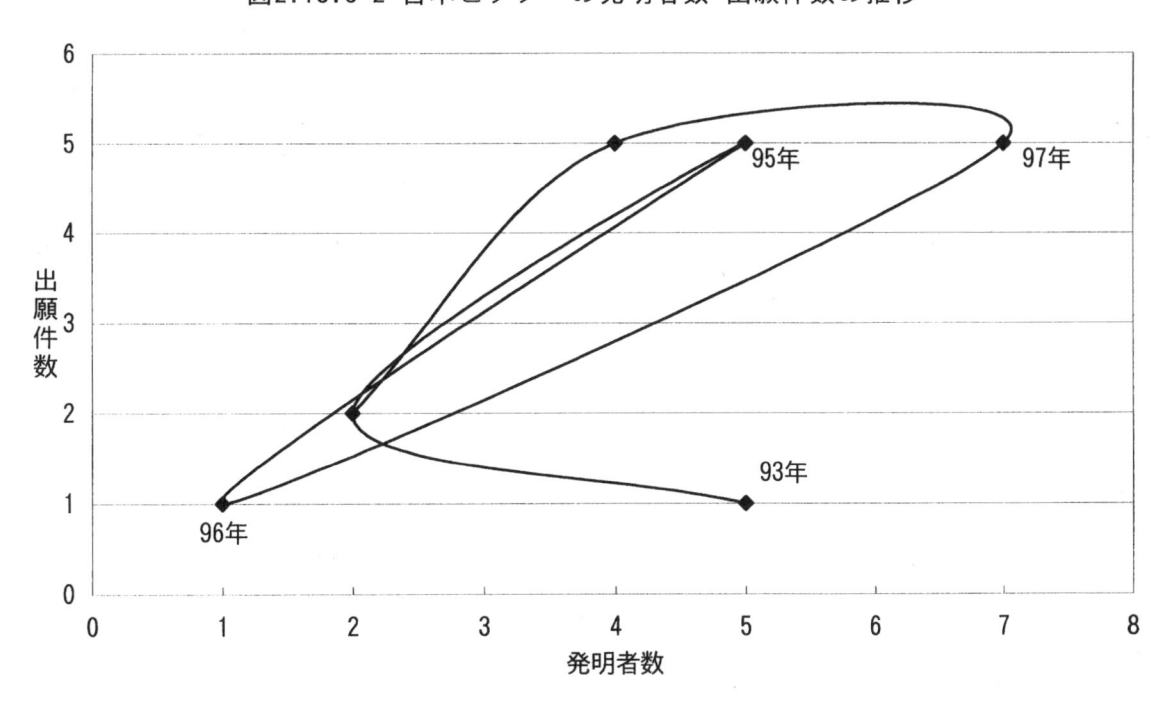

2.18.4 技術開発課題対応保有特許の概要

図2.18.4-1にアクティブマトリクス液晶駆動技術の日本ビクターの技術要素と課題の分布を示す。課題「表示特性改善」に出願が多い。

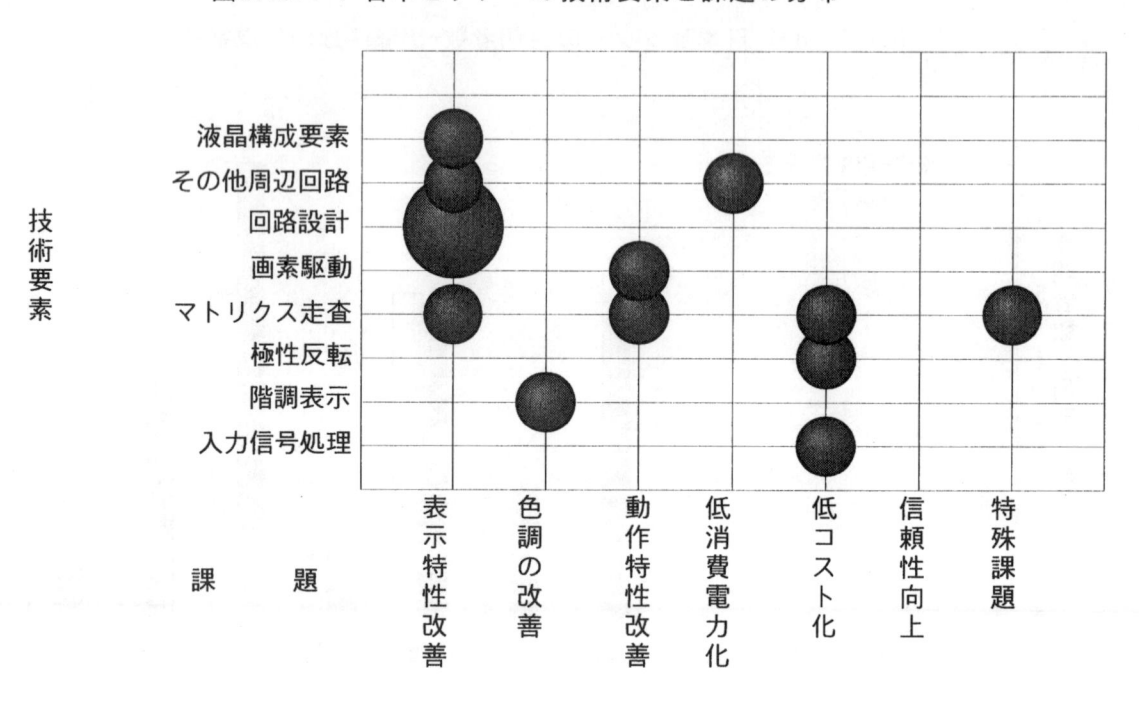

図2.18.4-1 日本ビクターの技術要素と課題の分布

表2.18.4-1に日本ビクターのアクティブマトリクス液晶駆動技術の課題対応保有特許を示す。出願件数17件のうち、2001年7月現在で審査取下げ、拒絶査定の確定、権利放棄、抹消、満了したものは除いた14件を示す。そのうち、海外出願されかつ指定国数の多い重要特許1件は図と概要入りで示す。

表2.18.4-1 日本ビクターのアクティブマトリクス液晶駆動技術の課題対応保有特許 (1/2)

技術要素	課題	解決手段*	特許番号 出願日 公開番号 主IPC 共同出願人	発明の名称 概要
入力信号処理	省資源・低価格化	入力信号：前処理、後処理	特開平 11-7270	多相化された画像信号によって表示が行なわれる液晶表示装置に対する多相化された画像信号の供給装置
階調表示	色度域の改善	遅延・位相処理	特開平 11-202841	多相化された画像信号によって表示が行なわれる液晶表示装置に対する多相化された画像信号の供給装置
極性反転	コンパクト化	極性反転：フレーム	特開平 9-127916	液晶表示装置
マトリクス走査	高速化	方法の改善：順次走査	特開 2000-298259	液晶表示装置の駆動方法
	視認性改善	方法の改善：一定間隔毎	特開平 11-265174	液晶表示装置
	省資源・低価格化	方法の改善：任意順序	特開平 11-259053	液晶表示装置
	特殊仕様	タイミング制御	特登 3077650 97.10.27 特願平 9-311448 特開平 11-133930 G09G3/36	アクティブマトリクス方式液晶パネルの駆動装置 アクティブマトリクス方式液晶パネル、垂直駆動回路、および水平駆動回路からなるアクティブマトリクス方式液晶パネルの駆動装置において、前記液晶パネルの左右両側に垂直駆動回路を配設し、水平ラインにおける画素信号の書込みが最先となる側に配置された垂直駆動回路を選択的に駆動する
画素駆動	動作の安定化	駆動電圧	特登 3149698	アクティブマトリクス型液晶表示装置
回路設計	フリッカ防止	バイアス最適化	特開平 11-38389	反射型の液晶表示装置
		方式の改良：駆動方法	特開平 8-278483	液晶画像表示装置
	視認性改善	方式の改良：共通電極駆動	特開平 10-214066	液晶画像表示装置
その他周辺回路	フリッカ防止	方式の改良：光検知	特開 2000-28994	アクティブマトリクス型液晶表示装置
	低消費電力化	方式の改良：光源色切替	特開 2001-75534	液晶表示装置

* 解決手段には、請求項の主要構成要素等のキーワードを表記(「1.4 技術開発の課題と解決手段」参照)

表2.18.4-1 日本ビクターのアクティブマトリクス液晶駆動技術の課題対応保有特許（2/2）

技術要素	課題	解決手段*	特許番号 出願日 公開番号 主IPC 共同出願人	発明の名称 概要
液晶構成要素	高精細化	配線構造：配線の形状	特開平 9-211421	アクティブマトリクス装置

＊ 解決手段には、請求項の主要構成要素等のキーワードを表記(「1.4 技術開発の課題と解決手段」参照）

2.19 三星電子

2.19.1 企業の概要

表2.19.1-1 三星電子の企業概要

商　　　　号	三星電子株式会社
本 社 所 在 地	250-2 ga, Taepyung-ro, Chung-gu, Seoul Korea
設 立 年 月	1969年1月
資　本　金	16兆1,930億ウォン
従 業 員	66,000名
事 業 内 容	デジタル・メディア、セミコンダクタ、インフォメーション&コミュニケーション、ホームアライアンス
売　上　高	1999年　26兆1,180億ウォン 2000年　34兆2,840億ウォン
主 要 製 品	TV・ビデオ・オーディオ、セミコンダクタ、コンピュータ・コンピュータ関連製品ネットワーク、電話・FAX機器、家電機器、モータ・コンプレッサ

2.19.2 製品例

2000年8月に韓国三星電子はガラス基板の寸法が730mm×920mmのTFT液晶パネルの生産ラインを稼動させた。（日経BPより）

表2.19.2-1 三星電子の製品例（三星電子のHPより）

製品名	発売年	概要
LTM240W1 TFT液晶モニター	2001年	24インチUXGA 解像度　1,920×1,200 コントラスト比　450:1 画像ピッチ　0.270mm 視野角　水平±80°／垂直±80° カラー数　16.7M色 輝度 220cd／m²
LTN150Q1 TFT LCD ノートPC	2001年	15インチQXGA 画素数　2,048×1,536 カラー　262K コントラスト比　200:1 輝度　150cd/ m² 視野角　上下25°／50°　左右45°／45°

2.19.3 技術開発拠点と研究者

図2.19.3-1と図2.19.3-2にアクティブマトリクス液晶駆動技術の三星電子の出願件数と発明者数を示す。発明者は明細書の発明者を年次ごとにカウントしたものである。

三星電子の開発拠点：韓国

図2.19.3-1 三星電子の発明者数-出願件数の年次推移

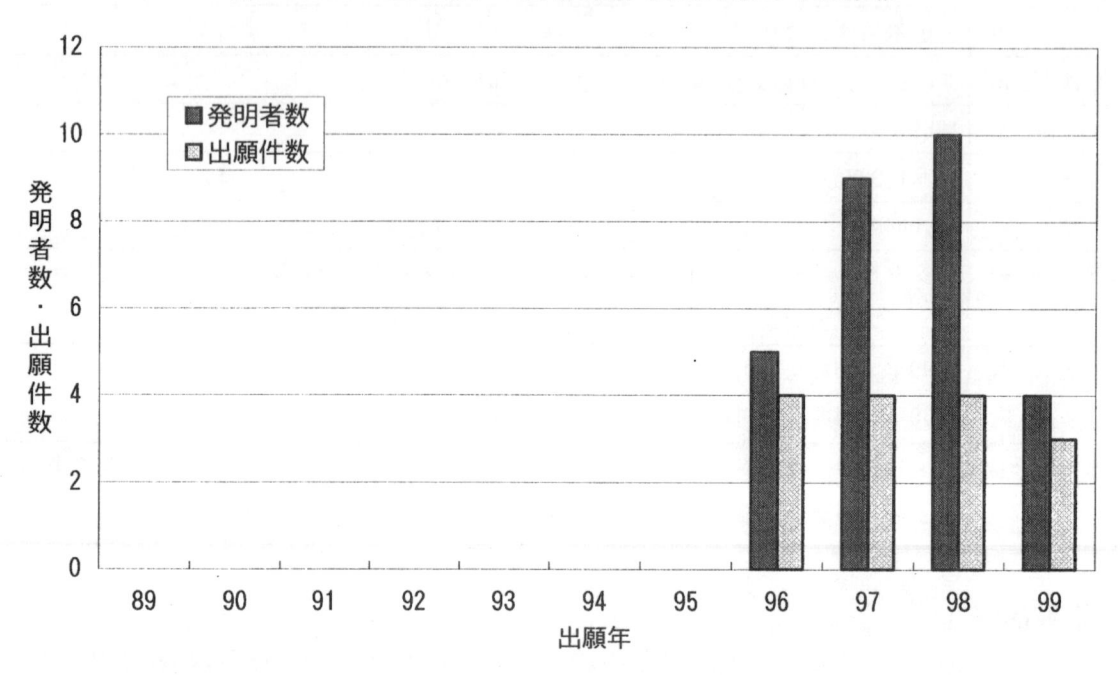

図2.19.3-2 三星電子の発明者数-出願件数の推移

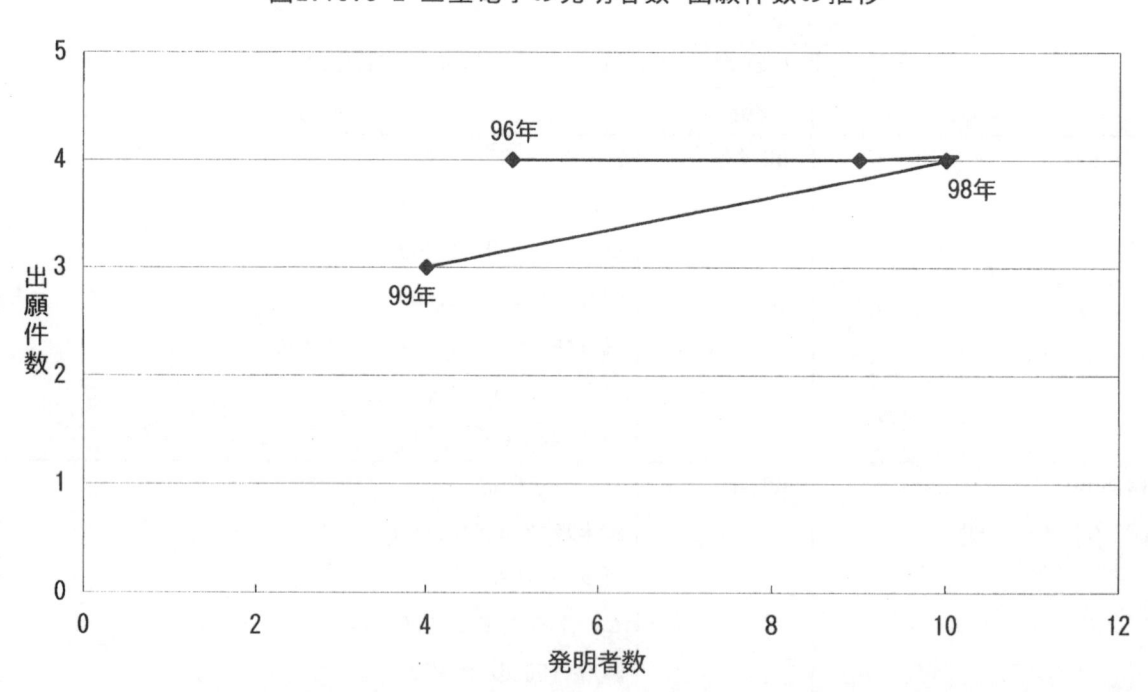

2.19.4 技術開発課題対応保有特許の概要

　図2.19.4-1にアクティブマトリクス液晶駆動技術の三星電子の技術要素と課題の分布を示す。課題「表示特性改善」に出願が多い。その中でも技術要素「回路設計、画素駆動」に出願が多い。

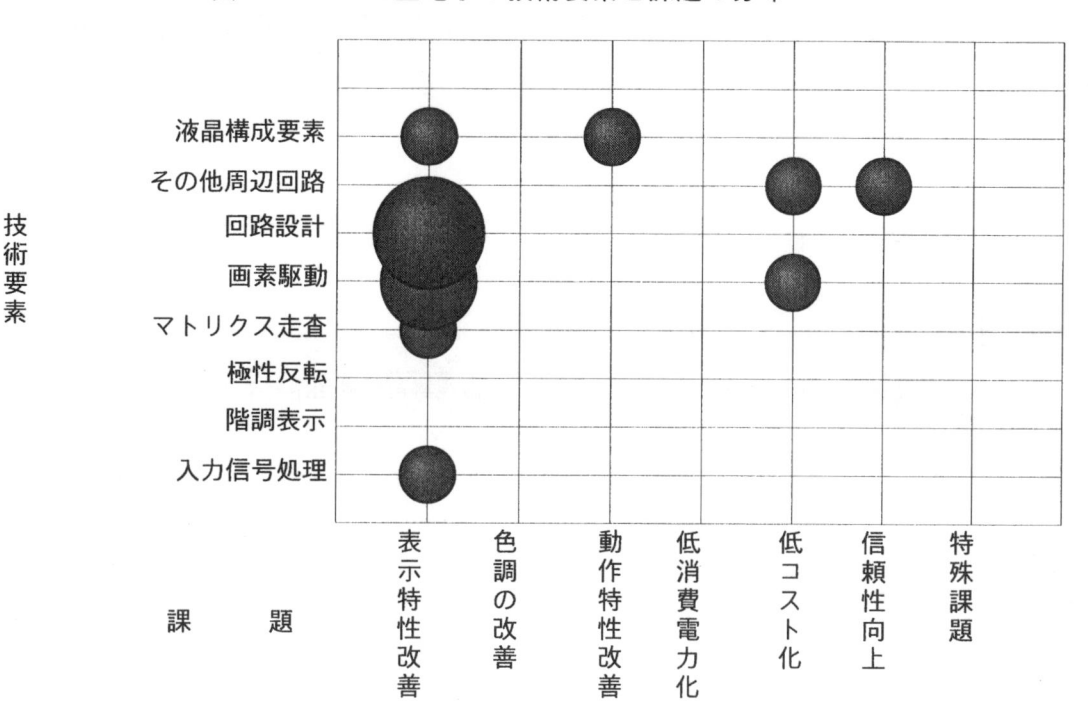

図2.19.4-1 三星電子の技術要素と課題の分布

　表2.19.4-1に三星電子のアクティブマトリクス液晶駆動技術の課題対応保有特許を示す。出願件数15件のうち、2001年7月現在で審査取下げ、拒絶査定の確定、権利放棄、抹消、満了したものは除いた14件を示す。そのうち、海外出願されかつ指定国数の多い重要特許1件は図と概要入りで示す。

表2.19.4-1 三星電子のアクティブマトリクス液晶駆動技術の課題対応保有特許（1/2）

技術要素	課題	解決手段*	特許番号 出願日 公開番号 主IPC 共同出願人	発明の名称 概要
入力信号処理	焼き付き防止	入力信号：電荷、電界を除去	特登 3187722	画面消し回路、これを有する液晶表示装置およびその駆動方法
マトリクス走査	フリッカ防止	方法の改善：マルチライン	特開平 9-190162	マトリクス型表示装置の駆動方法及び駆動回路
画素駆動	フリッカ防止	バイアス最適化：補正電圧印加	特開 2000-147460	互いに異なる共通電圧を有する液晶表示装置
画素駆動	クロストーク防止	バイアス最適化：補正電圧印加	特開 2000-193932	液晶表示装置
画素駆動	視野角改善	バイアス最適化：補正電圧印加	特開平 9-120272	広視野角駆動回路とその駆動方法
画素駆動	コンパクト化	プリチャージ後に書込	特開 2000-89194	表示装置とその駆動装置及び駆動方法
回路設計	視認性改善	方式の改良：駆動方法	特開平 9-297564	表示装置、その駆動回路および駆動方法
回路設計	フリッカ防止	方式の改良：共通電極駆動	特開平 11-133379	液晶表示装置
回路設計	クロストーク防止	バイアス最適化：補正電圧印加	特開平 9-265279 97.1.10 特願平 9-3315 G09G3/36	薄膜トランジスタ型液晶表示装置の駆動回路 　薄膜トランジスタ型液晶表示装置の駆動回路において、液晶パネルから検出される歪曲された共通電極電圧の歪曲程度に比例する基準電圧を生成し、この生成された基準電圧に基づいて階調電圧を生成してソース駆動回路に提供する
回路設計	コントラスト改善	方式の改良：駆動方法	特開 2000-310767	液晶表示装置及びその駆動方法
その他周辺回路	コンパクト化	方式の改良：DC/DCコンバータ	特開平 10-82978	LCD駆動電圧発生回路
その他周辺回路	信頼性向上	方式の改良：緊急停止	特登 3150929	液晶表示装置のパワーオフ放電回路およびこれを用いた液晶表示装置

＊ 解決手段には、請求項の主要構成要素等のキーワードを表記（「1.4 技術開発の課題と解決手段」参照）

表2.19.4-1 三星電子のアクティブマトリクス液晶駆動技術の課題対応保有特許（2/2）

技術要素	課題	解決手段*	特許番号 出願日 公開番号 主IPC 共同出願人	発明の名称 概要
液晶構成要素	コントラスト改善	極性反転：極性反転	特開平 11-161246	液晶表示装置及びその駆動方法
	雑音特性向上	方式の改良：回路の配置	特開 2000-206943	デュアルシフトクロック配線を有する液晶表示装置

＊ 解決手段には、請求項の主要構成要素等のキーワードを表記（「1.4 技術開発の課題と解決手段」参照）

2.20 フィリップス

(フィリップス エレクトロニクス、コニン.フィリップス エレクトロニクス、フィリップス フルーイランペンファブリケン、ホシデン フィリップス、LGフィリップスLCDを含む)

2.20.1 企業の概要

表2.20.1-1 コニン.フィリップス エレクトロニクスの企業概要

商　　　　号	コーニンクレッカ フィリップス エレクトロニクス N.V.
本 社 所 在 地	Groenewoudseweg 1 5621 BA, Eindhoven the Netherlands
設 　立　 年	1914年
資　 本 　金	－
従 　業 　員	189,000名
事 業 内 容	各種家電製品、通信機器、音響機器、電子部品、半導体の開発、製造、販売
売 　上 　高	2001年　323億ユーロ
主 　要 　製 品	民生用電子機器、モニター、電器カミソリ、スチームアイロン、セミコンダクタ、カラー受像管、光学的CD-R/RW駆動モジュール、LCDディスプレイ、医用画像装置

2.20.2 製品例

アナログ・インターフェースおよびコンパクトな14インチLCDモニターは、銀行・ホテルおよびそのほかのビジネスのアプリケーションに最適で、また、新規需要市場にも適合している。(コニン.フィリップス エレクトロニクスのHPより)

2000年11月より韓国LG.Philipsは低温多結晶Si-TFT液晶の量産を開始する計画であると発表した。(日経BPより)

表2.20.2-1 フィリップスの製品例 (コニン.フィリップス エレクトロニクスのHPより)

製品名	発売年	概要
140S XGA LCDモニター	2001年	14インチTFT液晶モニター 解像度　1,024×768 視野角　水平　左右126°(63°/63°)

2.20.3 技術開発拠点と研究者

図2.20.3-1と図2.20.3-2にアクティブマトリクス液晶駆動技術のフィリップスの出願件数と発明者数を示す。発明者は明細書の発明者を年次ごとにカウントしたものである。

フィリップスの開発拠点：フィリップス エレクトロニクス（オランダ）
　　　　　　　　　　　コニン．フィリップス エレクトロニクス（オランダ）
　　　　　　　　　　　フィリップス フルーイランペンファブリケン（オランダ）
　　　　　　　　　　　ホシデン フィリップス(兵庫県)
　　　　　　　　　　　LG フィリップス LCD（韓国）

図2.20.3-1 フィリップスの発明者数-出願件数の年次推移

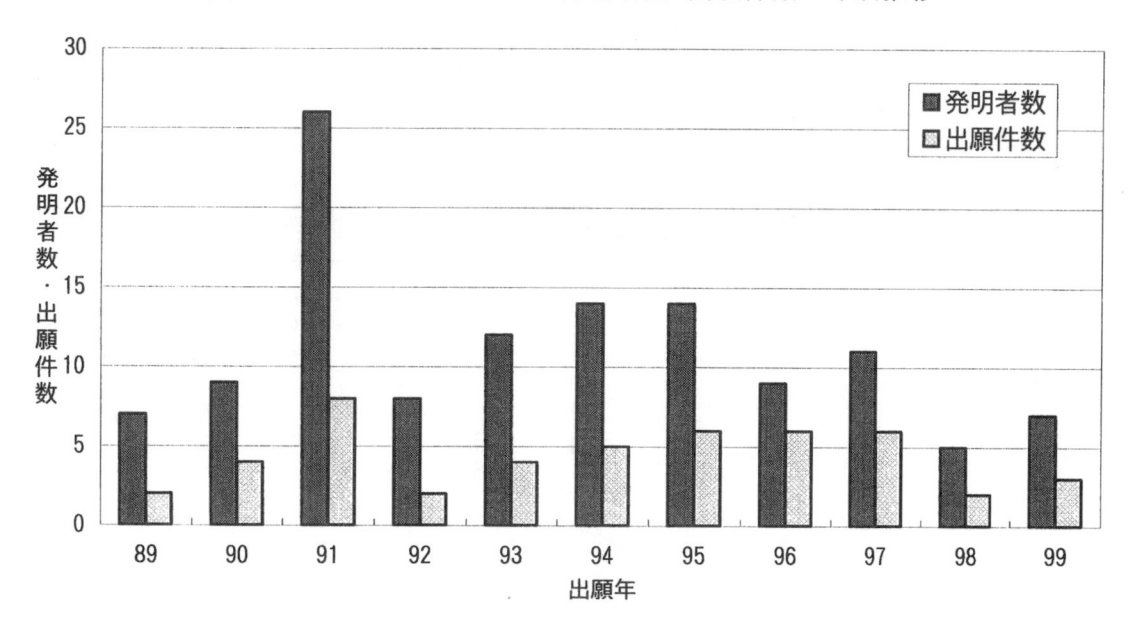

図2.20.3-2 フィリップスの発明者数-出願件数の推移

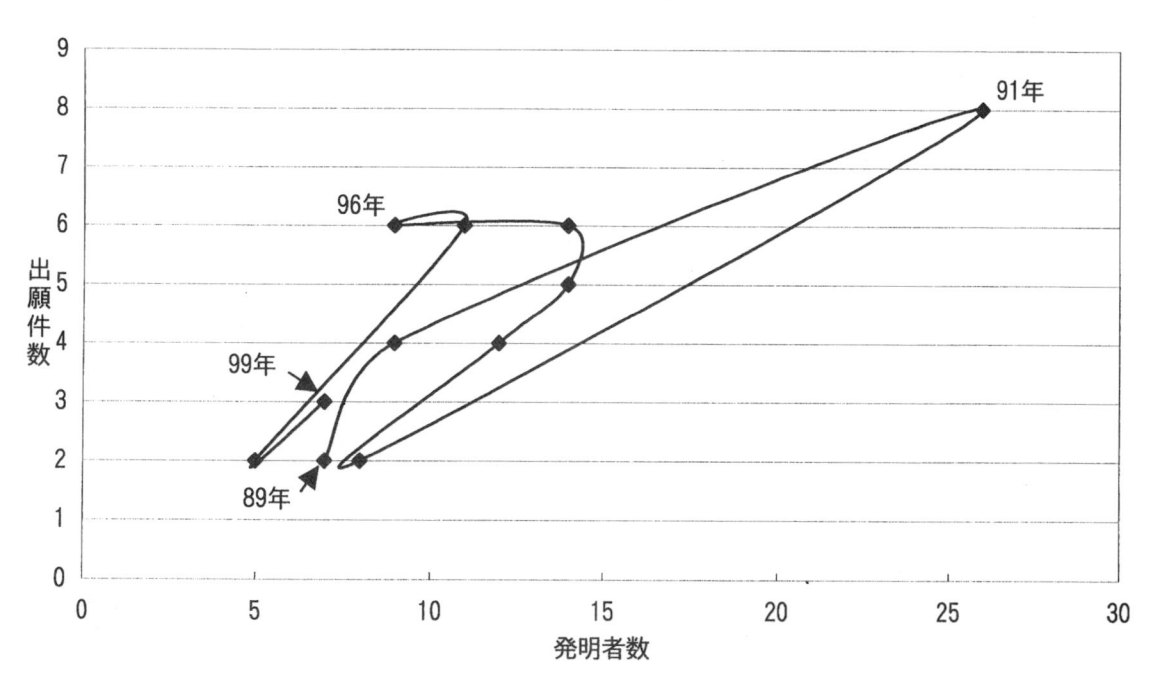

2.20.4 技術開発課題対応保有特許の概要

図2.20.4-1にアクティブマトリクス液晶駆動技術のフィリップスの技術要素と課題の分布を示す。課題「表示特性改善、動作特性改善、低コスト化」に出願が多い。その中でも技術要素「液晶構成要素、回路設計、画素駆動」に出願が多い。

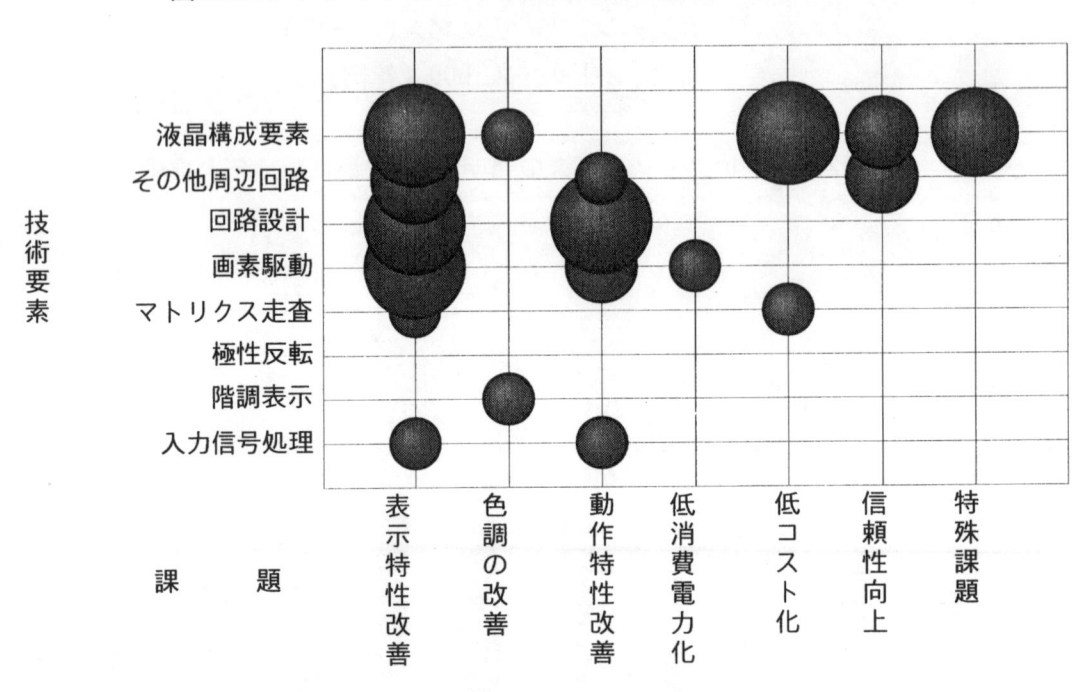

図2.20.4-1 フィリップスの技術要素と課題の分布

表2.20.4-1にフィリップスのアクティブマトリクス液晶駆動技術の課題対応保有特許を示す。出願件数45件のうち、2001年7月現在で審査取下げ、拒絶査定の確定、権利放棄、抹消、満了したものは除いた40件を示す。そのうち、海外出願されかつ指定国数の多い重要特許1件は図と概要入りで示す。

表2.20.4-1 フィリップスのアクティブマトリクス液晶駆動技術の課題対応保有特許 (1/2)

技術要素	課題	解決手段*	特許番号 出願日 公開番号 主IPC 共同出願人	発明の名称 概要
入力信号処理	輝度改善	遅延・位相処理	特開 2000-35561	液晶パネル駆動方法及び装置
	動作の多様化	方式の改良：アドレスデコーダ	特開平 10-254418	液晶表示装置のデータ駆動装置及び駆動方法
表示階調	表示階調	変調手法：パルス幅階調	特開平 6-167696	アクティブマトリックス表示装置およびこの装置を駆動する方法
マトリクス走査	コンパクト化	方法の改善：一定間隔毎	特開平 10-142578	アクティブマトリックス型液晶表示装置
	高精細化	方法の改善：色フレーム順次	特開平 11-295694	液晶表示装置
画素駆動	フリッカ防止	タイミング制御：走査波形と信号波形	特開 2000-137247	アクティブマトリックス液晶表示装置
	焼き付防止	リセット駆動：波形改善	特表平 8-511357	表示装置
	クロストーク防止	入力信号：平均化した基準電圧	特表平 9-508222	アクティブマトリックス液晶表示装置及びこのような装置の駆動方法
	輝度改善	バイアス最適化：補正電圧印加	特表平 9-504889	液晶表示パネル
	ひずみ改善	バイアス最適化：補正電圧印加	特開 2000-298257	液晶表示装置の駆動方法 (LiquidCrystalDisplayDriveMethod)
	動作の多様化	駆動電圧：ビット構成で印加	特開平 6-214214	能動マトリックス表示装置
	低消費電力化	バイアス最適化：基準電圧を固定	特開平 7-140441	アクティブマトリックス液晶表示素子の駆動方法
回路設計	フリッカ防止	バイアス最適化：補正電圧印加	特開平 11-133927	液晶表示装置
		駆動電圧：信号を一時停止	特開平 9-120054	液晶表示装置及びその駆動方法
	クロストーク防止	バイアス最適化：補正電圧印加	特開平 9-218388	液晶表示装置
		バイアス最適化：補正電圧印加	特開平 11-316366	液晶表示装置
	高速化	リセット駆動：フレームクリア	特表平 9-505159	表示装置
		リセット駆動：ラインクリア	特表平 9-501516	ディスプレーデバイス
	動作の安定化	容量の最適化	特登 2909266	液晶表示素子

* 解決手段には、請求項の主要構成要素等のキーワードを表記(「1.4 技術開発の課題と解決手段」参照)

表2.20.4-1 フィリップスのアクティブマトリクス液晶駆動技術の課題対応保有特許（2/2）

技術要素	課題	解決手段*	特許番号 出願日 公開番号 主IPC 共同出願人	発明の名称 概要
回路設計	動作の多様化	増幅器：選択制増幅	特開平 7-199856 94.12.9 特願平 6-306433 G09G3/20	マトリクス型映像表示システムとその動作方法 　動画表示用のマトリクス型表示システムにおいて、速度依存型の高域空間周波数強調フィルタ回路を含み、入力に到来する映像信号の映像情報は上記フィルタ回路を経由して画素駆動回路に供給され、また上記フィルタ回路により画像の中の運動要素の空間周波数が上記要素の速度に応じて強調する
その他周辺回路	焼き付き防止	バイアス最適化：補正電圧印加	特開 2001-188516	液晶駆動回路装置
		方式の改良：温度補償	特表平 10-510066	表示装置
		方式の改良：電圧保持	特開平 10-214062	電源オフ時の液晶表示消去回路
	動作の多様化	方式の改良：駆動位相同期	特表平 8-500915	マトリックス表示システムおよび、このようなシステムの動作方法
	信頼性向上	最適設計：2端子素子	特開平 8-22022	マトリクス・ディスプレイ装置及びその操作方法
		最適設計：2端子素子	特表平 8-510575	アクティブマトリックス表示装置およびその駆動方法
液晶構成要素	輝度改善	容量の最適化	特登 2764770	液晶表示素子
		配線構造：配線	特登 3141086	アクチブマトリクス表示装置及びその製造方法
		方式の改良：制御用補助電界生成	特開平 10-206890	アクティブマトリックス型液晶表示装置
		方式の改良：制御用補助電界生成	特開平 10-206866	液晶表示装置
	色度域の改善	最適設計：層の厚さ	特開平 3-121423	液晶表示装置
	コンパクト化	極性反転：ライン	特表平11-501413	マトリックス表示装置
	歩留り向上	最適設計：導電体、電極	特開平 7-199862	アクティブマトリックス型液晶表示パネル
		配線構造：配線	特開平 6-208346	能動マトリックスデバイス用電子式駆動回路
		方式の改良：バッファ	特開平 11-160677	液晶表示装置
	信頼性向上	回路の改良：サージ保護	特登 2764139	アクティブマトリックス液晶表示素子
		最適設計：電極の形状	特表平10-509533	液晶表示装置
	特殊仕様	最適設計：光導電体	特登 3188498	アクティブマトリックス液晶ディスプレイ装置
		特殊仕様：センサ素子	特開平 4-322296	アドレスできるマトリックス装置
		入力信号：光入力	特開平 7-77704	電気光学装置及び部品

* 解決手段には、請求項の主要構成要素等のキーワードを表記（「1.4 技術開発の課題と解決手段」参照）

3. 主要企業の技術開発拠点

3.1 アクティブマトリクス液晶駆動技術の開発拠点

> 特許流通
> 支援チャート

3．主要企業の技術開発拠点

関東地方と関西地方に技術開発の拠点は集中している。

3.1 アクティブマトリクス液晶駆動技術の開発拠点

　図3.1-1にアクティブマトリクス液晶駆動技術の主要企業の技術開発拠点を示す。また、表3.1-1に技術開発拠点一覧表を示す。この図や表は主要企業20社が保有している特許から特許公報に記載された発明者の住所・居所を集計したものである。
　主要企業20社の技術開発拠点は、関東と関西に集中しており、発明者の住所・居所でみた場合も、東京・神奈川・千葉といった関東のグループと、大阪を中心とした関西のグループに区分される。

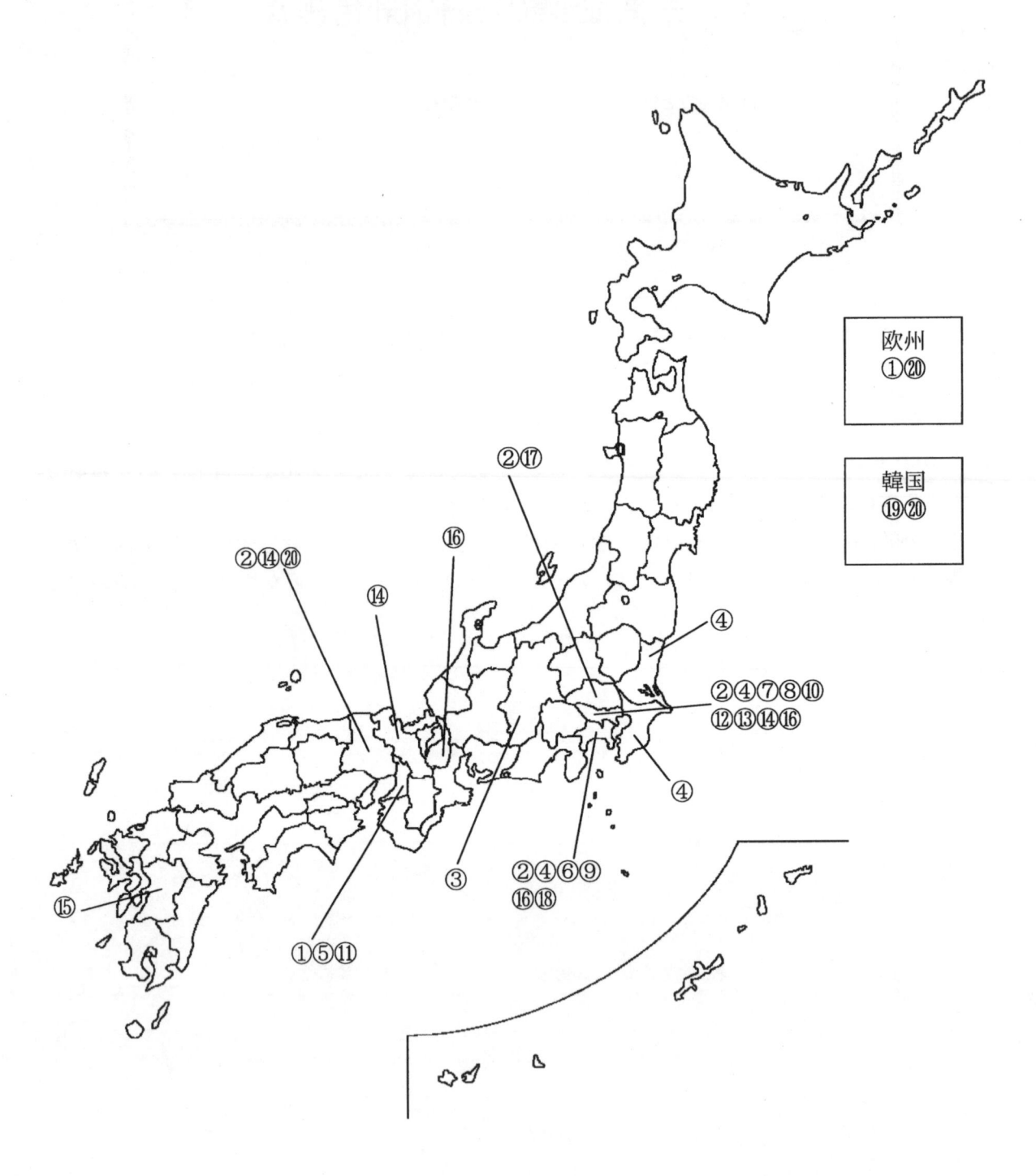

図3.1-1 技術開発拠点図

212

表3.1-1 技術開発拠点一覧表（1/2）

no.	企業名	特許	事業所名	住所	発明者数
1	シャープ	249件	本社	大阪府大阪市	292
			シャープヨーロッパ研究所	イギリス	
2	東芝	188件	本社	東京都港区	2
			生産技術研究所	神奈川県横浜市	28
			横浜金属工場	神奈川県横浜市	2
			横浜事業所	神奈川県横浜市	38
			マルチメディア技術研究所	神奈川県横浜市	1
			総合研究所	神奈川県川崎市	4
			研究開発センター	神奈川県川崎市	6
			川崎事業所	神奈川県川崎市	1
			半導体システム技術センター	神奈川県川崎市	3
			堀川町工場	神奈川県川崎市	3
			深谷電子工場	埼玉県深谷市	36
			青梅工場	東京都青梅市	3
			府中工場	東京都府中市	1
			姫路工場	兵庫県姫路市	31
3	セイコーエプソン	161件	本社	長野県諏訪市	113
4	日立製作所	138件	日立研究所	茨城県日立市	56
			マイクロエレクトロニクス機器開発研究所	神奈川県横浜市	7
			家電研究所	神奈川県横浜市	8
			生活技術研究所	神奈川県横浜市	5
			生産技術研究所	神奈川県横浜市	6
			ストレージシステム事業部	神奈川県小田原市	1
			システム開発研究所	神奈川県川崎市	8
			ディスプレイグループ	千葉県茂原市	6
			電子デバイス事業部	千葉県茂原市	60
			茂原工場	千葉県茂原市	21
			中央研究所	東京都国分寺市	7
			半導体グループ	東京都小平市	1
			半導体事業部	東京都小平市	1
			映像情報メディア事業部	東京都千代田区	1
5	松下電器産業	150件	本社	大阪府門真市	144
6	富士通	94件	本店	神奈川県川崎市	109
7	カシオ計算機	120件	羽村技術センター	東京都羽村市	4
			青梅事業所	東京都青梅市	3
			東京事業所	東京都東大和市	4
			八王子研究所	東京都八王子市	51
8	ソニー	135件	本社	東京都品川区	66
9	半導体エネルギー研究所	125件	本社	神奈川県厚木市	33
10	日本電気	62件	本社	東京都港区	68
11	三洋電機	33件	本社	大阪府守口市	53
12	キヤノン	61件	本社	東京都大田区	59
13	沖電気工業	13件	本社	東京都港区	27
14	三菱電機	21件	本社	東京都千代田区	11
			電子商品開発研究所	京都市長岡京市	8
			材料デバイス研究所	兵庫県尼崎市	21
15	アドバンスト ディスプレイ	20件	本社	熊本県菊池郡西合志町	22
16	IBM	16件	本社	東京都港区	5
			野洲事業所	滋賀県野洲郡	5
			大和事業所	神奈川県大和市	22
			東京基礎研究所	神奈川県大和市	3

表3.1-1 技術開発拠点一覧表 (2/2)

no.	企業名	特許	事業所名	住所	発明者数
17	シチズン時計	31件	技術研究所	埼玉県所沢市	11
18	日本ビクター	17件	本社	神奈川県横浜市	15
19	三星電子	17件	本社	韓国	23
20	フィリップスグループ				
	LG. フィリップス LCD	9件	本社	韓国	11
	コニン．フィリップス エレクトロニクス	9件	本社	オランダ	8
	フィリップス エレクトロニクス	12件	本社	オランダ	17
	フィリップス フルーイランペンフアブリケン	0件	本社	オランダ	5
	ホシデン フィリップス ディスプレイ	12件	本社	兵庫県神戸市	16

資料

1. 工業所有権総合情報館と特許流通促進事業
2. 特許流通アドバイザー一覧
3. 特許電子図書館情報検索指導アドバイザー一覧
4. 知的所有権センター一覧
5. 平成13年度25技術テーマの特許流通の概要
6. 特許番号一覧

資料1．工業所有権総合情報館と特許流通促進事業

　特許庁工業所有権総合情報館は、明治20年に特許局官制が施行され、農商務省特許局庶務部内に図書館を置き、図書等の保管・閲覧を開始したことにより、組織上のスタートを切りました。
　その後、我が国が明治32年に「工業所有権の保護等に関するパリ同盟条約」に加入することにより、同条約に基づく公報等の閲覧を行う中央資料館として、国際的な地位を獲得しました。
　平成9年からは、工業所有権相談業務と情報流通業務を新たに加え、総合的な情報提供機関として、その役割を果たしております。さらに平成13年4月以降は、独立行政法人工業所有権総合情報館として生まれ変わり、より一層の利用者ニーズに機敏に対応する業務運営を目指し、特許公報等の情報提供及び工業所有権に関する相談等による出願人支援、審査審判協力のための図書等の提供、開放特許活用等の特許流通促進事業を推進しております。

1　事業の概要
(1) 内外国公報類の収集・閲覧
　下記の公報閲覧室でどなたでも内外国公報等の調査を行うことができる環境と体制を整備しています。

閲覧室	所在地	TEL
札幌閲覧室	北海道札幌市北区北7条西2-8　北ビル7F	011-747-3061
仙台閲覧室	宮城県仙台市青葉区本町3-4-18　太陽生命仙台本町ビル7F	022-711-1339
第一公報閲覧室	東京都千代田区霞が関3-4-3　特許庁2F	03-3580-7947
第二公報閲覧室	東京都千代田区霞が関1-3-1　経済産業省別館1F	03-3581-1101（内線3819）
名古屋閲覧室	愛知県名古屋市中区栄2-10-19　名古屋商工会議所ビルB2F	052-223-5764
大阪閲覧室	大阪府大阪市天王寺区伶人町2-7　関西特許情報センター1F	06-4305-0211
広島閲覧室	広島県広島市中区上八丁堀6-30　広島合同庁舎3号館	082-222-4595
高松閲覧室	香川県高松市林町2217-15　香川産業頭脳化センタービル2F	087-869-0661
福岡閲覧室	福岡県福岡市博多区博多駅東2-6-23　住友博多駅前第2ビル2F	092-414-7101
那覇閲覧室	沖縄県那覇市前島3-1-15　大同生命那覇ビル5F	098-867-9610

(2) 審査審判用図書等の収集・閲覧
　審査に利用する図書等を収集・整理し、特許庁の審査に提供すると同時に、「図書閲覧室（特許庁2F）」において、調査を希望する方々へ提供しています。【TEL：03-3592-2920】

(3) 工業所有権に関する相談
　相談窓口（特許庁2F）を開設し、工業所有権に関する一般的な相談に応じています。

手紙、電話、e-mail 等による相談も受け付けています。
　【TEL：03-3581-1101(内線 2121〜2123)】【FAX：03-3502-8916】
　【e-mail：PA8102@ncipi.jpo.go.jp】

(4) 特許流通の促進
　特許権の活用を促進するための特許流通市場の整備に向け、各種事業を行っています。
(詳細は2項参照)【TEL：03-3580-6949】

2　特許流通促進事業

　先行き不透明な経済情勢の中、企業が生き残り、発展して行くためには、新しいビジネスの創造が重要であり、その際、知的資産の活用、とりわけ技術情報の宝庫である特許の活用がキーポイントとなりつつあります。
　また、企業が技術開発を行う場合、まず自社で開発を行うことが考えられますが、商品のライフサイクルの短縮化、技術開発のスピードアップ化が求められている今日、外部からの技術を積極的に導入することも必要になってきています。
　このような状況下、特許庁では、特許の流通を通じた技術移転・新規事業の創出を促進するため、特許流通促進事業を展開していますが、2001年4月から、これらの事業は、特許庁から独立をした「独立行政法人　工業所有権総合情報館」が引き継いでいます。

(1) 特許流通の促進
① 特許流通アドバイザー
　全国の知的所有権センター・TLO 等からの要請に応じて、知的所有権や技術移転についての豊富な知識・経験を有する専門家を特許流通アドバイザーとして派遣しています。
　知的所有権センターでは、地域の活用可能な特許の調査、当該特許の提供支援及び大学・研究機関が保有する特許と地域企業との橋渡しを行っています。(資料2参照)

② 特許流通促進説明会
　地域特性に合った特許情報の有効活用の普及・啓発を図るため、技術移転の実例を紹介しながら特許流通のプロセスや特許電子図書館を利用した特許情報検索方法等を内容とした説明会を開催しています。

(2) 開放特許情報等の提供
① 特許流通データベース
　活用可能な開放特許を産業界、特に中小・ベンチャー企業に円滑に流通させ実用化を推進していくため、企業や研究機関・大学等が保有する提供意思のある特許をデータベース化し、インターネットを通じて公開しています。(http://www.ncipi.go.jp)

② 開放特許活用例集
　特許流通データベースに登録されている開放特許の中から製品化ポテンシャルが高い案

件を選定し、これら有用な開放特許を有効に使ってもらうためのビジネスアイデア集を作成しています。

③ 特許流通支援チャート

　企業が新規事業創出時の技術導入・技術移転を図る上で指標となりうる国内特許の動向を技術テーマごとに、分析したものです。出願上位企業の特許取得状況、技術開発課題に対応した特許保有状況、技術開発拠点等を紹介しています。

④ 特許電子図書館情報検索指導アドバイザー

　知的財産権及びその情報に関する専門的知識を有するアドバイザーを全国の知的所有権センターに派遣し、特許情報の検索に必要な基礎知識から特許情報の活用の仕方まで、無料でアドバイス・相談を行っています。(資料3参照)

(3) 知的財産権取引業の育成

① 知的財産権取引業者データベース

　特許を始めとする知的財産権の取引や技術移転の促進には、欧米の技術移転先進国に見られるように、民間の仲介事業者の存在が不可欠です。こうした民間ビジネスが質・量ともに不足し、社会的認知度も低いことから、事業者の情報を収集してデータベース化し、インターネットを通じて公開しています。

② 国際セミナー・研修会等

　著名海外取引業者と我が国取引業者との情報交換、議論の場（国際セミナー）を開催しています。また、産学官の技術移転を促進して、企業の新商品開発や技術力向上を促進するために不可欠な、技術移転に携わる人材の育成を目的とした研修事業を開催しています。

資料2．特許流通アドバイザー一覧 （平成14年3月1日現在）

○経済産業局特許室および知的所有権センターへの派遣

派遣先	氏名	所在地	TEL
北海道経済産業局特許室	杉谷 克彦	〒060-0807 札幌市北区北7条西2丁目8番地1北ビル7階	011-708-5783
北海道知的所有権センター （北海道立工業試験場）	宮本 剛汎	〒060-0819 札幌市北区北19条西11丁目 北海道立工業試験場内	011-747-2211
東北経済産業局特許室	三澤 輝起	〒980-0014 仙台市青葉区本町3-4-18 太陽生命仙台本町ビル7階	022-223-9761
青森県知的所有権センター （(社)発明協会青森県支部）	内藤 規雄	〒030-0112 青森市大字八ツ役字芦谷202-4 青森県産業技術開発センター内	017-762-3912
岩手県知的所有権センター （岩手県工業技術センター）	阿部 新喜司	〒020-0852 盛岡市飯岡新田3-35-2 岩手県工業技術センター内	019-635-8182
宮城県知的所有権センター （宮城県産業技術総合センター）	小野 賢悟	〒981-3206 仙台市泉区明通二丁目2番地 宮城県産業技術総合センター内	022-377-8725
秋田県知的所有権センター （秋田県工業技術センター）	石川 順三	〒010-1623 秋田市新屋町字砂奴寄4-11 秋田県工業技術センター内	018-862-3417
山形県知的所有権センター （山形県工業技術センター）	冨樫 富雄	〒990-2473 山形市松栄1-3-8 山形県産業創造支援センター内	023-647-8130
福島県知的所有権センター （(社)発明協会福島県支部）	相澤 正彬	〒963-0215 郡山市待池台1-12 福島県ハイテクプラザ内	024-959-3351
関東経済産業局特許室	村上 義英	〒330-9715 さいたま市上落合2-11 さいたま新都心合同庁舎1号館	048-600-0501
茨城県知的所有権センター （(財)茨城県中小企業振興公社）	齋藤 幸一	〒312-0005 ひたちなか市新光町38 ひたちなかテクノセンタービル内	029-264-2077
栃木県知的所有権センター （(社)発明協会栃木県支部）	坂本 武	〒322-0011 鹿沼市白桑田516-1 栃木県工業技術センター内	0289-60-1811
群馬県知的所有権センター （(社)発明協会群馬県支部）	三田 隆志	〒371-0845 前橋市鳥羽町190 群馬県工業試験場内	027-280-4416
	金井 澄雄	〒371-0845 前橋市鳥羽町190 群馬県工業試験場内	027-280-4416
埼玉県知的所有権センター （埼玉県工業技術センター）	野口 満	〒333-0848 川口市芝下1-1-56 埼玉県工業技術センター内	048-269-3108
	清水 修	〒333-0848 川口市芝下1-1-56 埼玉県工業技術センター内	048-269-3108
千葉県知的所有権センター （(社)発明協会千葉県支部）	稲谷 稔宏	〒260-0854 千葉市中央区長洲1-9-1 千葉県庁南庁舎内	043-223-6536
	阿草 一男	〒260-0854 千葉市中央区長洲1-9-1 千葉県庁南庁舎内	043-223-6536
東京都知的所有権センター （東京都城南地域中小企業振興センター）	鷹見 紀彦	〒144-0035 大田区南蒲田1-20-20 城南地域中小企業振興センター内	03-3737-1435
神奈川県知的所有権センター支部 （(財)神奈川高度技術支援財団）	小森 幹雄	〒213-0012 川崎市高津区坂戸3-2-1 かながわサイエンスパーク内	044-819-2100
新潟県知的所有権センター （(財)信濃川テクノポリス開発機構）	小林 靖幸	〒940-2127 長岡市新産4-1-9 長岡地域技術開発振興センター内	0258-46-9711
山梨県知的所有権センター （山梨県工業技術センター）	廣川 幸生	〒400-0055 甲府市大津町2094 山梨県工業技術センター内	055-220-2409
長野県知的所有権センター （(社)発明協会長野県支部）	徳永 正明	〒380-0928 長野市若里1-18-1 長野県工業試験場内	026-229-7688
静岡県知的所有権センター （(社)発明協会静岡県支部）	神長 邦雄	〒421-1221 静岡市牧ヶ谷2078 静岡工業技術センター内	054-276-1516
	山田 修寧	〒421-1221 静岡市牧ヶ谷2078 静岡工業技術センター内	054-276-1516
中部経済産業局特許室	原口 邦弘	〒460-0008 名古屋市中区栄2-10-19 名古屋商工会議所ビルB2F	052-223-6549
富山県知的所有権センター （富山県工業技術センター）	小坂 郁雄	〒933-0981 高岡市二上町150 富山県工業技術センター内	0766-29-2081
石川県知的所有権センター （財)石川県産業創出支援機構	一丸 義次	〒920-0223 金沢市戸水町イ65番地 石川県地場産業振興センター新館1階	076-267-8117
岐阜県知的所有権センター （岐阜県科学技術振興センター）	松永 孝義	〒509-0108 各務原市須衛町4-179-1 テクノプラザ5F	0583-79-2250
	木下 裕雄	〒509-0108 各務原市須衛町4-179-1 テクノプラザ5F	0583-79-2250
愛知県知的所有権センター （愛知県工業技術センター）	森 孝和	〒448-0003 刈谷市一ツ木町西新割 愛知県工業技術センター内	0566-24-1841
	三浦 元久	〒448-0003 刈谷市一ツ木町西新割 愛知県工業技術センター内	0566-24-1841

派遣先	氏名	所在地	TEL
三重県知的所有権センター (三重県工業技術総合研究所)	馬渡 建一	〒514-0819 津市高茶屋5-5-45 三重県科学振興センター工業研究部内	059-234-4150
近畿経済産業局特許室	下田 英宣	〒543-0061 大阪市天王寺区伶人町2-7 関西特許情報センター1階	06-6776-8491
福井県知的所有権センター (福井県工業技術センター)	上坂 旭	〒910-0102 福井市川合鷲塚町61字北稲田10 福井県工業技術センター内	0776-55-2100
滋賀県知的所有権センター (滋賀県工業技術センター)	新屋 正男	〒520-3004 栗東市上砥山232 滋賀県工業技術総合センター別館内	077-558-4040
京都府知的所有権センター ((社)発明協会京都支部)	衣川 清彦	〒600-8813 京都市下京区中堂寺南町17番地 京都リサーチパーク京都高度技術研究所ビル4階	075-326-0066
大阪府知的所有権センター (大阪府立特許情報センター)	大空 一博	〒543-0061 大阪市天王寺区伶人町2-7 関西特許情報センター内	06-6772-0704
	梶原 淳治	〒577-0809 東大阪市永和1-11-10	06-6722-1151
兵庫県知的所有権センター ((財)新産業創造研究機構)	園田 憲一	〒650-0047 神戸市中央区港島南町1-5-2 神戸キメックセンタービル6F	078-306-6808
	島田 一男	〒650-0047 神戸市中央区港島南町1-5-2 神戸キメックセンタービル6F	078-306-6808
和歌山県知的所有権センター ((社)発明協会和歌山支部)	北澤 宏造	〒640-8214 和歌山県寄合町25 和歌山市発明館4階	073-432-0087
中国経済産業局特許室	木村 郁男	〒730-8531 広島市中区上八丁堀6-30 広島合同庁舎3号館1階	082-502-6828
鳥取県知的所有権センター ((社)発明協会鳥取県支部)	五十嵐 善司	〒689-1112 鳥取市若葉台南7-5-1 新産業創造センター1階	0857-52-6728
島根県知的所有権センター ((社)発明協会島根県支部)	佐野 馨	〒690-0816 島根県松江市北陵町1 テクノアークしまね内	0852-60-5146
岡山県知的所有権センター ((社)発明協会岡山県支部)	横田 悦造	〒701-1221 岡山市芳賀5301 テクノサポート岡山内	086-286-9102
広島県知的所有権センター ((社)発明協会広島県支部)	壹岐 正弘	〒730-0052 広島市中区千田町3-13-11 広島発明会館2階	082-544-2066
山口県知的所有権センター ((社)発明協会山口県支部)	滝川 尚久	〒753-0077 山口市熊野町1-10 NPYビル10階 (財)山口県産業技術開発機構内	083-922-9927
四国経済産業局特許室	鶴野 弘章	〒761-0301 香川県高松市林町2217-15 香川産業頭脳化センタービル2階	087-869-3790
徳島県知的所有権センター ((社)発明協会徳島県支部)	武岡 明夫	〒770-8021 徳島市雑賀町西開11-2 徳島県立工業技術センター内	088-669-0117
香川県知的所有権センター ((社)発明協会香川県支部)	谷田 吉成	〒761-0301 香川県高松市林町2217-15 香川産業頭脳化センタービル2階	087-869-9004
	福家 康矩	〒761-0301 香川県高松市林町2217-15 香川産業頭脳化センタービル2階	087-869-9004
愛媛県知的所有権センター ((社)発明協会愛媛県支部)	川野 辰己	〒791-1101 松山市久米窪田町337-1 テクノプラザ愛媛	089-960-1489
高知県知的所有権センター ((財)高知県産業振興センター)	吉本 忠男	〒781-5101 高知市布師田3992-2 高知県中小企業会館2階	0888-46-7087
九州経済産業局特許室	簗田 克志	〒812-8546 福岡市博多区博多駅東2-11-1 福岡合同庁舎内	092-436-7260
福岡県知的所有権センター ((社)発明協会福岡県支部)	道津 毅	〒812-0013 福岡市博多区博多駅東2-6-23 住友博多駅前第2ビル1階	092-415-6777
福岡県知的所有権センター北九州支部 ((株)北九州テクノセンター)	沖 宏治	〒804-0003 北九州市戸畑区中原新町2-1 (株)北九州テクノセンター内	093-873-1432
佐賀県知的所有権センター (佐賀県工業技術センター)	光武 章二	〒849-0932 佐賀市鍋島町大字八戸溝114 佐賀県工業技術センター内	0952-30-8161
	村上 忠郎	〒849-0932 佐賀市鍋島町大字八戸溝114 佐賀県工業技術センター内	0952-30-8161
長崎県知的所有権センター ((社)発明協会長崎県支部)	嶋北 正俊	〒856-0026 大村市池田2-1303-8 長崎県工業技術センター内	0957-52-1138
熊本県知的所有権センター ((社)発明協会熊本県支部)	深見 毅	〒862-0901 熊本市東町3-11-38 熊本県工業技術センター内	096-331-7023
大分県知的所有権センター (大分県産業科学技術センター)	古崎 宣	〒870-1117 大分市高江西1-4361-10 大分県産業科学技術センター内	097-596-7121
宮崎県知的所有権センター ((社)発明協会宮崎県支部)	久保田 英世	〒880-0303 宮崎県宮崎郡佐土原町東上那珂16500-2 宮崎県工業技術センター内	0985-74-2953
鹿児島県知的所有権センター (鹿児島県工業技術センター)	山田 式典	〒899-5105 鹿児島県姶良郡隼人町小田1445-1 鹿児島県工業技術センター内	0995-64-2056
沖縄総合事務局特許室	下司 義雄	〒900-0016 那覇市前島3-1-15 大同生命那覇ビル5階	098-867-3293
沖縄県知的所有権センター (沖縄県工業技術センター)	木村 薫	〒904-2234 具志川市州崎12-2 沖縄県工業技術センター内1階	098-939-2372

○技術移転機関(TLO)への派遣

派遣先	氏名	所在地	TEL
北海道ティー・エル・オー(株)	山田 邦重	〒060-0808 札幌市北区北8条西5丁目 北海道大学事務局分館2館	011-708-3633
	岩城 全紀	〒060-0808 札幌市北区北8条西5丁目 北海道大学事務局分館2館	011-708-3633
(株)東北テクノアーチ	井硲 弘	〒980-0845 仙台市青葉区荒巻字青葉468番地 東北大学未来科学技術共同センター	022-222-3049
(株)筑波リエゾン研究所	関 淳次	〒305-8577 茨城県つくば市天王台1-1-1 筑波大学共同研究棟A303	0298-50-0195
	綾 紀元	〒305-8577 茨城県つくば市天王台1-1-1 筑波大学共同研究棟A303	0298-50-0195
(財)日本産業技術振興協会 産総研イノベーションズ	坂 光	〒305-8568 茨城県つくば市梅園1-1-1 つくば中央第二事業所D-7階	0298-61-5210
日本大学国際産業技術・ビジネス育成センター	斎藤 光史	〒102-8275 東京都千代田区九段南4-8-24	03-5275-8139
	加根魯 和宏	〒102-8275 東京都千代田区九段南4-8-24	03-5275-8139
学校法人早稲田大学知的財産センター	菅野 淳	〒162-0041 東京都新宿区早稲田鶴巻町513 早稲田大学研究開発センター120-1号館1F	03-5286-9867
	風間 孝彦	〒162-0041 東京都新宿区早稲田鶴巻町513 早稲田大学研究開発センター120-1号館1F	03-5286-9867
(財)理工学振興会	鷹巣 征行	〒226-8503 横浜市緑区長津田町4259 フロンティア創造共同研究センター内	045-921-4391
	北川 謙一	〒226-8503 横浜市緑区長津田町4259 フロンティア創造共同研究センター内	045-921-4391
よこはまティーエルオー(株)	小原 郁	〒240-8501 横浜市保土ヶ谷区常盤台79-5 横浜国立大学共同研究推進センター内	045-339-4441
学校法人慶応義塾大学知的資産センター	道井 敏	〒108-0073 港区三田2-11-15 三田川崎ビル3階	03-5427-1678
	鈴木 泰	〒108-0073 港区三田2-11-15 三田川崎ビル3階	03-5427-1678
学校法人東京電機大学産官学交流センター	河村 幸夫	〒101-8457 千代田区神田錦町2-2	03-5280-3640
タマティーエルオー(株)	古瀬 武弘	〒192-0083 八王子市旭町9-1 八王子スクエアビル11階	0426-31-1325
学校法人明治大学知的資産センター	竹田 幹男	〒101-8301 千代田区神田駿河台1-1	03-3296-4327
(株)山梨ティー・エル・オー	田中 正男	〒400-8511 甲府市武田4-3-11 山梨大学地域共同開発研究センター内	055-220-8760
(財)浜松科学技術研究振興会	小野 義光	〒432-8561 浜松市城北3-5-1	053-412-6703
(財)名古屋産業科学研究所	杉本 勝	〒460-0008 名古屋市中区栄二丁目十番十九号 名古屋商工会議所ビル	052-223-5691
	小西 富雅	〒460-0008 名古屋市中区栄二丁目十番十九号 名古屋商工会議所ビル	052-223-5694
関西ティー・エル・オー(株)	山田 富義	〒600-8813 京都市下京区中堂寺南町17 京都リサーチパークサイエンスセンタービル1号館2階	075-315-8250
	斎田 雄一	〒600-8813 京都市下京区中堂寺南町17 京都リサーチパークサイエンスセンタービル1号館2階	075-315-8250
(財)新産業創造研究機構	井上 勝彦	〒650-0047 神戸市中央区港島南町1-5-2 神戸キメックセンタービル6F	078-306-6805
	長冨 弘充	〒650-0047 神戸市中央区港島南町1-5-2 神戸キメックセンタービル6F	078-306-6805
(財)大阪産業振興機構	有馬 秀平	〒565-0871 大阪府吹田市山田丘2-1 大阪大学先端科学技術共同研究センター4F	06-6879-4196
(有)山口ティー・エル・オー	松本 孝三	〒755-8611 山口県宇部市常盤台2-16-1 山口大学地域共同研究開発センター内	0836-22-9768
	熊原 尋美	〒755-8611 山口県宇部市常盤台2-16-1 山口大学地域共同研究開発センター内	0836-22-9768
(株)テクノネットワーク四国	佐藤 博正	〒760-0033 香川県高松市丸の内2-5 ヨンデンビル別館4F	087-811-5039
(株)北九州テクノセンター	乾 全	〒804-0003 北九州市戸畑区中原新町2番1号	093-873-1448
(株)産学連携機構九州	堀 浩一	〒812-8581 福岡市東区箱崎6-10-1 九州大学技術移転推進室内	092-642-4363
(財)くまもとテクノ産業財団	桂 真郎	〒861-2202 熊本県上益城郡益城町田原2081-10	096-289-2340

資料3．特許電子図書館情報検索指導アドバイザー一覧 （平成14年3月1日現在）

○知的所有権センターへの派遣

派遣先	氏名	所在地	TEL
北海道知的所有権センター (北海道立工業試験場)	平野 徹	〒060-0819 札幌市北区北19条西11丁目	011-747-2211
青森県知的所有権センター ((社)発明協会青森県支部)	佐々木 泰樹	〒030-0112 青森市第二問屋町4-11-6	017-762-3912
岩手県知的所有権センター (岩手県工業技術センター)	中嶋 孝弘	〒020-0852 盛岡市飯岡新田3-35-2	019-634-0684
宮城県知的所有権センター (宮城県産業技術総合センター)	小林 保	〒981-3206 仙台市泉区明通2-2	022-377-8725
秋田県知的所有権センター (秋田県工業技術センター)	田嶋 正夫	〒010-1623 秋田市新屋町字砂奴寄4-11	018-862-3417
山形県知的所有権センター (山形県工業技術センター)	大澤 忠行	〒990-2473 山形市松栄1-3-8	023-647-8130
福島県知的所有権センター ((社)発明協会福島県支部)	栗田 広	〒963-0215 郡山市待池台1-12 福島県ハイテクプラザ内	024-963-0242
茨城県知的所有権センター ((財)茨城県中小企業振興公社)	猪野 正己	〒312-0005 ひたちなか市新光町38 ひたちなかテクノセンタービル1階	029-264-2211
栃木県知的所有権センター ((社)発明協会栃木県支部)	中里 浩	〒322-0011 鹿沼市白桑田516-1 栃木県工業技術センター内	0289-65-7550
群馬県知的所有権センター ((社)発明協会群馬県支部)	神林 賢蔵	〒371-0845 前橋市鳥羽町190 群馬県工業試験場内	027-254-0627
埼玉県知的所有権センター ((社)発明協会埼玉県支部)	田中 廣雅	〒331-8669 さいたま市桜木町1-7-5 ソニックシティ10階	048-644-4806
千葉県知的所有権センター ((社)発明協会千葉県支部)	中原 照義	〒260-0854 千葉市中央区長洲1-9-1 千葉県庁南庁舎R3階	043-223-7748
東京都知的所有権センター ((社)発明協会東京支部)	福澤 勝義	〒105-0001 港区虎ノ門2-9-14	03-3502-5521
神奈川県知的所有権センター (神奈川県産業技術総合研究所)	森 啓次	〒243-0435 海老名市下今泉705-1	046-236-1500
神奈川県知的所有権センター支部 ((財)神奈川高度技術支援財団)	大井 隆	〒213-0012 川崎市高津区坂戸3-2-1 かながわサイエンスパーク西棟205	044-819-2100
神奈川県知的所有権センター支部 ((社)発明協会神奈川県支部)	蓮見 亮	〒231-0015 横浜市中区尾上町5-80 神奈川中小企業センター10階	045-633-5055
新潟県知的所有権センター ((財)信濃川テクノポリス開発機構)	石谷 速夫	〒940-2127 長岡市新産4-1-9	0258-46-9711
山梨県知的所有権センター (山梨県工業技術センター)	山下 知	〒400-0055 甲府市大津町2094	055-243-6111
長野県知的所有権センター ((社)発明協会長野県支部)	岡田 光正	〒380-0928 長野市若里1-18-1 長野県工業試験場内	026-228-5559
静岡県知的所有権センター ((社)発明協会静岡県支部)	吉井 和夫	〒421-1221 静岡市牧ヶ谷2078 静岡工業技術センター資料館内	054-278-6111
富山県知的所有権センター (富山県工業技術センター)	齋藤 靖雄	〒933-0981 高岡市二上町150	0766-29-1252
石川県知的所有権センター (財)石川県産業創出支援機構	辻 寛司	〒920-0223 金沢市戸水町イ65番地 石川県地場産業振興センター	076-267-5918
岐阜県知的所有権センター (岐阜県科学技術振興センター)	林 邦明	〒509-0108 各務原市須衛町4-179-1 テクノプラザ5F	0583-79-2250
愛知県知的所有権センター (愛知県工業技術センター)	加藤 英昭	〒448-0003 刈谷市一ツ木町西新割	0566-24-1841
三重県知的所有権センター (三重県工業技術総合研究所)	長峰 隆	〒514-0819 津市高茶屋5-5-45	059-234-4150
福井県知的所有権センター (福井県工業技術センター)	川・ 好昭	〒910-0102 福井市川合鷲塚町61字北稲田10	0776-55-1195
滋賀県知的所有権センター (滋賀県工業技術センター)	森 久子	〒520-3004 栗東市上砥山232	077-558-4040
京都府知的所有権センター ((社)発明協会京都支部)	中野 剛	〒600-8813 京都市下京区中堂寺南町17 京都リサーチパーク内 京都高度技研ビル4階	075-315-8686
大阪府知的所有権センター (大阪府立特許情報センター)	秋田 伸一	〒543-0061 大阪市天王寺区伶人町2-7	06-6771-2646
大阪府知的所有権センター支部 ((社)発明協会大阪支部知的財産センター)	戎 邦夫	〒564-0062 吹田市垂水町3-24-1 シンプレス江坂ビル2階	06-6330-7725
兵庫県知的所有権センター ((社)発明協会兵庫県支部)	山口 克己	〒654-0037 神戸市須磨区行平町3-1-31 兵庫県立産業技術センター4階	078-731-5847
奈良県知的所有権センター (奈良県工業技術センター)	北田 友彦	〒630-8031 奈良市柏木町129-1	0742-33-0863

派遣先	氏名	所在地	TEL
和歌山県知的所有権センター ((社)発明協会和歌山県支部)	木村 武司	〒640-8214 和歌山県寄合町25 和歌山市発明館4階	073-432-0087
鳥取県知的所有権センター ((社)発明協会鳥取県支部)	奥村 隆一	〒689-1112 鳥取市若葉台南7−5−1 新産業創造センター1階	0857-52-6728
島根県知的所有権センター ((社)発明協会島根県支部)	門脇 みどり	〒690-0816 島根県松江市北陵町1番地 テクノアークしまね1F内	0852-60-5146
岡山県知的所有権センター ((社)発明協会岡山県支部)	佐藤 新吾	〒701-1221 岡山市芳賀5301 テクノサポート岡山内	086-286-9656
広島県知的所有権センター ((社)発明協会広島県支部)	若木 幸蔵	〒730-0052 広島市中区千田町3−13−11 広島発明会館内	082-544-0775
広島県知的所有権センター支部 ((社)発明協会広島県支部備後支会)	渡部 武徳	〒720-0067 福山市西町2−10−1	0849-21-2349
広島県知的所有権センター支部 (呉地域産業振興センター)	三上 達矢	〒737-0004 呉市阿賀南2−10−1	0823-76-3766
山口県知的所有権センター ((社)発明協会山口県支部)	大段 恭二	〒753-0077 山口市熊野町1-10 NPYビル10階	083-922-9927
徳島県知的所有権センター ((社)発明協会徳島県支部)	平野 稔	〒770-8021 徳島市雑賀町西開11−2 徳島県立工業技術センター内	088-636-3388
香川県知的所有権センター ((社)発明協会香川県支部)	中元 恒	〒761-0301 香川県高松市林町2217−15 香川産業頭脳化センタービル2階	087-869-9005
愛媛県知的所有権センター ((社)発明協会愛媛県支部)	片山 忠徳	〒791-1101 松山市久米窪田町337−1 テクノプラザ愛媛	089-960-1118
高知県知的所有権センター (高知県工業技術センター)	柏井 富雄	〒781-5101 高知市布師田3992−3	088-845-7664
福岡県知的所有権センター ((社)発明協会福岡県支部)	浦井 正章	〒812-0013 福岡市博多区博多駅東2−6−23 住友博多駅前第2ビル2階	092-474-7255
福岡県知的所有権センター北九州支部 ((株)北九州テクノセンター)	重藤 務	〒804-0003 北九州市戸畑区中原新町2−1	093-873-1432
佐賀県知的所有権センター (佐賀県工業技術センター)	塚島 誠一郎	〒849-0932 佐賀市鍋島町八戸溝114	0952-30-8161
長崎県知的所有権センター ((社)発明協会長崎県支部)	川添 早苗	〒856-0026 大村市池田2−1303−8 長崎県工業技術センター内	0957-52-1144
熊本県知的所有権センター ((社)発明協会熊本県支部)	松山 彰雄	〒862-0901 熊本市東町3−11−38 熊本県工業技術センター内	096-360-3291
大分県知的所有権センター (大分県産業科学技術センター)	鎌田 正道	〒870-1117 大分市高江西1−4361−10	097-596-7121
宮崎県知的所有権センター ((社)発明協会宮崎県支部)	黒田 護	〒880-0303 宮崎県宮崎郡佐土原町東上那珂16500-2 宮崎県工業技術センター内	0985-74-2953
鹿児島県知的所有権センター (鹿児島県工業技術センター)	大井 敏民	〒899-5105 鹿児島県姶良郡隼人町小田1445-1	0995-64-2445
沖縄県知的所有権センター (沖縄県工業技術センター)	和田 修	〒904-2234 具志川市字州崎12−2 中城湾港新港地区トロピカルテクノパーク内	098-929-0111

資料4．知的所有権センター一覧 （平成14年3月1日現在）

都道府県	名称	所在地	TEL
北海道	北海道知的所有権センター (北海道立工業試験場)	〒060-0819 札幌市北区北19条西11丁目	011-747-2211
青森県	青森県知的所有権センター ((社)発明協会青森県支部)	〒030-0112 青森市第二問屋町4-11-6	017-762-3912
岩手県	岩手県知的所有権センター (岩手県工業技術センター)	〒020-0852 盛岡市飯岡新田3-35-2	019-634-0684
宮城県	宮城県知的所有権センター (宮城県産業技術総合センター)	〒981-3206 仙台市泉区明通2-2	022-377-8725
秋田県	秋田県知的所有権センター (秋田県工業技術センター)	〒010-1623 秋田市新屋町字砂奴寄4-11	018-862-3417
山形県	山形県知的所有権センター (山形県工業技術センター)	〒990-2473 山形市松栄1-3-8	023-647-8130
福島県	福島県知的所有権センター ((社)発明協会福島県支部)	〒963-0215 郡山市待池台1-12 福島県ハイテクプラザ内	024-963-0242
茨城県	茨城県知的所有権センター ((財)茨城県中小企業振興公社)	〒312-0005 ひたちなか市新光町38 ひたちなかテクノセンタービル1階	029-264-2211
栃木県	栃木県知的所有権センター ((社)発明協会栃木県支部)	〒322-0011 鹿沼市白桑田516-1 栃木県工業技術センター内	0289-65-7550
群馬県	群馬県知的所有権センター ((社)発明協会群馬県支部)	〒371-0845 前橋市鳥羽町190 群馬県工業試験場内	027-254-0627
埼玉県	埼玉県知的所有権センター ((社)発明協会埼玉県支部)	〒331-8669 さいたま市桜木町1-7-5 ソニックシティ10階	048-644-4806
千葉県	千葉県知的所有権センター ((社)発明協会千葉県支部)	〒260-0854 千葉市中央区長洲1-9-1 千葉県庁南庁舎R3階	043-223-7748
東京都	東京都知的所有権センター ((社)発明協会東京支部)	〒105-0001 港区虎ノ門2-9-14	03-3502-5521
神奈川県	神奈川県知的所有権センター (神奈川県産業技術総合研究所)	〒243-0435 海老名市下今泉705-1	046-236-1500
	神奈川県知的所有権センター支部 ((財)神奈川高度技術支援財団)	〒213-0012 川崎市高津区坂戸3-2-1 かながわサイエンスパーク西棟205	044-819-2100
	神奈川県知的所有権センター支部 ((社)発明協会神奈川県支部)	〒231-0015 横浜市中区尾上町5-80 神奈川中小企業センター10階	045-633-5055
新潟県	新潟県知的所有権センター ((財)信濃川テクノポリス開発機構)	〒940-2127 長岡市新産4-1-9	0258-46-9711
山梨県	山梨県知的所有権センター (山梨県工業技術センター)	〒400-0055 甲府市大津町2094	055-243-6111
長野県	長野県知的所有権センター ((社)発明協会長野県支部)	〒380-0928 長野市若里1-18-1 長野県工業試験場内	026-228-5559
静岡県	静岡県知的所有権センター ((社)発明協会静岡県支部)	〒421-1221 静岡市牧ヶ谷2078 静岡工業技術センター資料館内	054-278-6111
富山県	富山県知的所有権センター (富山県工業技術センター)	〒933-0981 高岡市二上町150	0766-29-1252
石川県	石川県知的所有権センター (財)石川県産業創出支援機構	〒920-0223 金沢市戸水町イ65番地 石川県地場産業振興センター	076-267-5918
岐阜県	岐阜県知的所有権センター (岐阜県科学技術振興センター)	〒509-0108 各務原市須衛町4-179-1 テクノプラザ5F	0583-79-2250
愛知県	愛知県知的所有権センター (愛知県工業技術センター)	〒448-0003 刈谷市一ツ木町西新割	0566-24-1841
三重県	三重県知的所有権センター (三重県工業技術総合研究所)	〒514-0819 津市高茶屋5-5-45	059-234-4150
福井県	福井県知的所有権センター (福井県工業技術センター)	〒910-0102 福井市川合鷲塚町61字北稲田10	0776-55-1195
滋賀県	滋賀県知的所有権センター (滋賀県工業技術センター)	〒520-3004 栗東市上砥山232	077-558-4040
京都府	京都府知的所有権センター ((社)発明協会京都支部)	〒600-8813 京都市下京区中堂寺南町17 京都リサーチパーク内 京都高度技研ビル4階	075-315-8686
大阪府	大阪府知的所有権センター (大阪府立特許情報センター)	〒543-0061 大阪市天王寺区伶人町2-7	06-6771-2646
	大阪府知的所有権センター支部 ((社)発明協会大阪支部知的財産センター)	〒564-0062 吹田市垂水町3-24-1 シンプレス江坂ビル2階	06-6330-7725
兵庫県	兵庫県知的所有権センター ((社)発明協会兵庫県支部)	〒654-0037 神戸市須磨区行平町3-1-31 兵庫県立産業技術センター4階	078-731-5847

都道府県	名称	所在地	TEL
奈良県	奈良県知的所有権センター (奈良県工業技術センター)	〒630-8031 奈良市柏木町129-1	0742-33-0863
和歌山県	和歌山県知的所有権センター ((社)発明協会和歌山県支部)	〒640-8214 和歌山県寄合町25 和歌山市発明館4階	073-432-0087
鳥取県	鳥取県知的所有権センター ((社)発明協会鳥取県支部)	〒689-1112 鳥取市若葉台南7-5-1 新産業創造センター1階	0857-52-6728
島根県	島根県知的所有権センター ((社)発明協会島根県支部)	〒690-0816 島根県松江市北陵町1番地 テクノアークしまね1F内	0852-60-5146
岡山県	岡山県知的所有権センター ((社)発明協会岡山県支部)	〒701-1221 岡山市芳賀5301 テクノサポート岡山内	086-286-9656
広島県	広島県知的所有権センター ((社)発明協会広島県支部)	〒730-0052 広島市中区千田町3-13-11 広島発明会館内	082-544-0775
	広島県知的所有権センター支部 ((社)発明協会広島県支部備後支会)	〒720-0067 福山市西町2-10-1	0849-21-2349
	広島県知的所有権センター支部 (呉地域産業振興センター)	〒737-0004 呉市阿賀南2-10-1	0823-76-3766
山口県	山口県知的所有権センター ((社)発明協会山口県支部)	〒753-0077 山口市熊野町1-10 NPYビル10階	083-922-9927
徳島県	徳島県知的所有権センター ((社)発明協会徳島県支部)	〒770-8021 徳島市雑賀町西開11-2 徳島県立工業技術センター内	088-636-3388
香川県	香川県知的所有権センター ((社)発明協会香川県支部)	〒761-0301 香川県高松市林町2217-15 香川産業頭脳化センタービル2階	087-869-9005
愛媛県	愛媛県知的所有権センター ((社)発明協会愛媛県支部)	〒791-1101 松山市久米窪田町337-1 テクノプラザ愛媛	089-960-1118
高知県	高知県知的所有権センター (高知県工業技術センター)	〒781-5101 高知市布師田3992-3	088-845-7664
福岡県	福岡県知的所有権センター ((社)発明協会福岡県支部)	〒812-0013 福岡市博多区博多駅東2-6-23 住友博多駅前第2ビル2階	092-474-7255
	福岡県知的所有権センター北九州支部 ((株)北九州テクノセンター)	〒804-0003 北九州市戸畑区中原新町2-1	093-873-1432
佐賀県	佐賀県知的所有権センター (佐賀県工業技術センター)	〒849-0932 佐賀市鍋島町八戸溝114	0952-30-8161
長崎県	長崎県知的所有権センター ((社)発明協会長崎県支部)	〒856-0026 大村市池田2-1303-8 長崎県工業技術センター内	0957-52-1144
熊本県	熊本県知的所有権センター ((社)発明協会熊本県支部)	〒862-0901 熊本市東町3-11-38 熊本県工業技術センター内	096-360-3291
大分県	大分県知的所有権センター (大分県産業科学技術センター)	〒870-1117 大分市高江西1-4361-10	097-596-7121
宮崎県	宮崎県知的所有権センター ((社)発明協会宮崎県支部)	〒880-0303 宮崎県宮崎郡佐土原町東上那珂16500-2 宮崎県工業技術センター内	0985-74-2953
鹿児島県	鹿児島県知的所有権センター (鹿児島県工業技術センター)	〒899-5105 鹿児島県姶良郡隼人町小田1445-1	0995-64-2445
沖縄県	沖縄県知的所有権センター (沖縄県工業技術センター)	〒904-2234 具志川市宇州崎12-2 中城湾港新港地区トロピカルテクノパーク内	098-929-0111

資料5．平成13年度25技術テーマの特許流通の概要

5.1 アンケート送付先と回収率

平成13年度は、25の技術テーマにおいて「特許流通支援チャート」を作成し、その中で特許流通に対する意識調査として各技術テーマの出願件数上位企業を対象としてアンケート調査を行った。平成13年12月7日に郵送によりアンケートを送付し、平成14年1月31日までに回収されたものを対象に解析した。

表5.1-1に、アンケート調査表の回収状況を示す。送付数578件、回収数306件、回収率52.9%であった。

表5.1-1 アンケートの回収状況

送付数	回収数	未回収数	回収率
578	306	272	52.9%

表5.1-2に、業種別の回収状況を示す。各業種を一般系、機械系、化学系、電気系と大きく4つに分類した。以下、「〇〇系」と表現する場合は、各企業の業種別に基づく分類を示す。それぞれの回収率は、一般系56.5%、機械系63.5%、化学系41.1%、電気系51.6%であった。

表5.1-2 アンケートの業種別回収件数と回収率

業種と回収率	業種	回収件数
一般系 48/85=56.5%	建設	5
	窯業	12
	鉄鋼	6
	非鉄金属	17
	金属製品	2
	その他製造業	6
化学系 39/95=41.1%	食品	1
	繊維	12
	紙・パルプ	3
	化学	22
	石油・ゴム	1
機械系 73/115=63.5%	機械	23
	精密機器	28
	輸送機器	22
電気系 146/283=51.6%	電気	144
	通信	2

図 5.1 に、全回収件数を母数にして業種別に回収率を示す。全回収件数に占める業種別の回収率は電気系 47.7%、機械系 23.9%、一般系 15.7%、化学系 12.7%である。

図 5.1 回収件数の業種別比率

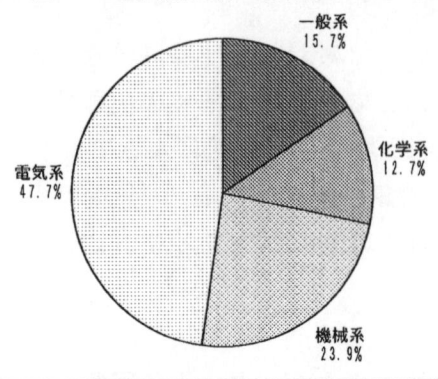

一般系	化学系	機械系	電気系	合計
48	39	73	146	306

表 5.1-3 に、技術テーマ別の回収件数と回収率を示す。この表では、技術テーマを一般分野、化学分野、機械分野、電気分野に分類した。以下、「○○分野」と表現する場合は、技術テーマによる分類を示す。回収率の最も良かった技術テーマは焼却炉排ガス処理技術の 71.4%で、最も悪かったのは有機 EL 素子の 34.6%である。

表 5.1-3 テーマ別の回収件数と回収率

	技術テーマ名	送付数	回収数	回収率
一般分野	カーテンウォール	24	13	54.2%
	気体膜分離装置	25	12	48.0%
	半導体洗浄と環境適応技術	23	14	60.9%
	焼却炉排ガス処理技術	21	15	71.4%
	はんだ付け鉛フリー技術	20	11	55.0%
化学分野	プラスティックリサイクル	25	15	60.0%
	バイオセンサ	24	16	66.7%
	セラミックスの接合	23	12	52.2%
	有機EL素子	26	9	34.6%
	生分解ポリエステル	23	12	52.2%
	有機導電性ポリマー	24	15	62.5%
	リチウムポリマー電池	29	13	44.8%
機械分野	車いす	21	12	57.1%
	金属射出成形技術	28	14	50.0%
	微細レーザ加工	20	10	50.0%
	ヒートパイプ	22	10	45.5%
電気分野	圧力センサ	22	13	59.1%
	個人照合	29	12	41.4%
	非接触型ICカード	21	10	47.6%
	ビルドアップ多層プリント配線板	23	11	47.8%
	携帯電話表示技術	20	11	55.0%
	アクティブマトリックス液晶駆動技術	21	12	57.1%
	プログラム制御技術	21	12	57.1%
	半導体レーザの活性層	22	11	50.0%
	無線LAN	21	11	52.4%

5.2 アンケート結果
5.2.1 開放特許に関して
(1) 開放特許と非開放特許

他者にライセンスしてもよい特許を「開放特許」、ライセンスの可能性のない特許を「非開放特許」と定義した。その上で、各技術テーマにおける保有特許のうち、自社での実施状況と開放状況について質問を行った。

306件中257件の回答があった（回答率84.0%）。保有特許件数に対する開放特許件数の割合を開放比率とし、保有特許件数に対する非開放特許件数の割合を非開放比率と定義した。

図5.2.1-1に、業種別の特許の開放比率と非開放比率を示す。全体の開放比率は58.3%で、業種別では一般系が37.1%、化学系が20.6%、機械系が39.4%、電気系が77.4%である。化学系（20.6%）の企業の開放比率は、化学分野における開放比率（図5.2.1-2）の最低値である「生分解ポリエステル」の22.6%よりさらに低い値となっている。これは、化学分野においても、機械系、電気系の企業であれば、保有特許について比較的開放的であることを示唆している。

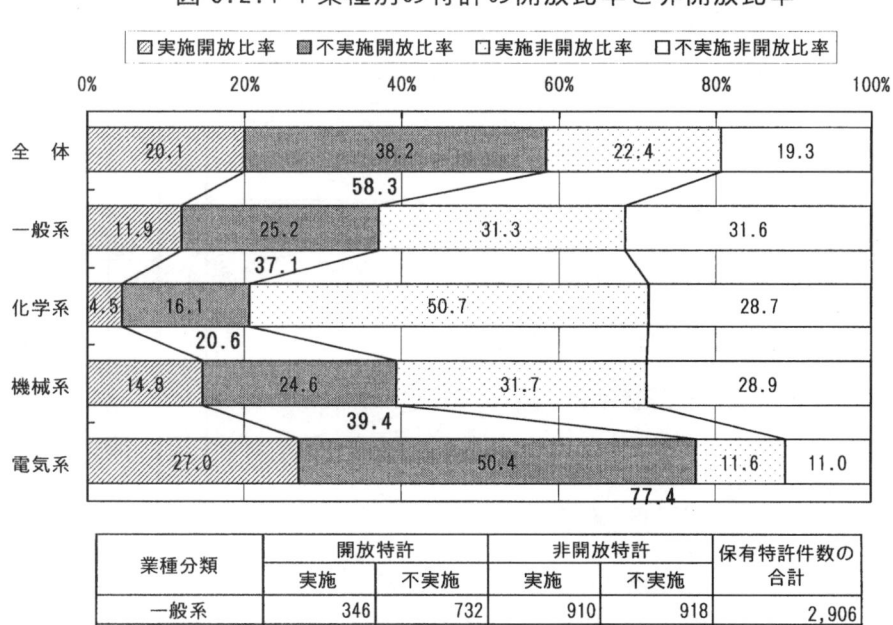

図5.2.1-1 業種別の特許の開放比率と非開放比率

業種分類	開放特許 実施	開放特許 不実施	非開放特許 実施	非開放特許 不実施	保有特許件数の合計
一般系	346	732	910	918	2,906
化学系	90	323	1,017	576	2,006
機械系	494	821	1,058	964	3,337
電気系	2,835	5,291	1,218	1,155	10,499
全体	3,765	7,167	4,203	3,613	18,748

図5.2.1-2に、技術テーマ別の開放比率と非開放比率を示す。

開放比率（実施開放比率と不実施開放比率を加算。）が高い技術テーマを見てみると、最高値は「個人照合」の84.7%で、次いで「はんだ付け鉛フリー技術」の83.2%、「無線LAN」の82.4%、「携帯電話表示技術」の80.0%となっている。一方、低い方から見ると、「生分解ポリエステル」の22.6%で、次いで「カーテンウォール」の29.3%、「有機EL」の30.5%である。

図5.2.1-2 技術テーマ別の開放比率と非開放比率

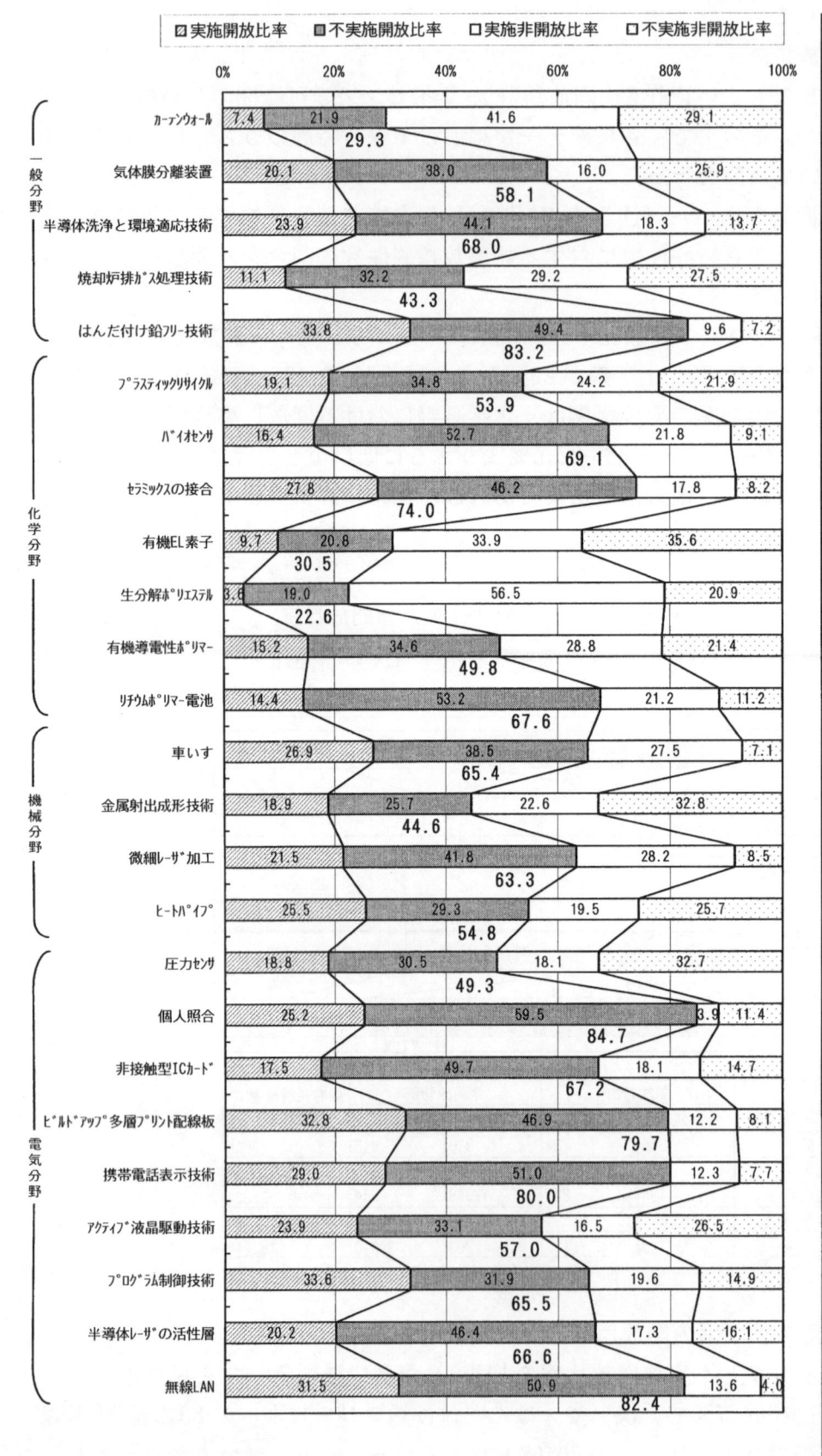

凡例: ■実施開放比率　■不実施開放比率　□実施非開放比率　□不実施非開放比率

技術分野	技術テーマ	実施開放比率	不実施開放比率	実施非開放比率	不実施非開放比率	合計(開放)	開放特許 実施	開放特許 不実施	非開放特許 実施	非開放特許 不実施	保有特許件数の合計
一般分野	カーテンウォール	7.4	21.9	41.6	29.1	29.3	67	198	376	264	905
一般分野	気体膜分離装置	20.1	38.0	16.0	25.9	58.1	88	166	70	113	437
一般分野	半導体洗浄と環境適応技術	23.9	44.1	18.3	13.7	68.0	155	286	119	89	649
一般分野	焼却炉排ガス処理技術	11.1	32.2	29.2	27.5	43.3	133	387	351	330	1,201
一般分野	はんだ付け鉛フリー技術	33.8	49.4	9.6	7.2	83.2	139	204	40	30	413
化学分野	プラスティックリサイクル	19.1	34.8	24.2	21.9	53.9	196	357	248	225	1,026
化学分野	バイオセンサ	16.4	52.7	21.8	9.1	69.1	106	340	141	59	646
化学分野	セラミックスの接合	27.8	46.2	17.8	8.2	74.0	145	241	93	42	521
化学分野	有機EL素子	9.7	20.8	33.9	35.6	30.5	90	193	316	332	931
化学分野	生分解ポリエステル	3.6	19.0	56.5	20.9	22.6	28	147	437	162	774
化学分野	有機導電性ポリマー	15.2	34.6	28.8	21.4	49.8	125	285	237	176	823
化学分野	リチウムポリマー電池	14.4	53.2	21.2	11.2	67.6	140	515	205	108	968
機械分野	車いす	26.9	38.5	27.5	7.1	65.4	107	154	110	28	399
機械分野	金属射出成形技術	18.9	25.7	22.6	32.8	44.6	147	200	175	255	777
機械分野	微細レーザ加工	21.5	41.8	28.2	8.5	63.3	68	133	89	27	317
機械分野	ヒートパイプ	25.5	29.3	19.5	25.7	54.8	215	248	164	217	844
電気分野	圧力センサ	18.8	30.5	18.1	32.7	49.3	164	267	158	286	875
電気分野	個人照合	25.2	59.5	3.9	11.4	84.7	220	521	34	100	875
電気分野	非接触型ICカード	17.5	49.7	18.1	14.7	67.2	140	398	145	117	800
電気分野	ビルドアップ多層プリント配線板	32.8	46.9	12.2	8.1	79.7	177	254	66	44	541
電気分野	携帯電話表示技術	29.0	51.0	12.3	7.7	80.0	235	414	100	62	811
電気分野	アクティブ液晶駆動技術	23.9	33.1	16.5	26.5	57.0	252	349	174	278	1,053
電気分野	プログラム制御技術	33.6	31.9	19.6	14.9	65.5	280	265	163	124	832
電気分野	半導体レーザの活性層	20.2	46.4	17.3	16.1	66.6	123	282	105	99	609
電気分野	無線LAN	31.5	50.9	13.6	4.0	82.4	227	367	98	29	721
	合計						3,767	7,171	4,214	3,596	18,748

230

図5.2.1-3は、業種別に、各企業の特許の開放比率を示したものである。

開放比率は、化学系で最も低く、電気系で最も高い。機械系と一般系はその中間に位置する。推測するに、化学系の企業では、保有特許は「物質特許」である場合が多く、自社の市場独占を確保するため、特許を開放しづらい状況にあるのではないかと思われる。逆に、電気・機械系の企業は、商品のライフサイクルが短いため、せっかく取得した特許も短期間で新技術と入れ替える必要があり、不実施となった特許を開放特許として供出やすい環境にあるのではないかと考えられる。また、より効率性の高い技術開発を進めるべく他社とのアライアンスを目的とした開放特許戦略を採るケースも、最近出てきているのではないだろうか。

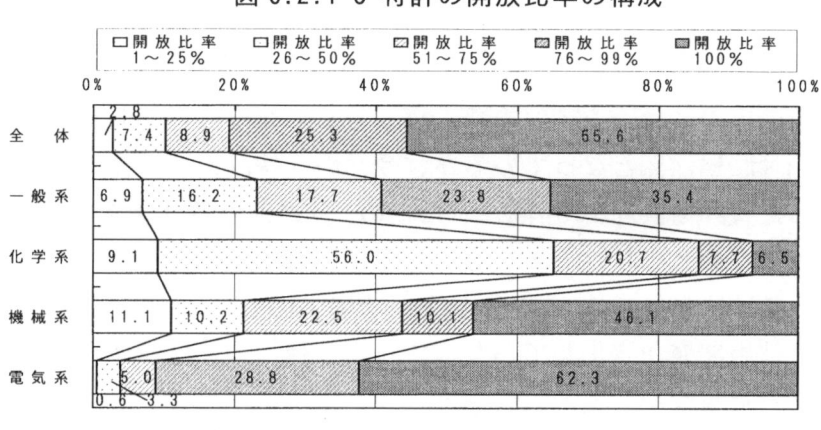

図5.2.1-3 特許の開放比率の構成

図5.2.1-4に、業種別の自社実施比率と不実施比率を示す。全体の自社実施比率は42.5%で、業種別では化学系55.2%、機械系46.5%、一般系43.2%、電気系38.6%である。化学系の企業は、自社実施比率が高く開放比率が低い。電気・機械系の企業は、その逆で自社実施比率が低く開放比率は高い。自社実施比率と開放比率は、反比例の関係にあるといえる。

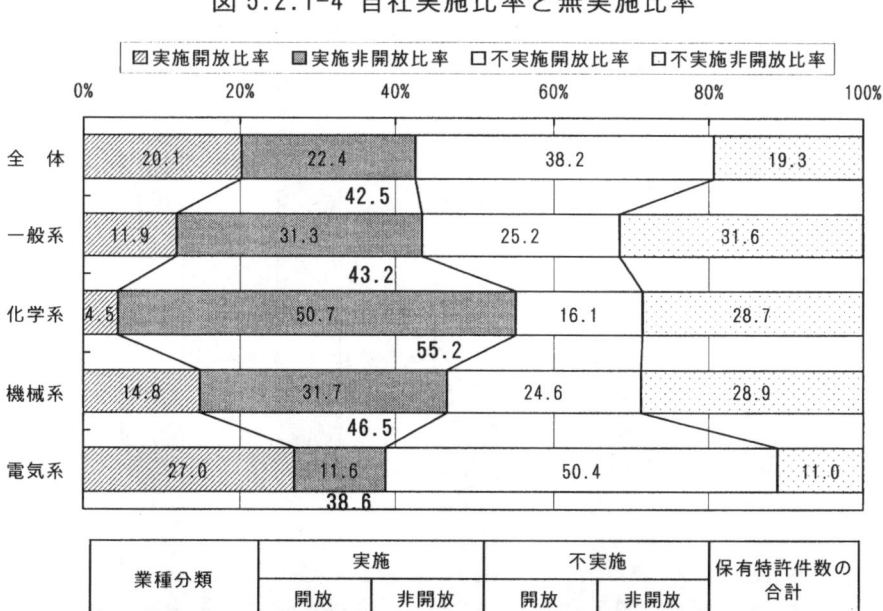

図5.2.1-4 自社実施比率と無実施比率

業種分類	実施 開放	実施 非開放	不実施 開放	不実施 非開放	保有特許件数の合計
一般系	346	910	732	918	2,906
化学系	90	1,017	323	576	2,006
機械系	494	1,058	821	964	3,337
電気系	2,835	1,218	5,291	1,155	10,499
全体	3,765	4,203	7,167	3,613	18,748

(2) 非開放特許の理由

開放可能性のない特許の理由について質問を行った(複数回答)。

質問内容	一般系	化学系	機械系	電気系	全体
・独占的排他権の行使により、ライバル企業を排除するため(ライバル企業排除)	36.3%	36.7%	36.4%	34.5%	36.0%
・他社に対する技術の優位性の喪失(優位性喪失)	31.9%	31.6%	30.5%	29.9%	30.9%
・技術の価値評価が困難なため(価値評価困難)	12.1%	16.5%	15.3%	13.8%	14.4%
・企業秘密がもれるから(企業秘密)	5.5%	7.6%	3.4%	14.9%	7.5%
・相手先を見つけるのが困難であるため(相手先探し)	7.7%	5.1%	8.5%	2.3%	6.1%
・ライセンス経験不足等のため提供に不安があるから(経験不足)	4.4%	0.0%	0.8%	0.0%	1.3%
・その他	2.1%	2.5%	5.1%	4.6%	3.8%

図5.2.1-5は非開放特許の理由の内容を示す。

「ライバル企業の排除」が最も多く36.0%、次いで「優位性喪失」が30.9%と高かった。特許権を「技術の市場における排他的独占権」として充分に行使していることが伺える。「価値評価困難」は14.4%となっているが、今回の「特許流通支援チャート」作成にあたり分析対象とした特許は直近10年間だったため、登録前の特許が多く、権利範囲が未確定なものが多かったためと思われる。

電気系の企業で「企業秘密がもれるから」という理由が14.9%と高いのは、技術のライフサイクルが短く新技術開発が激化しており、さらに、技術自体が模倣されやすいことが原因であるのではないだろうか。

化学系の企業で「企業秘密がもれるから」という理由が7.6%と高いのは、物質特許のノウハウ漏洩に細心の注意を払う必要があるためと思われる。

機械系や一般系の企業で「相手先探し」が、それぞれ8.5%、7.7%と高いことは、これらの分野で技術移転を仲介する者の活躍できる潜在性が高いことを示している。

なお、その他の理由としては、「共同出願先との調整」が12件と多かった。

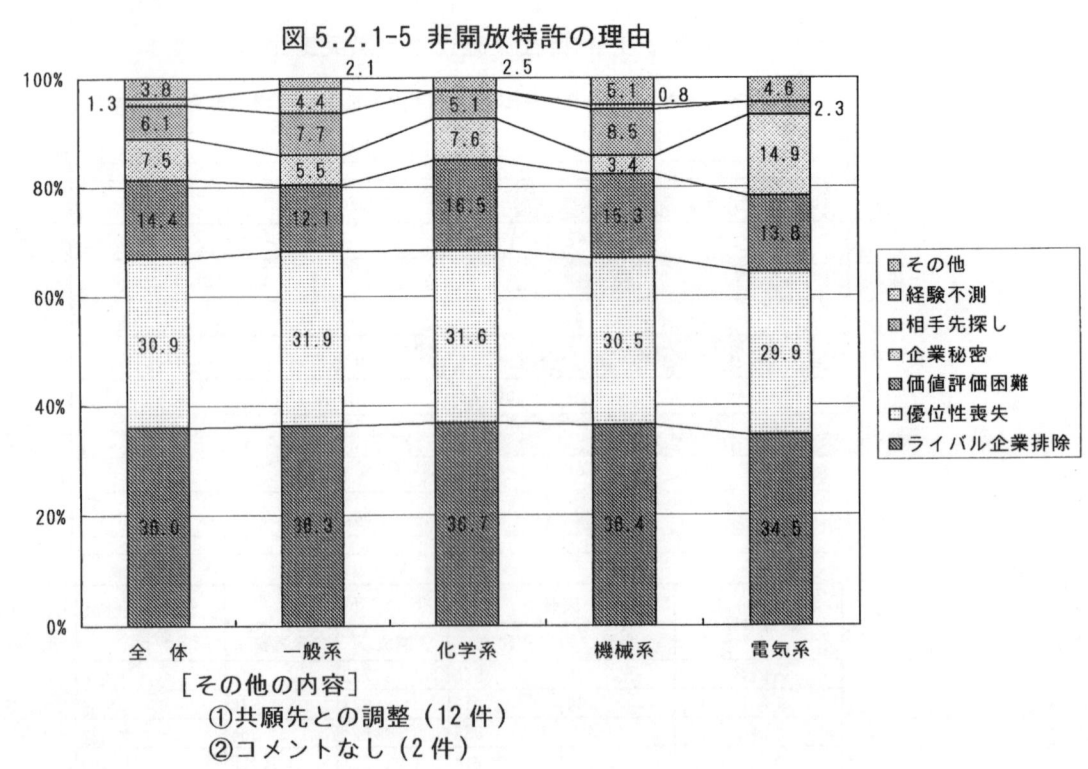

図5.2.1-5 非開放特許の理由

[その他の内容]
①共願先との調整(12件)
②コメントなし(2件)

5.2.2 ライセンス供与に関して
(1) ライセンス活動

ライセンス供与の活動姿勢について質問を行った。

質問内容	一般系	化学系	機械系	電気系	全体
・特許ライセンス供与のための活動を積極的に行っている（積極的）	2.0%	15.8%	4.3%	8.9%	7.5%
・特許ライセンス供与のための活動を行っている（普通）	36.7%	15.8%	25.7%	57.7%	41.2%
・特許ライセンス供与のための活動はやや消極的である（消極的）	24.5%	13.2%	14.3%	10.4%	14.0%
・特許ライセンス供与のための活動を行っていない（しない）	36.8%	55.2%	55.7%	23.0%	37.3%

その結果を、図5.2.2-1 ライセンス活動に示す。306件中295件の回答であった(回答率96.4%)。

何らかの形で特許ライセンス活動を行っている企業は62.7%を占めた。そのうち、比較的積極的に活動を行っている企業は48.7%に上る（「積極的」＋「普通」）。これは、技術移転を仲介する者の活躍できる潜在性がかなり高いことを示唆している。

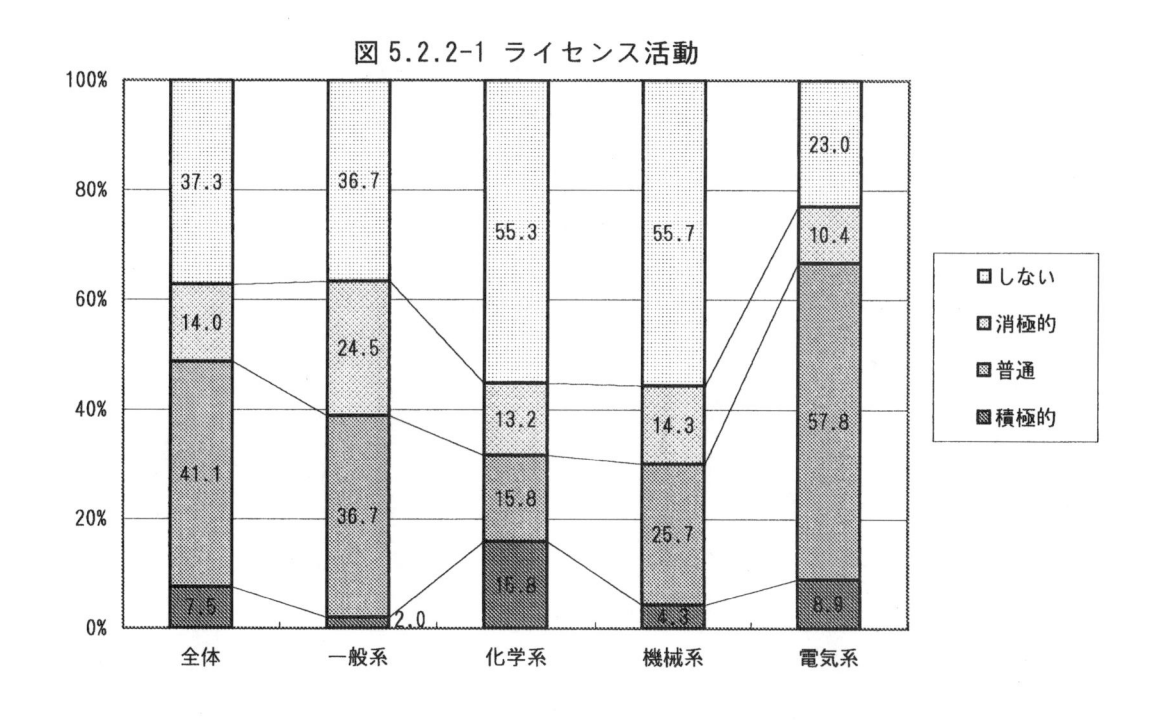

図5.2.2-1 ライセンス活動

(2) ライセンス実績

ライセンス供与の実績について質問を行った。

質問内容	一般系	化学系	機械系	電気系	全体
・供与実績はないが今後も行う方針（実績無し今後も実施）	54.5%	48.0%	43.6%	74.6%	58.3%
・供与実績があり今後も行う方針（実績有り今後も実施）	72.2%	61.5%	95.5%	67.3%	73.5%
・供与実績はなく今後は不明（実績無し今後は不明）	36.4%	24.0%	46.1%	20.3%	30.8%
・供与実績はあるが今後は不明（実績有り今後は不明）	27.8%	38.5%	4.5%	30.7%	25.5%
・供与実績はなく今後も行わない方針（実績無し今後も実施せず）	9.1%	28.0%	10.3%	5.1%	10.9%
・供与実績はあるが今後は行わない方針（実績有り今後は実施せず）	0.0%	0.0%	0.0%	2.0%	1.0%

図5.2.2-2に、ライセンス実績を示す。306件中295件の回答があった（回答率96.4%）。ライセンス実績有りとライセンス実績無しを分けて示す。

「供与実績があり、今後も実施」は73.5%と非常に高い割合であり、特許ライセンスの有効性を認識した企業はさらにライセンス活動を活発化させる傾向にあるといえる。また、「供与実績はないが、今後は実施」が58.3%あり、ライセンスに対する関心の高まりが感じられる。

機械系や一般系の企業で「実績有り今後も実施」がそれぞれ90%、70%を越えており、他業種の企業よりもライセンスに対する関心が非常に高いことがわかる。

図5.2.2-2 ライセンス実績

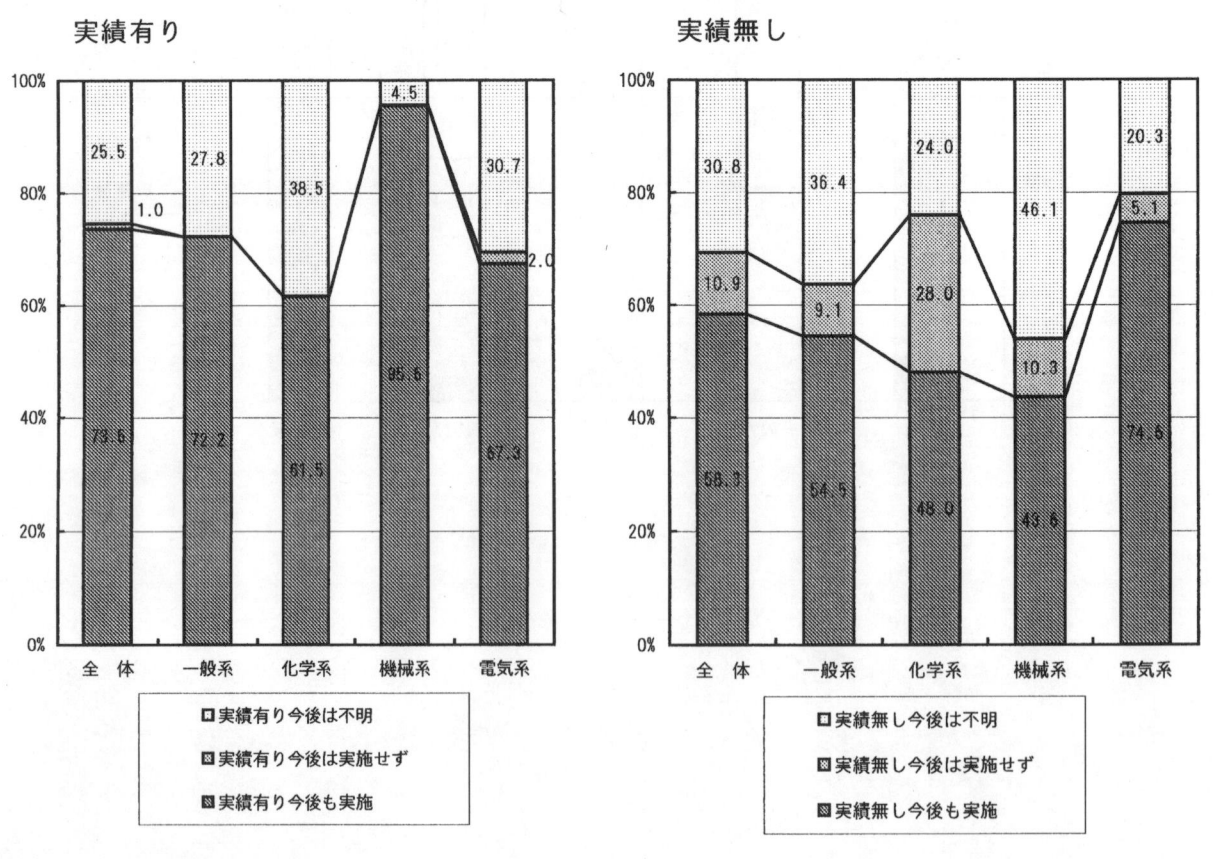

(3) ライセンス先の見つけ方

ライセンス供与の実績があると 5.2.2 項の(2)で回答したテーマ出願人にライセンス先の見つけ方について質問を行った(複数回答)。

質問内容	一般系	化学系	機械系	電気系	全体
・先方からの申し入れ(申入れ)	27.8%	43.2%	37.7%	32.0%	33.7%
・権利侵害調査の結果(侵害発)	22.2%	10.8%	17.4%	21.3%	19.3%
・系列企業の情報網（内部情報）	9.7%	10.8%	11.6%	11.5%	11.0%
・系列企業を除く取引先企業（外部情報）	2.8%	10.8%	8.7%	10.7%	8.3%
・新聞、雑誌、TV、インターネット等（メディア）	5.6%	2.7%	2.9%	12.3%	7.3%
・イベント、展示会等(展示会)	12.5%	5.4%	7.2%	3.3%	6.7%
・特許公報	5.6%	5.4%	2.9%	1.6%	3.3%
・相手先に相談できる人がいた等(人的ネットワーク)	1.4%	8.2%	7.3%	0.8%	3.3%
・学会発表、学会誌(学会)	5.6%	8.2%	1.4%	1.6%	2.7%
・データベース（DB）	6.8%	2.7%	0.0%	0.0%	1.7%
・国・公立研究機関（官公庁）	0.0%	0.0%	0.0%	3.3%	1.3%
・弁理士、特許事務所(特許事務所)	0.0%	0.0%	2.9%	0.0%	0.7%
・その他	0.0%	0.0%	0.0%	1.6%	0.7%

その結果を、図 5.2.2-3 ライセンス先の見つけ方に示す。「申入れ」が 33.7%と最も多く、次いで侵害警告を発した「侵害発」が 19.3%、「内部情報」によりものが 11.0%、「外部情報」によるものが 8.3%であった。特許流通データベースなどの「DB」からは 1.7%であった。化学系において、「申入れ」が 40％を越えている。

図 5.2.2-3 ライセンス先の見つけ方

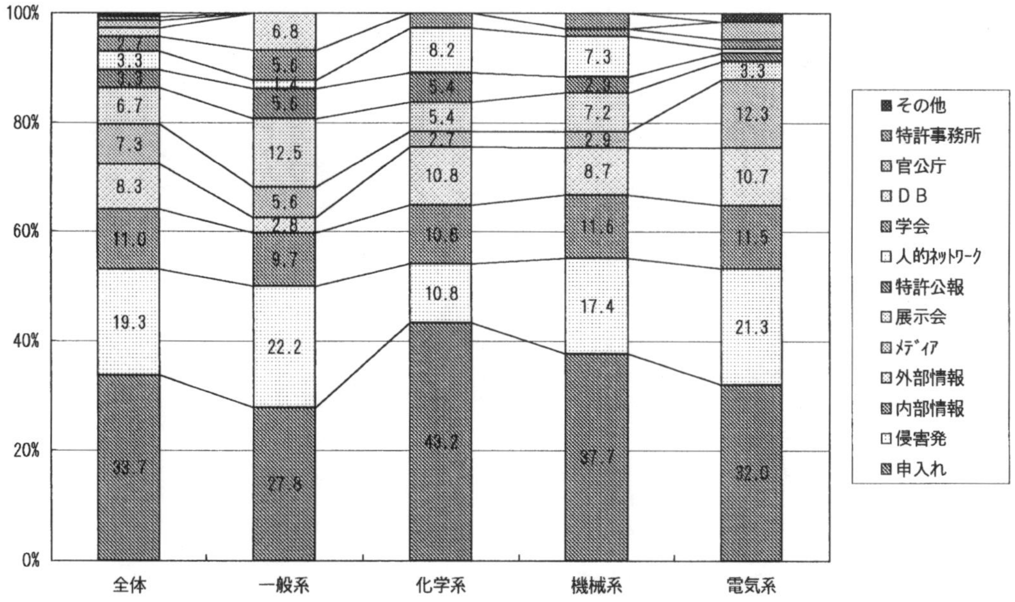

〔その他の内容〕
①関係団体（2件）

(4) ライセンス供与の不成功理由

5.2.2項の(1)でライセンス活動をしていると答えて、ライセンス実績の無いテーマ出願人に、その不成功理由について質問を行った。

質問内容	一般系	化学系	機械系	電気系	全体
・相手先が見つからない（相手先探し）	58.8%	57.9%	68.0%	73.0%	66.7%
・情勢（業績・経営方針・市場など）が変化した（情勢変化）	8.8%	10.5%	16.0%	0.0%	6.4%
・ロイヤリティーの折り合いがつかなかった（ロイヤリティー）	11.8%	5.3%	4.0%	4.8%	6.4%
・当該特許だけでは、製品化が困難と思われるから（製品化困難）	3.2%	5.0%	7.7%	1.6%	3.6%
・供与に伴う技術移転（試作や実証試験等）に時間がかかっており、まだ、供与までに至らない（時間浪費）	0.0%	0.0%	0.0%	4.8%	2.1%
・ロイヤリティー以外の契約条件で折り合いがつかなかった（契約条件）	3.2%	5.0%	0.0%	0.0%	1.4%
・相手先の技術消化力が低かった（技術消化力不足）	0.0%	10.0%	0.0%	0.0%	1.4%
・新技術が出現した（新技術）	3.2%	5.3%	0.0%	0.0%	1.3%
・相手先の秘密保持に信頼が置けなかった（機密漏洩）	3.2%	0.0%	0.0%	0.0%	0.7%
・相手先がグランド・バックを認めなかった（グラントバック）	0.0%	0.0%	0.0%	0.0%	0.0%
・交渉過程で不信感が生まれた（不信感）	0.0%	0.0%	0.0%	0.0%	0.0%
・競合技術に遅れをとった（競合技術）	0.0%	0.0%	0.0%	0.0%	0.0%
・その他	9.7%	0.0%	3.9%	15.8%	10.0%

その結果を、図5.2.2-4 ライセンス供与の不成功理由に示す。約66.7%は「相手先探し」と回答している。このことから、相手先を探す仲介者および仲介を行うデータベース等のインフラの充実が必要と思われる。電気系の「相手先探し」は73.0%を占めていて他の業種より多い。

図5.2.2-4 ライセンス供与の不成功理由

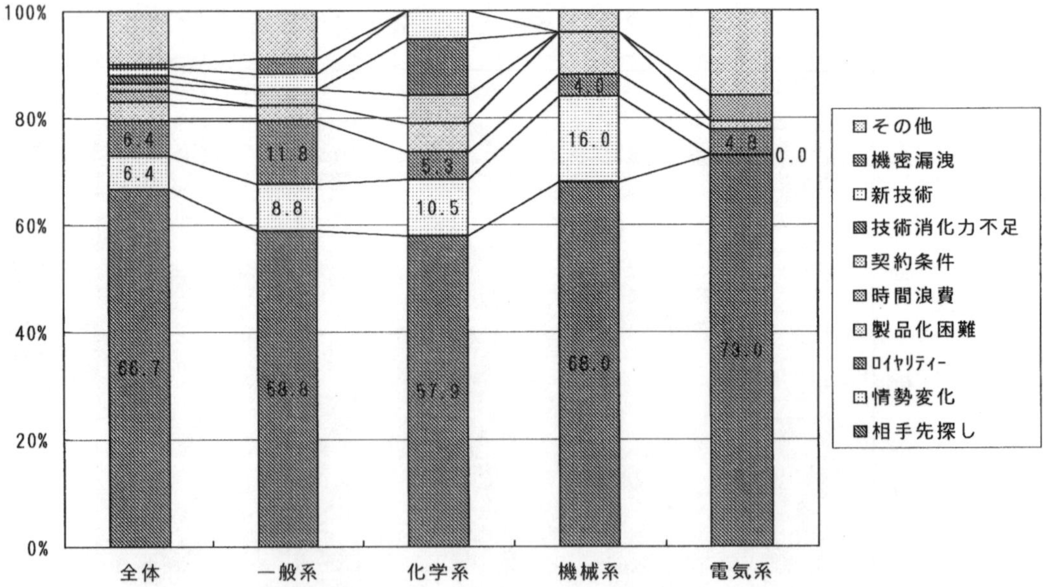

〔その他の内容〕
①単独での技術供与でない
②活動を開始してから時間が経っていない
③当該分野では未登録が多い（3件）
④市場未熟
⑤業界の動向（規格等）
⑥コメントなし（6件）

5.2.3 技術移転の対応
(1) 申し入れ対応

技術移転してもらいたいと申し入れがあった時、どのように対応するかについて質問を行った。

質問内容	一般系	化学系	機械系	電気系	全体
・とりあえず、話を聞く(話を聞く)	44.3%	70.3%	54.9%	56.8%	55.8%
・積極的に交渉していく(積極交渉)	51.9%	27.0%	39.5%	40.7%	40.6%
・他社への特許ライセンスの供与は考えていないので、断る(断る)	3.8%	2.7%	2.8%	2.5%	2.9%
・その他	0.0%	0.0%	2.8%	0.0%	0.7%

その結果を、図5.2.3-1 ライセンス申し入れ対応に示す。「話を聞く」が55.8%であった。次いで「積極交渉」が40.6%であった。「話を聞く」と「積極交渉」で96.4%という高率であり、中小企業側からみた場合は、ライセンス供与の申し入れを積極的に行っても断られるのはわずか2.9%しかないということを示している。一般系の「積極交渉」が他の業種より高い。

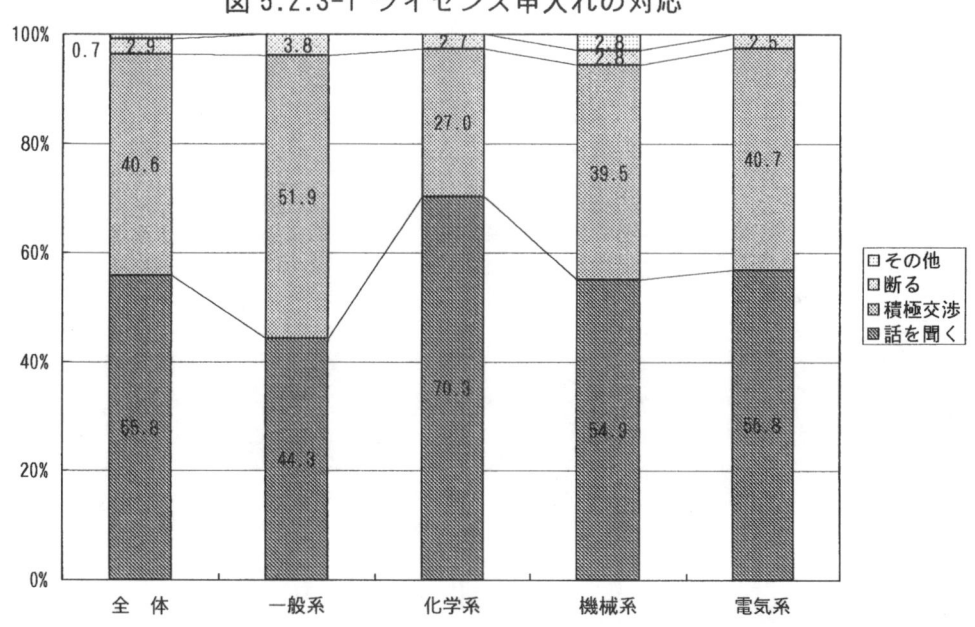

図5.2.3-1 ライセンス申入れの対応

(2) 仲介の必要性

ライセンスの仲介の必要性があるかについて質問を行った。

質問内容	一般系	化学系	機械系	電気系	全体
・自社内にそれに相当する機能があるから不要（社内機能あるから不要）	36.6%	48.7%	62.4%	53.8%	52.0%
・現在はレベルが低いので不要（低レベル仲介で不要）	1.9%	0.0%	1.4%	1.7%	1.5%
・適切な仲介者がいれば使っても良い（適切な仲介者で検討）	44.2%	45.9%	27.5%	40.2%	38.5%
・公的支援機関に仲介等を必要とする（公的仲介が必要）	17.3%	5.4%	8.7%	3.4%	7.6%
・民間仲介業者に仲介等を必要とする（民間仲介が必要）	0.0%	0.0%	0.0%	0.9%	0.4%

図 5.2.3-2 に仲介の必要性の内訳を示す。「社内機能あるから不要」が 52.0％を占め、最も多い。アンケートの配布先は大手企業が大部分であったため、自社において知財管理、技術移転機能が整備されている企業が 50％以上を占めることを意味している。

次いで「適切な仲介者で検討」が 38.5％、「公的仲介が必要」が 7.6％、「民間仲介が必要」が 0.4％となっている。これらを加えると仲介の必要を感じている企業は 46.5％に上る。

自前で知財管理や知財戦略を立てることができない中小企業や一部の大企業では、技術移転・仲介者の存在が必要であると推測される。

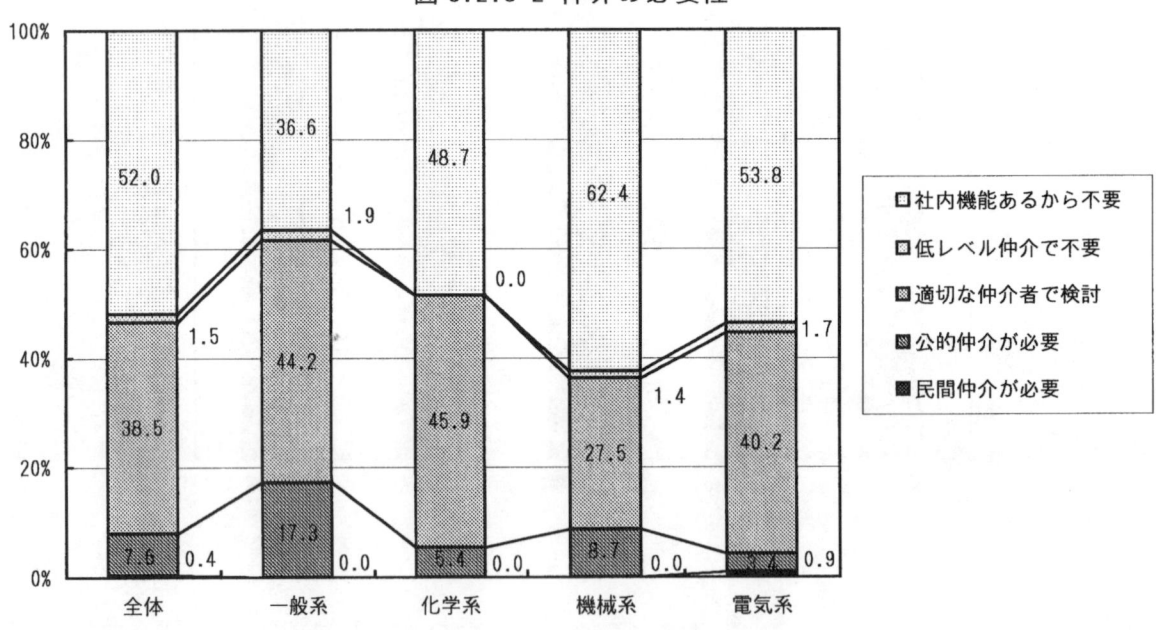

図 5.2.3-2 仲介の必要性

5.2.4 具体的事例
(1) テーマ特許の供与実績

技術テーマの分析の対象となった特許一覧表を掲載し(テーマ特許)、具体的にどの特許の供与実績があるかについて質問を行った。

質問内容	一般系	化学系	機械系	電気系	全体
・有る	12.8%	12.9%	13.6%	18.8%	15.7%
・無い	72.3%	48.4%	39.4%	34.2%	44.1%
・回答できない(回答不可)	14.9%	38.7%	47.0%	47.0%	40.2%

図5.2.4-1に、テーマ特許の供与実績を示す。

「有る」と回答した企業が15.7%であった。「無い」と回答した企業が44.1%あった。「回答不可」と回答した企業が40.2%とかなり多かった。これは個別案件ごとにアンケートを行ったためと思われる。ライセンス自体、企業秘密であり、他者に情報を漏洩しない場合が多い。

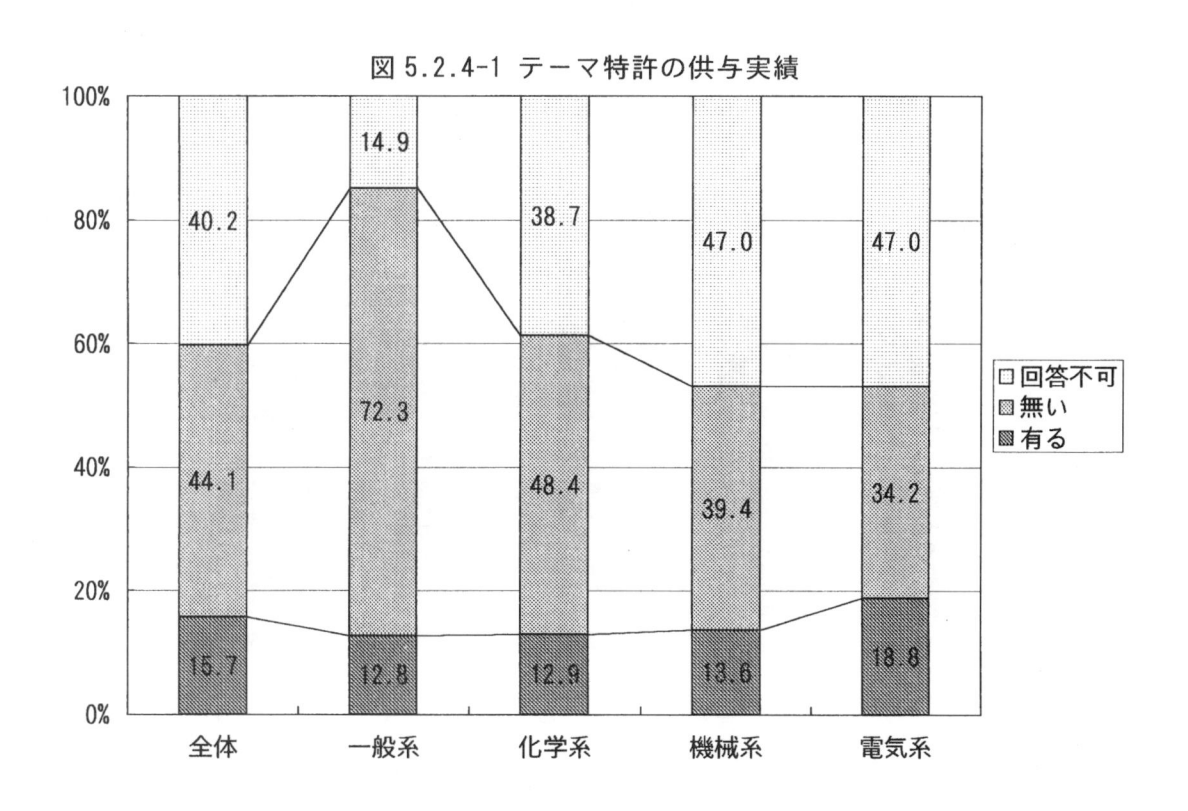

図5.2.4-1 テーマ特許の供与実績

(2) テーマ特許を適用した製品

「特許流通支援チャート」に収蔵した特許（出願）を適用した製品の有無について質問を行った。

質問内容	一般系	化学系	機械系	電気系	全体
・回答できない（回答不可）	27.9%	34.4%	44.3%	53.2%	44.6%
・有る。	51.2%	43.8%	39.3%	37.1%	40.8%
・無い。	20.9%	21.8%	16.4%	9.7%	14.6%

図 5.2.4-2 に、テーマ特許を適用した製品の有無について結果を示す。

「有る」が 40.8%、「回答不可」が 44.6%、「無い」が 14.6% であった。一般系と化学系で「有る」と回答した企業が多かった。

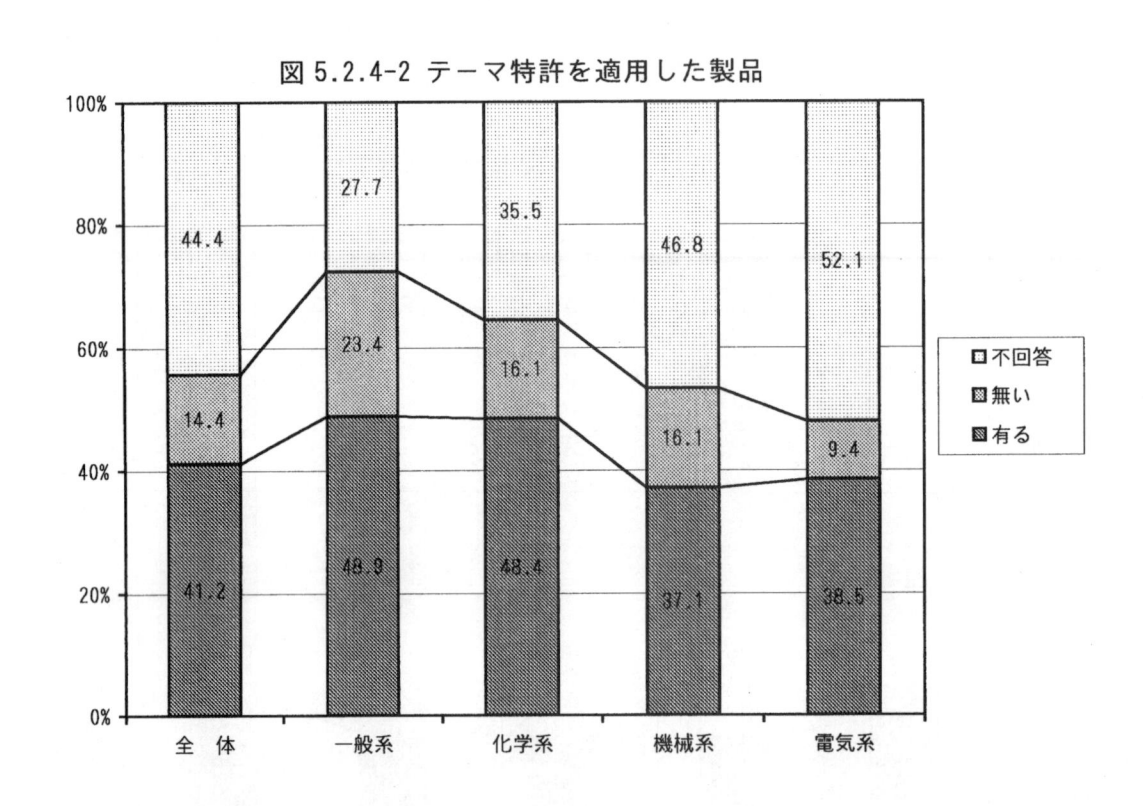

図 5.2.4-2 テーマ特許を適用した製品

	全体	一般系	化学系	機械系	電気系
不回答	44.4	27.7	35.5	46.8	52.1
無い	14.4	23.4	16.1	16.1	9.4
有る	41.2	48.9	48.4	37.1	38.5

5.3 ヒアリング調査

アンケートによる調査において、5.2.2の(2)項でライセンス実績に関する質問を行った。その結果、回収数306件中295件の回答を得、そのうち「供与実績あり、今後も積極的な供与活動を実施したい」という回答が全テーマ合計で25.4%(延べ75出願人)あった。これから重複を排除すると43出願人となった。

この43出願人を候補として、ライセンスの実態に関するヒアリング調査を行うこととした。ヒアリングの目的は技術移転が成功した理由をできるだけ明らかにすることにある。

表5.3にヒアリング出願人の件数を示す。43出願人のうちヒアリングに応じてくれた出願人は11出願人(26.5%)であった。テーマ別且つ出願人別では延べ15出願人であった。ヒアリングは平成14年2月中旬から下旬にかけて行った。

表5.3 ヒアリング出願人の件数

ヒアリング候補出願人数	ヒアリング出願人数	ヒアリングテーマ出願人数
43	11	15

5.3.1 ヒアリング総括

表5.3に示したようにヒアリングに応じてくれた出願人が43出願人中わずか11出願人(25.6%)と非常に少なかったのは、ライセンス状況およびその経緯に関する情報は企業秘密に属し、通常は外部に公表しないためであろう。さらに、11出願人に対するヒアリング結果も、具体的なライセンス料やロイヤリティーなど核心部分については充分な回答をもらうことができなかった。

このため、今回のヒアリング調査は、対象母数が少なく、その結果も特許流通および技術移転プロセスについて全体の傾向をあらわすまでには至っておらず、いくつかのライセンス実績の事例を紹介するに留まらざるを得なかった。

5.3.2 ヒアリング結果

表5.3.2-1にヒアリング結果を示す。

技術移転のライセンサーはすべて大企業であった。

ライセンシーは、大企業が8件、中小企業が3件、子会社が1件、海外が1件、不明が2件であった。

技術移転の形態は、ライセンサーからの「申し出」によるものと、ライセンシーからの「申し入れ」によるものの2つに大別される。「申し出」が3件、「申し入れ」が7件、「不明」が2件であった。

「申し出」の理由は、3件とも事業移管や事業中止に伴いライセンサーが技術を使わなくなったことによるものであった。このうち1件は、中小企業に対するライセンスであった。この中小企業は保有技術の水準が高かったため、スムーズにライセンスが行われたとのことであった。

「ノウハウを伴わない」技術移転は3件で、「ノウハウを伴う」技術移転は4件であった。

「ノウハウを伴わない」場合のライセンシーは、3件のうち1件は海外の会社、1件が中小企業、残り1件が同業種の大企業であった。

大手同士の技術移転だと、技術水準が似通っている場合が多いこと、特許性の評価やノウハウの要・不要、ライセンス料やロイヤリティー額の決定などについて経験に基づき判断できるため、スムーズに話が進むという意見があった。

　中小企業への移転は、ライセンサーもライセンシーも同業種で技術水準も似通っていたため、ノウハウの供与の必要はなかった。中小企業と技術移転を行う場合、ノウハウ供与を伴う必要があることが、交渉の障害となるケースが多いとの意見があった。

　「ノウハウを伴う」場合の4件のライセンサーはすべて大企業であった。ライセンシーは大企業が1件、中小企業が1件、不明が2件であった。

　「ノウハウを伴う」ことについて、ライセンサーは、時間や人員が避けないという理由で難色を示すところが多い。このため、中小企業に技術移転を行う場合は、ライセンシー側の技術水準を重視すると回答したところが多かった。

　ロイヤリティーは、イニシャルとランニングに分かれる。イニシャルだけの場合は4件、ランニングだけの場合は6件、双方とも含んでいる場合は4件であった。ロイヤリティーの形態は、双方の企業の合意に基づき決定されるため、技術移転の内容によりケースバイケースであると回答した企業がほとんどであった。

　中小企業へ技術移転を行う場合には、イニシャルロイヤリティーを低く抑えており、ランニングロイヤリティーとセットしている。

　ランニングロイヤリティーのみと回答した6件の企業であっても、「ノウハウを伴う」技術移転の場合にはイニシャルロイヤリティーを必ず要求するとすべての企業が回答している。中小企業への技術移転を行う際に、このイニシャルロイヤリティーの額をどうするか折り合いがつかず、不成功になった経験を持っていた。

表5.3.2-1 ヒアリング結果

導入企業	移転の申入れ	ノウハウ込み	イニシャル	ランニング
―	ライセンシー	○	普通	―
―	―	○	普通	―
中小	ライセンシー	×	低	普通
海外	ライセンシー	×	普通	―
大手	ライセンシー	―	―	普通
大手	ライセンシー	―	―	普通
大手	ライセンシー	―	―	普通
大手	―	―	―	普通
中小	ライセンサー	―	―	普通
大手	―	―	普通	低
大手	―	○	普通	普通
大手	ライセンサー	―	普通	―
子会社	ライセンサー	―	―	―
中小	―	○	低	高
大手	ライセンシー	×	―	普通

＊特許技術提供企業はすべて大手企業である。

(注)
　ヒアリングの結果に関する個別のお問い合わせについては、回答をいただいた企業とのお約束があるため、応じることはできません。予めご了承ください。

資料6．特許番号一覧

表6.-1 特許番号一覧（1/9）

技術要素	課題	解決手段*	特許番号 出願日 主IPC 出願人	発明の名称
入力信号処理	視認性改善	入力信号：電荷、電界を除去	特開 2001-183623 99.12.20 G02F1/133,550 聯友光電股ふん	液晶ディスプレイの残留画像を減少させる方法
入力信号処理	フリッカ防止	タイミング制御	特開平 11-64821 97.8.20 G02F1/133,550 東芝電子エンジニアリング 東芝	アクティブマトリクス型表示装置
入力信号処理	階調表示	入力信号：前処理、後処理	特登 3081966 90.9.7 G09G3/36 セイコー電子工業	フレーム間引き階調駆動光弁装置
入力信号処理	動作の安定化	タイミング制御	特開 2000-10527 98.6.19 G09G3/36 東芝電子エンジニアリング 東芝	液晶表示装置
入力信号処理	動作の多様化	極性反転：極性反転	特開平 8-171370 94.12.20 G09G3/36 ドラゴン	液晶ディスプレイ駆動方法
入力信号処理	動作の多様化	方式の改良：電圧補償	特登 2981883 98.7.8 G09G3/20,623 LGセミコン	液晶表示装置の駆動装置
入力信号処理	低消費電力化	駆動電圧：波形整形	特開平 10-282931 97.4.1 G09G3/36 東芝マイクロエレクトロニクス 東芝	液晶駆動回路及び液晶表示装置
入力信号処理	コンパクト化	入力信号	特登 2963437 98.5.22 G09G3/36 LG電子	液晶表示装置
入力信号処理	コンパクト化	入力信号：P/S, S/P	特開 2001-42842 00.6.5 G09G3/36 権 五敬	液晶表示装置のソースドライバ
入力信号処理	歩留り向上	極性反転：ライン	特開平 11-272245 98.3.26 G09G3/36 東芝電子エンジニアリング 東芝	表示装置
階調表示	輝度改善	変調手法：パルス幅階調	特登 3128073 91.10.18 G09G3/36 トムソン	ディスプレイ装置に輝度信号を供給する装置及びその装置のための比較器
階調表示	階調表示	入力信号：P/S, S/P	特登 2907330 97.3.10 G09G3/36 旭硝子	画像表示装置の駆動方法

＊ 解決手段には、請求項の主要構成要素等のキーワードを表記（「1.4 技術開発の課題と解決手段」参照）

表6.-1 特許番号一覧（2/9）

技術要素	課題	解決手段*	特許番号 出願日 主IPC 出願人	発明の名称
階調表示	階調表示	変調手法：面積階調	特登 3076938 91.12.26 G02F1/1343 ハネイウェル	ハーフトーン・グレイスケール液晶ディスプレイ
		入力信号：信号方式変換	特開平 11-184431 97.12.18 G09G3/36 東芝電子エンジニアリング 東芝	表示駆動装置
	カラー表示	方式の改良：光学的色処理	特登 3133414 91.9.20 G09G3/36 日本電信電話	カラー液晶表示方式
	省資源・低価格化	駆動電圧：ビット構成で印加	特開平 8-234697 95.2.24 G09G3/36 富士電機	液晶表示装置
	信頼性向上	変調手法：パルス幅階調	特開平 9-90917 96.3.5 G09G3/36 トムソン マルチメディア	データ・ライン駆動回路
極性反転	フリッカ防止	極性反転：ライン	特開平 11-282431 98.3.31 G09G3/36 東芝電子エンジニアリング 東芝	平面表示装置
		極性反転：ビット	特開 2000-310979 00.1.11 G09G3/36 日本電装	マトリクス型表示パネル及びこれを用いるマトリクス型表示装置
	焼き付き防止	極性反転：フレーム	特登 3105248 91.9.10 G09G3/36 ノーテル ネットワークス	液晶セルの座標アドレス
		極性反転：フレーム	特登 3119709 91.12.18 G02F1/133,550 旭硝子	液晶表示装置及び投射型液晶表示装置
		極性反転：フレーム	特開平 3-287235 90.4.3 G02F1/136,500 旭硝子	アクティブマトリックス型液晶表示素子
	ひずみ改善	極性反転：極性反転	特登 2641340 91.6.13 G09G3/36 スタンレー電気	アクティブマトリクス液晶表示装置
	低消費電力化	リセット駆動：全電極に印加	特開平 11-95729 97.9.24 G09G3/36 日本テキサス インスツルメンツ	液晶ディスプレイ用信号線駆動回路

＊ 解決手段には、請求項の主要構成要素等のキーワードを表記（「1.4 技術開発の課題と解決手段」参照）

表6.-1 特許番号一覧（3/9）

技術要素	課題	解決手段*	特許番号 出願日 主IPC 出願人	発明の名称
極性反転	低消費電力化	極性反転：H/V	特開平 11-352464 98.6.8 G02F1/133,550 日本テキサス インスツルメンツ	液晶表示装置および液晶パネル
マトリクス走査	フリッカ防止	極性反転：極性反転	特開平 11-326869 98.5.11 G02F1/133,550 アルプス電気 LGフィリップス	液晶表示装置の駆動方法および駆動回路
マトリクス走査	輝度改善	方法の改善：1ラインを複数回書込	特開平 10-233981 97.3.6 H04N5/66,102 工業技術研究院	ディスプレイ装置及びディスプレイ走査方法
マトリクス走査	輝度改善	方法の改善：走査順序	特開平 9-171168 96.11.12 G02F1/133,550 工業技術研究院	液晶表示装置のための走査線対非重畳走査方法
マトリクス走査	高精細化	方法の改善：走査線数変換	特登 2633192 94.4.12 G09G3/36 高度映像技術研究所	液晶ディスプレイ駆動装置
マトリクス走査	大容量表示	方法の改善：1ラインを複数回書込	特開平 7-319431 94.5.30 G09G3/36 日本電装	カラー表示装置
マトリクス走査	大容量表示	方法の改善：三原色ライン順次	特開平 8-95533 94.10.27 G09G3/36 京セラ	液晶表示装置およびその駆動方法
マトリクス走査	動作の多様化	タイミング制御	特開平 11-231844 98.2.19 G09G3/36 東芝電子エンジニアリング 東芝	画像表示方法及びその装置
マトリクス走査	コンパクト化	方法の改善：マルチライン	特開平 9-68690 95.9.1 G02F1/133,550 パイオニアビデオ パイオニア	平面表示装置の駆動装置
画素駆動	フリッカ防止	駆動電圧：走査電極印加波形	特登 2602398 93.3.25 H04N5/66,102 高度映像技術研究所	液晶表示装置の駆動回路
画素駆動	輝度改善	バイアス最適化：補正電圧印加	特登 3140358 96.1.8 G02F1/133,550 LGセミコン	LCD駆動方式
画素駆動	輝度改善	容量の最適化	特開平 8-263024 96.3.5 G09G3/36 トムソン マルチメディア	ビデオ信号供給装置

* 解決手段には、請求項の主要構成要素等のキーワードを表記（「1.4 技術開発の課題と解決手段」参照）

245

表6.-1 特許番号一覧（4/9）

技術要素	課題	解決手段*	特許番号 出願日 主IPC 出願人	発明の名称
画素駆動	ひずみ改善	極性反転：信号波形を変形	特表平 10-504911 95.8.2 G02F1/133,550 トムソン エル セー デー	液晶表示の最適化されたアドレス指定方法及びそれを実現する装置
	低消費電力化	駆動電圧：信号を一時停止	特開 2001-117073 99.10.21 G02F1/133,550 新潟日本電気	液晶表示装置
		方式の改良：複数の電源	特表平 8-508119 95.1.16 G09G3/36 ピビット セミコンダクター	小型装置配列を維持しながら出力電圧範囲を増加させる異なる電源を有する集積回路
		入力信号：信号電極印加波形	特開平 9-236789 96.3.1 G02F1/133,550 東芝電子エンジニアリング 東芝	液晶駆動方法及び液晶表示装置
	コンパクト化	重畳駆動：交流波形	特登 2997356 91.12.13 G09G3/36 京セラ	液晶表示装置の駆動方法
回路設計	フリッカ防止	方式の改良：A/D変換	特開平 5-307371 92.4.30 G09G3/36 アルプス電気	アクティブマトリックス液晶表示装置の駆動回路
		容量の最適化	特登 2950451 93.3.10 G02F1/136,500 ハネイウェル ホシデン フィリップス ディスプレイ	マルチギャップカラー液晶表示装置
	焼き付き防止	方式の改良：駆動方法	特開平 11-109313 97.9.29 G02F1/133,550 東芝電子エンジニアリング 東芝	アクティブマトリクス形液晶表示装置、その駆動方法、駆動回路および液晶表示システム
	クロストーク防止	方式の改良：駆動回路	特開平 8-313870 95.5.19 G02F1/133,550 富士ゼロックス	アクティブマトリクス型液晶表示装置の駆動方法
	コントラスト改善	方式の改良	特登 2772258 95.6.15 G02F1/133,550 日本電気アイシーマイコンシステム	液晶表示パネル駆動回路
		方式の改良：駆動方法	特登 2626923 90.3.28 G02F1/133,550 セイコー電子工業	電気光学装置の駆動方法

* 解決手段には、請求項の主要構成要素等のキーワードを表記（「1.4 技術開発の課題と解決手段」参照）

表6.-1 特許番号一覧（5/9）

技術要素	課題	解決手段*	特許番号 出願日 主IPC 出願人	発明の名称
回路設計	輝度改善	方式の改良：共通電極駆動	特開平 11-202292 98.1.20 G02F1/133,550 東芝電子エンジニアリング 東芝	アクティブマトリクス形液晶表示装置の駆動方法
		方式の改良：複数セル	特開 2001-100179 99.9.30 G02F1/133,550 アルプス電気	液晶表示装置
		方式の改良：駆動方法	特開 2000-132142 99.5.14 G09G3/34 日本碍子	ディスプレイの駆動装置及びディスプレイの駆動方法
	高精細化	方式の改良：駆動方法	特開平 10-48594 96.7.30 G02F1/133,550 旭硝子	アクティブマトリックス表示装置およびその駆動方法
	大容量表示	方式の改良：アドレスデコーダ	特開平 10-153760 97.9.24 G02F1/133,550 東芝電子エンジニアリング 東芝	液晶表示装置
	高速化	増幅器：差動増幅	特開平 10-11026 96.6.20 G09G3/36 旭硝子	画像表示装置の駆動回路
		方式の改良：D/A変換	特開 2000-20026 98.6.26 G09G3/36 旭硝子	画像表示装置の駆動回路
	動作の安定化	方式の改良：バッファ	特開平 8-263025 96.3.5 G09G3/36 トムソン マルチメディア	ビデオ表示装置
		方式の改良：駆動方法	特登 2506582 91.4.5 G09G3/36 日本航空電子工業	アクティブ液晶表示装置
	低消費電力化	方式の改良：セレクタ、スイッチ	特表平 9-504389 95.7.31 G09G3/36 ビビット セミコンダクター	液晶ディスプレイを駆動する節電型回路及び方法
		方式の改良：回路の構成	特表平 6-508447 92.5.20 G09G3/36 ホット ロバート	ピクセルステータスメモリを使用したDC積分ディスプレイドライバ
		方式の改良：回路の構成	特開 2001-22329 00.6.5 G09G3/36 権 五敬	多段階電荷の再活用を用いたTFT-LCD及びその駆動方法

＊ 解決手段には、請求項の主要構成要素等のキーワードを表記（「1.4 技術開発の課題と解決手段」参照）

表6.-1 特許番号一覧（6/9）

技術要素	課題	解決手段*	特許番号 出願日 主IPC 出願人	発明の名称
回路設計	低消費電力化	方式の改良：回路の構成	特開 2001-100713 00.8.4 G09G3/36 エヌテクリサーチ	液晶表示装置のソース駆動回路及びソース駆動方法
		方式の改良：駆動方法	特開平 10-282940 98.4.7 G09G3/36 LGセミコン	TFT-LCD駆動回路
		容量の最適化	特開平 10-282524 97.4.11 G02F1/136,500 東芝電子エンジニアリング 東芝	液晶表示装置
	コンパクト化	配線構造：信号線、走査線の数	特開平 10-111492 96.10.4 G02F1/133,575 日本テキサス インスツルメンツ	液晶表示装置、液晶表示方法
		方式の改良：バッファ	特開平 8-263026 96.3.5 G09G3/36 トムソン マルチメディア	データ・ライン駆動回路
		方式の改良：サンプリングホールド	特登 2959756 97.5.12 G09G3/36 工業技術研究院	液晶表示駆動装置
		方式の改良：サンプリングホールド	特登 3170624 97.7.31 G09G3/36 元太科技工業股ふん	アクティブマトリクス表示装置
		方式の改良：共通電極駆動	特開 2001-147419 99.11.22 G02F1/133,550 沖マイクロデザイン 沖電気工業	液晶表示装置
		方式の改良：駆動方法	特開平 8-54603 95.7.12 G02F1/133,550 アプリカシオン ジェネラル デレクトリシテ エ ド メカニク	アクティブマトリックス液晶表示装置
	歩留り向上	方式の改良：シフトレジスタ	特登 3068646 90.12.12 G02F1/133,550 サーノフ	重複選択スキャナを備えた被走査型液晶表示装置
		方式の改良：シフトレジスタ	特開平 9-218428 96.11.28 G02F1/136,500 ゼロックス	アレイ
	低価格化・省資源	方式の改良：サンプリングホールド	特開平 9-81078 95.9.7 G09G3/36 富士ゼロックス	サンプリングホールド回路及びその駆動方法及び液晶表示装置

＊ 解決手段には、請求項の主要構成要素等のキーワードを表記（「1.4 技術開発の課題と解決手段」参照）

表6.-1 特許番号一覧（7/9）

技術要素	課題	解決手段*	特許番号 出願日 主IPC 出願人	発明の名称
回路設計	信頼性向上	方式の改良：D/A変換	特登 2979245 89.12.26 G09G3/36 ハネイウェル	ちらつきのない液晶表示装置駆動器装置
回路設計	特殊仕様	方式の改良：積層セル	特開平 8-43848 94.7.29 G02F1/1347 京セラ	液晶表示装置の駆動方法
その他周辺回路	フリッカ防止	最適設計：アクティブ素子	特表平 9-509758 95.10.25 G09G3/36 フラット パネル ディスプレイ CO エフ ペーデー	能動マトリックス表示のパラメータ変化を補償する補正回路
その他周辺回路	フリッカ防止	方式の改良：電圧制御	特開 2001-117072 99.10.14 G02F1/133,550 アルプス電気	アクティブマトリクス型液晶表示装置
その他周辺回路	焼き付き防止	方式の改良：電圧補償	特登 2940637 90.11.26 G02F1/133,550 日本テキサス インスツルメンツ	液晶表示制御装置
その他周辺回路	輝度改善	方式の改良：回路動作状態検知	特登 2770500 89.11.24 G02F1/133,550 凸版印刷	液晶表示装置
その他周辺回路	低消費電力化	特殊仕様	特開平 11-338425 98.5.22 G09G3/36 富士写真フイルム	液晶表示装置及び電子カメラ
その他周辺回路	低消費電力化	方式の改良：複数の電源	特開平 10-293560 97.4.17 G09G3/36 東芝電子エンジニアリング 東芝	液晶表示装置およびその駆動方法
その他周辺回路	低消費電力化	方式の改良：複数の電源	特開 2001-67047 99.8.30 G09G3/36 日本テキサス インスツルメンツ	液晶ディスプレイのデータ線駆動回路
その他周辺回路	コンパクト化	方式の改良：制御回路	特開平 8-338982 95.6.16 G02F1/133,550 フランス テレコム アプリカシオン ジェネラル デレクトリシテ エド メカニク	アクティブ・マトリクス/多重制御方式表示画面
その他周辺回路	信頼性向上	方式の改良：回路動作状態検知	特開平 9-292597 96.4.26 G02F1/133,525 東芝電子エンジニアリング 東芝	液晶表示装置

* 解決手段には、請求項の主要構成要素等のキーワードを表記（「1.4 技術開発の課題と解決手段」参照）

表6.-1 特許番号一覧（8/9）

技術要素	課題	解決手段*	特許番号 出願日 主IPC 出願人	発明の名称
液晶構成要素	視認性改善	方式の改良：回路の配置	特開平 10-104577 96.9.27 G02F1/133,550 京セラ	液晶表示装置
	フリッカ防止	配線構造：配線の配置	特開 2001-147448 99.11.22 G02F1/1365 アルプス電気	アクティブマトリクス型液晶表示装置
		最適設計：透明電極	特開平 9-244068 96.3.6 G02F1/136,500 パイオニア	反射型液晶表示装置
	焼き付き防止	一画素に複数素子	特登 2861266 90.5.31 G02F1/133,550 旭硝子	アクティブマトリックス型液晶表示素子及びその駆動方法
	クロストーク防止	最適設計：3端子素子	特開平 8-328037 95.5.26 G02F1/136,500 富士ゼロックス	アクティブマトリクス型液晶表示装置及びその駆動方法
		最適設計：遮光層	特登 2864672 90.6.21 G02F1/1333 旭硝子	アクティブマトリックス光変調素子及び表示装置
		配線構造：信号線、走査線の数	特開平 10-186313 96.12.25 G02F1/133,510 アルプス電気 LGフィリップスLCD	カラー液晶表示装置
		配線構造：配線の配置	特開平 7-318901 94.5.30 G02F1/133,550 京セラ	アクティブマトリクス型液晶表示装置及びその駆動方法
	コントラスト改善	駆動電圧：液晶動作電圧	特登 2870826 89.7.27 G02F1/1333 旭硝子	アクティブマトリクス液晶表示素子及び投射型アクティブマトリクス液晶表示装置
		最適設計：液晶	特登 3161492 93.10.20 G02F1/136 富士ゼロックス	液晶ディスプレイの駆動方法
	輝度改善	容量の最適化	特開平 8-15711 94.6.28 G02F1/1343 京セラ	アクティブマトリクス基板
	視野角改善	最適設計：電極の形状	特開平 11-125835 97.10.21 G02F1/1343 大林精工	液晶表示装置
	高精細化	最適設計：画素の配置	特表平 9-503073 94.9.26 G02F1/133,550 ハネイウェル	フラット・パネル表示装置のピクセルの配列

＊ 解決手段には、請求項の主要構成要素等のキーワードを表記（「1.4 技術開発の課題と解決手段」参照）

表6.-1 特許番号一覧（9/9）

技術要素	課題	解決手段*	特許番号 出願日 主IPC 出願人	発明の名称
液晶構成要素	ひずみ改善	最適設計：電界発生抑性層	特開平 8-76093 94.9.8 G02F1/133,550 日本テキサス インスツルメンツ	液晶パネル駆動装置
	コンパクト化	一画素に複数素子	特開 2001-27751 00.6.5 G02F1/133,550 権　五敬	液晶表示装置
		一画素に複数素子	特開平 10-115818 97.7.22 G02F1/133,550 レイセオン	能動マトリックス画素駆動回路
		方式の改良：回路の構成	特登 2996428 93.6.16 G02F1/133,550 ユエン フォーング ユ エイチ ケイ	液晶表示装置の画素行駆動回路及び駆動方法
	省資源・低価格化	配線構造：配線の構成	特開平 9-329809 96.12.25 G02F1/136,500 アルプス電気 LGフィリップスLCD	液晶表示装置

＊ 解決手段には、請求項の主要構成要素等のキーワードを表記（「1.4 技術開発の課題と解決手段」参照）

特許流通支援チャート　電気6
アクティブマトリクス液晶駆動技術

2002年（平成14年）6月29日　　初　版　発　行

　編　集　　独立行政法人
　Ⓒ2002　　工 業 所 有 権 総 合 情 報 館
　発　行　　社 団 法 人　発　明　協　会

　発行所　　　　社 団 法 人　発　明　協　会

　〒105-0001　東京都港区虎ノ門2－9－14
　　電　話　　03（3502）5433（編集）
　　電　話　　03（3502）5491（販売）
　　Ｆ ａ ｘ　　03（5512）7567（販売）

ISBN4-8271-0664-9 C3033　印刷：株式会社　丸井工文社
　　　　　　　　　　　　　　　Printed in Japan

乱丁・落丁本はお取替えいたします。

本書の全部または一部の無断複写複製
を禁じます（著作権法上の例外を除く）。

発明協会HP：http：//www.jiii.or.jp/

平成13年度「特許流通支援チャート」作成一覧

電気	技術テーマ名
1	非接触型ICカード
2	圧力センサ
3	個人照合
4	ビルドアップ多層プリント配線板
5	携帯電話表示技術
6	アクティブマトリクス液晶駆動技術
7	プログラム制御技術
8	半導体レーザの活性層
9	無線LAN

機械	技術テーマ名
1	車いす
2	金属射出成形技術
3	微細レーザ加工
4	ヒートパイプ

化学	技術テーマ名
1	プラスチックリサイクル
2	バイオセンサ
3	セラミックスの接合
4	有機EL素子
5	生分解性ポリエステル
6	有機導電性ポリマー
7	リチウムポリマー電池

一般	技術テーマ名
1	カーテンウォール
2	気体膜分離装置
3	半導体洗浄と環境適応技術
4	焼却炉排ガス処理技術
5	はんだ付け鉛フリー技術